无公害·绿色·有机

苹果、梨病虫害防治

PESTS AND DISEASES CONTROL FOR APPLES AND PEARS

谌有光 梁耀琦 孙秀芹 编著

陕西出版集团
陕西科学技术出版社

图书在版编目(CIP)数据

无公害·绿色·有机　苹果、梨病虫害防治/谌有光等编著.
—西安:陕西科学技术出版社,2011.3
ISBN 978-7-5369-4999-7

Ⅰ.无…　Ⅱ.谌…　Ⅲ.①苹果—病虫害防治—无污染技术②梨—病虫害防治—无污染技术　Ⅳ.①S436.61

中国版本图书馆CIP数据核字(2011)第027099号

出版者　陕西出版集团　陕西科学技术出版社
西安北大街131号　邮编710003
电话(029)87211894　传真(029)87218236
http://www.snstp.com
发行者　陕西出版集团　陕西科学技术出版社
电话(029)87212206　87260001
印　刷　陕西金和印务有限公司
规　格　720 mm × 1000 mm　16开本
印　张　22.25
字　数　365千字
版　次　2011年3月第1版
2011年3月第1次印刷
定　价　56.00元

序　一

本世纪以来，我国以苹果、梨为主的落叶果树产业有了长足发展，尤其是西部黄土高原地区更是异军突起，成为世界上规模最大、质量最好的苹果、梨的优质产区，也是我国苹果、梨产业发展的优势区域。果业的发展推动了当地的农业结构调整，加快了西部农民脱贫致富的步伐，促进了社会主义新农村建设，保护和改善了生态环境。

病虫害和气象灾害常给果树生产造成重大损失，是提高果树产量和品质、保障其可持续发展的主要障碍，尤其是近年随着果园管理技术的改进以及气候变化，出现了一些新情况、新问题，亟待解决。

谌有光研究员从事黄土高原落叶果树病虫害研究和技术普及工作逾半个世纪，积累了丰富经验和宝贵资料，退休后受聘担任陕西省果树品种审定委员会副主任委员，经常深入果区，研究解决果树品种及果树病虫害防治方面出现的许多新问题，为果农排忧解难。他理论与实践相结合，笔耕不辍，新著《无公害·绿色·有机　苹果、梨病虫害防治》是奉献给我国落叶果树产业、促进其可持续发展的一本好书。该书内容丰富，切合实际，通俗易懂，文笔流畅，图文并茂，编排新颖，是广大果业技术人员和果农不可或缺的指导性书籍。

陕西苹果面积已接近1000万亩，产量近900万吨，在我国及世界苹果生产格局中占有重要位置，对绿色、有机水果产业的发展我们高度重视，谌有光研究员等的新著对我省绿色果业、有机果业的发展定会发挥良好的作用。

值此新书问世之际，谨致祝贺，并为之序。

2011年元月

序 二

《无公害·绿色·有机　苹果、梨病虫害防治》是谌有光同志的又一新著。此书内容突出无公害防治、绿色防治和有机防治，成书根底深厚。

有光同志经历了陕西秦岭北麓和渭河滩地果树上山下滩、苹果产区北移和渭北优质苹果基地建设的全过程。其间，他参与和主持了各阶段的病虫害研究和防治工作，科技积累丰厚。近10多年来，随着果树栽培管理方式的变化、果品贮藏规模的扩大、果品外向型生产的发展、果品流通及进出口国际贸易的广泛展开，他投身于研究果实套袋、果品贮藏和果品出入境植物检疫中出现的新问题，以及灾害性天气的危害和预防，取得了许多新成果和新经验，在本书中都有体现，使新著内容从产中延伸到产前和产后，涵盖领域大大拓宽。

食品安全是消费者对果品的基本关注点。食品安全检验是果品进入市场的第一道门槛，而果品安全达标的基础植根于田间生产过程。病虫防治是田间生产过程的重要环节之一，对果品安全情况有着特别重要的影响。实施病虫防治需要采取多方面的措施，使用多种农药，头绪繁多，常常使生产者感到困惑。此书将果品安全生产列为第一章，提出安全生产的3项关键措施：规范施肥；合理使用农药，保护利用天敌；果实套袋。随后在每种病虫害的叙述中，将防治方法分为4个层次：基础性防治方法、无公害防治方法、绿色防治方法和有机防治方法。经过这样的梳理，使生产者形成清晰的安全生产思路，能够比较自如地选择适合自己果园使用的防治方法，有重要指导意义。书中收录了西北黄土高原、环渤海、黄河故道地区苹果、梨的病虫害综合防治历，使该书的应用范围涵盖了我国主要苹果、梨产区，并为构建我国落叶果树病虫害综合防治新体系打造了一个基本框架。

正确地识别病虫是实施防治的前提。有光同志热爱摄影，他运用艺术摄影技巧，从植保专业视角，拍摄了大量生动逼真的病虫生态图片，随文插附书中，使读者能够通过图文对照准确认识病虫害，进而正确防治病虫害。他长期积累的这批病虫生态图片是十分珍贵的科技资料，许多是在这本新书中首次亮相，为此书锦上添花。

初读书稿，领略特色，是为序。

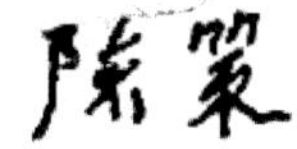

2011 年元月

目　录

第一章　果品生产中的食品安全问题

现代工农业生产技术为人类创造了大量的物质财富，推动了社会的进步，同时也伴随着出现了诸如浪费资源、污染环境、危害人类健康等问题，严重影响了人类自身的生存和发展。人们经过长期实践和冷静的反思，认识到社会经济必须走可持续发展的道路。我国人口众多，资源相对短缺，改革开放以来工农业生产有了长足的发展，但资源浪费和环境污染问题不容忽视。我国又是一个农业大国，农业必须走可持续发展的道路。近年来城乡人民的物质生活水平大大提高，环保意识和食品安全的意识和要求也随之增强和提高，有益于身体健康的安全食品越来越为广大消费者所青睐。

我国政府对食品安全高度重视，出台了一系列法规、政策，成立了专门机构来推动食品安全工作。我国的食品安全在普通食品生产的基础上，可以分为 3 个层次：无公害食品、绿色食品、有机食品。

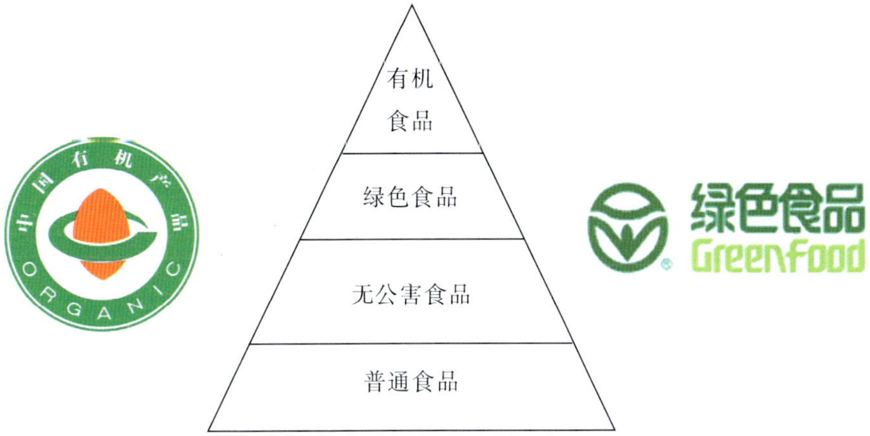

无公害食品：按照无公害食品生产和技术标准和要求生产的、符合通用卫生标准并经有关部门认定的安全食品。严格来讲，无公害食品应当是普通食品都应当达到的一种基本要求。

绿色食品：经专门机构认定，许可使用绿色食品标志的无污染的安全、优质、营养食品。所谓的专门机构指的是中国绿色食品发展中心及其在各省、市、区的分支机构。我国绿色食品分为 AA 级和 A 级 2 类。AA 级绿色食品是指在生态环境条件符合规定标准的产地，生产过程中不使用任何有害化学合成物质，按特定的生产操作规程生产和加工，产品质量及包装经监测、检查符合特定标准，并经专门机构认定，许可使用AA级绿色食品标志的产品。A级绿色食品是指在生态环境条件符合规定标准的产地，生产过程中允许限量使用限定的化学合成物质，按特定的生产操作规程生产和加工，产品质量及包装经监测、检查符合特定标准，并经专门机构认定，许可使用A级绿色食品标志的产品。获得的认证证书有效期为3年。

有机食品：按照特定的有机耕作和加工方式生产的食品，符合国际或我国有机食品要求和标准，并通过国家认证机构认证的食品。在生产和加工过程中绝对禁止使用农药、化肥、激素等人工合成物质，并且不允许使用经基因工程技术获得的原料；从生产非有机食品到有机食品需要2~3年的转换期；有机食品的认证要求定地块、定产量，严格控制生产量。获得的认证证书有效期为1年。

下面简要介绍果品生产中无公害食品、绿色食品和有机食品的有关生产要求和技术。

一、无公害食品、绿色食品和有机食品果品生产的基本要求

1. 无公害果品生产的基本要求

生态条件良好，远离污染源，并具有可持续生产能力的农业生产区域。产地空气环境质量、灌溉水质量、土壤环境质量等要符合相关规定。

2. 绿色果品生产的基本要求

（1）产地空气洁净，不受有毒气体污染；灌溉水和土壤中不含有毒物质，重金属含量不超过规定标准。

（2）种植和生产操作必须符合有关生产操作规程。

（3）产品必须符合绿色食品质量和卫生标准。

（4）产品外包装必须符合国家食品标签通用标准，符合绿色食品特定的包装、装潢和标签规定。

3. 有机果品生产的基本要求

（1）生产基地在最近3年内未使用过农药、化肥等违禁物质。

（2）种苗来自于自然界，未经基因工程技术改造过。

(3) 生产基地应建立长期的土地培肥、植物保护、作物轮作和畜禽养殖计划。

(4) 生产基地无水土流失、风蚀及其他环境问题。

(5) 果品在收获、清洁、干燥、贮存和运输过程中应避免污染。

(6) 从常规生产向有机生产转换通常需要 2 年以上的时间，新开荒地、撂荒地需至少经 12 个月的转换期才有可能获得颁证。

(7) 生产和流通过程中必须有完善的质量控制和跟踪审查体系，并有完整的生产和销售记录。

二、规范施肥是保障果品生产安全的基础

为了保障果品的产量和品质，施肥是必要的，但不应由于施肥而造成果品产生和积累有害物质，不能对生态环境造成不良影响。

无公害食品果品生产应以有机肥为主、化肥为辅，保持或增加土壤肥力及土壤微生物活性。所施用的肥料不应对果园环境和果实品质产生不良影响。

绿色食品（AA 级）果品生产过程中应以施有机肥料为主，辅以叶面喷肥。除可使用铜、铁、锰、锌、硼、钼等微量元素及硫酸钾、煅烧磷酸盐外，不允许使用其他化学合成肥料。在绿色食品（A 级）果品生产过程中，允许限量使用除硝态氮肥（如硝酸铵等）外的化学合成肥料。

绿色食品果园提倡种植绿肥，实行生草栽培可以改善果园生态环境、减轻水土流失、改良土壤、提高肥力、增强叶片光合作用效率，从而提高果实的产量和品质。适宜西北黄土高原苹果、梨产区使用的绿肥有三叶草、小冠花、紫花苜蓿、扁茎黄芪等。有机肥料的获得除翻压绿肥外，提倡果园养猪、养鸡、养羊等，用这些家畜、家禽的排泄物积攒厩肥，在苹果、梨树落叶前作为基肥开沟施入。

生草果园

准备施入的有机肥

巧施化肥指的是在果树生长发育需要的时期，限量使用除硝态氮肥外的某些必要的化学合成肥料。但要避免滥用化肥和偏施氮肥的倾向。具体的施肥时期、肥料种类及用量参见下表。

生产绿色食品果品的果园施用化肥的时期及用量

时期和用量 树龄	施肥量/(kg/亩)		
	发芽前 (2~3月)	花芽分化期 (5~6月)	果实膨大期 (7~8月)
1~3年	尿素 10~20	尿素+磷肥 10~20+40~80	
4~5年	尿素 25~40	磷酸二铵 40~65	硫酸钾 40~60
5年以上	尿素 50~60	磷酸二铵 80~100	硫酸钾 75~90

叶面喷肥也叫根外追肥，采用的是叶面喷布方式，叶片吸收快，用量省，是在花蕾期、幼果期、花芽分化期、果实膨大着色期广泛使用的辅助施肥方法。可以补充果树对铜、铁、锰、锌、硼、钼、钙等元素的需要，矫正因缺少这些元素而出现的生理病害症状。用0.3%~0.4%的尿素补充氮肥的不足；在花蕾期喷布0.2%~0.3%的硼砂液提高坐果率；萌芽前10~15天喷5%的硫酸锌液，或盛花期后3周喷0.2%的硫酸锌液矫治苹果小叶病；苹果树萌芽初期喷0.3%~0.5%的硫酸亚铁液，或在萌芽初期及落花80%时开沟施入“叶绿灵”等螯合铁制剂，矫治苹果黄叶病；果实发育的中、后期喷0.4%~0.5%的氯化钙液，矫治苹果痘斑病和苦痘病；果实发育后期喷0.3%~0.4%的磷酸二氢钾液可促进果实着色，提高果实品质；多种氨基酸螯合肥对促进果树生长发育有明显作用。

有机食品果品生产全程禁止使用化学合成肥料。提倡使用经过腐熟的有机肥（不包括人粪尿）和种植绿肥。

三、合理使用农药、保护利用天敌是保障果品生产安全的关键

果树病虫种类繁多，在自然状态下同时伴生着许多有益微生物和天敌昆虫（包括有益螨类），对控制病虫害起着十分重要的作用。但是在人为干扰的

情况下，尤其是不合理、无节制地使用化学农药，会大大减少这些有益生物的数量，破坏病虫害与天敌种群之间的自然平衡，从而导致某些病虫害（或叶螨）的猖獗，甚至使一些次要害虫的为害上升为主要害虫，增加了防治的难度。下面简要介绍如何有意识地保护天敌种群。

常见的有益菌类有青虫菌、白僵菌、苏云金杆菌和众多的与有害病菌相伴而生的拮抗菌。

食心虫类的主要天敌昆虫有：桃小食心虫甲腹茧蜂 *Chelonus* sp.、中国齿腿姬蜂 *Pristomerus chiensis* Ashmead、黄眶离缘姬蜂 *Trathala flavo-orbitalis* (Cameron) 等，还有寄生于桃小食心虫幼虫和蛹的白僵菌等。

卷叶蛾类的卵寄生蜂有：拟澳赤眼蜂 *Trichogramma confusum* Vigianni、松毛虫赤眼蜂 *Trichogramma dendrolimi* Mats.等。幼虫期寄生蜂有卷叶蛾革腹茧蜂 *Ascogaster* sp.、卷蛾甲腹茧蜂 *Ascogaster* sp.、卷蛾绒茧蜂 *Apanteles* sp.等。另外还有捕食性天敌如蠋敌 *Arma custos* （Fabricius） 和多种捕食

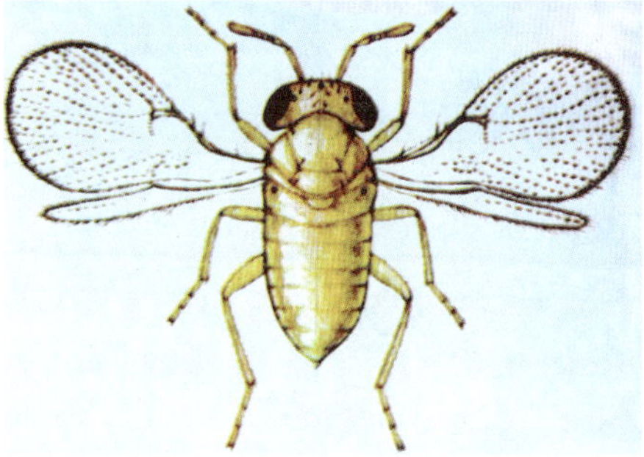

赤眼蜂

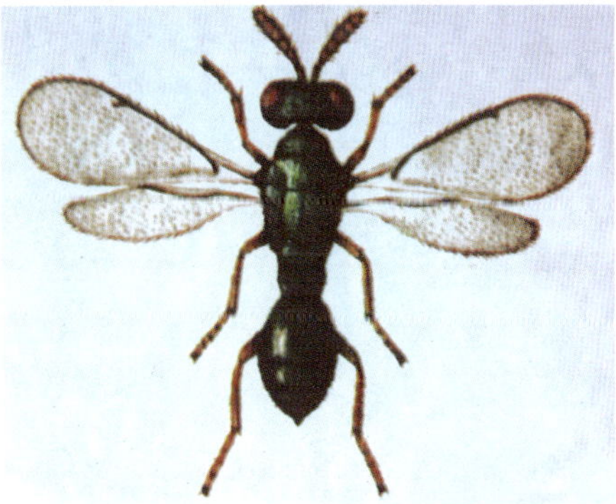

白跗姬小蜂

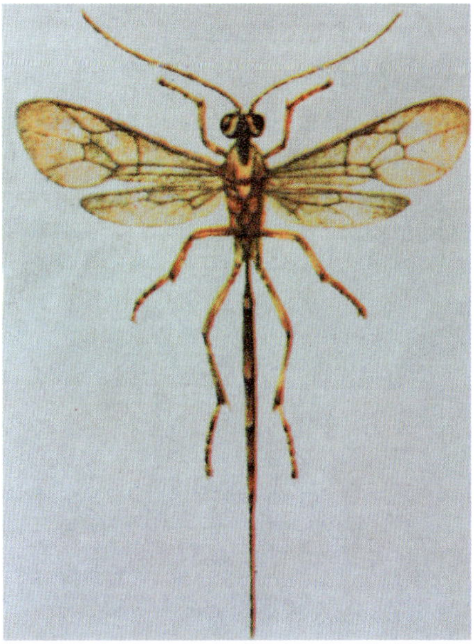

黄眶离缘姬蜂

苹果绵蚜蚜小蜂

甲腹茧蜂

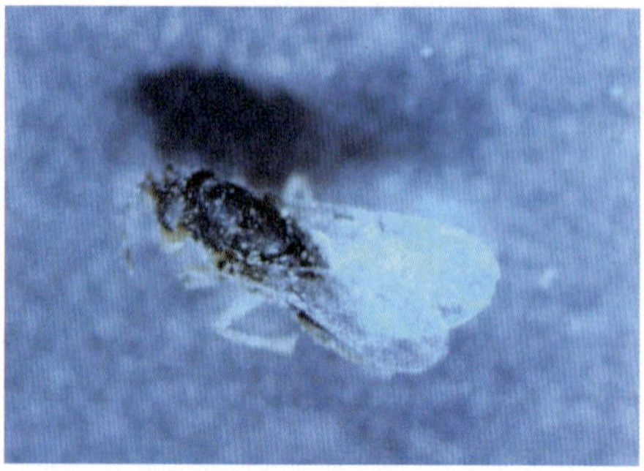

粉蚧长索跳小蜂

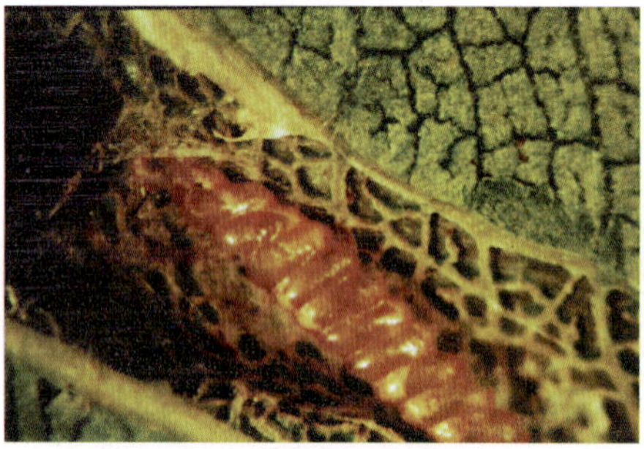

金纹细蛾跳小蜂茧

金纹细蛾小茧蜂茧

性蜘蛛等。卷叶虫常感染颗粒体病毒病。

叶螨的天敌也很多，捕食性天敌有：深点食螨瓢虫 *Stethorus punctillum* Weise、束管食螨瓢虫 *Stethorus chenqi* Sasaji、陕西食螨瓢虫 *Stethorus shaanxiensis* Pang et Mao、小黑花蝽 *Qrius minutus* Linnaeus、塔六点蓟马 *Scolothrips takahashii* Priesner、中华草蛉 *Chrysopa sinica* Tjeder、晋草蛉 *Chrysopa shansinsis* Kuwayama、丽草蛉 *Chrysopa formosa* Brauer、拟长毛钝绥螨 *Amblyseius pseudolongispinosus* Xin et Liang、东方钝绥螨 *Amblyseius orientalis* Ehara、盲走螨 *Typhlodromus vulgaris* Ehara、具瘤神蕊螨 *Agistemus exsertus* Gonzalez 以及多种隐翅甲等。

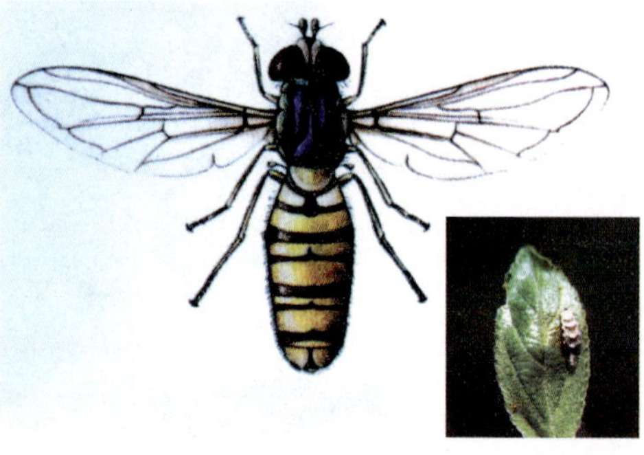

黑带食蚜蝇

蚜虫的天敌昆虫有：多种瓢虫如异色瓢虫 *Leis axyridis* (Pallas)、七星瓢虫 *Coccinella septempunctata* L. 等，还有多种草蛉，食蚜蝇如黑带食蚜蝇 *Epistrophe balteata* De Geer、蚜茧蜂 (Aphididae)、蚜小蜂如苹果绵蚜蚜小蜂 *Aphelinus mali* Hald. 等。

蚧类的天敌昆虫有：黑缘红瓢虫

Chilocorus rubidus Hope 、红点唇瓢虫 *Chilocor kuwanae* Silvestri、刷盾长缘跳小蜂 *Cheiloneurus clariger* Thomson 等。

潜蛾类寄生蜂主要有：金纹细蛾跳小蜂 *Ageniaspis testaceipes* (Rats)、金纹细蛾姬小蜂 *Sympiesis soriceicornis* (Nees)、金纹细蛾绒茧蜂 *Apanteles* sp.、白跗姬小蜂 *Pediobius pyrgo Walker* (nawai Ashmead) 和潜叶蛾姬小蜂 *Pediobius mitsukurii* Ashmead 等。

毛虫类的捕食性天敌昆虫有：黑广肩步甲 *Calosoma maximowiczi* Mor.、中华广肩步甲 *Calosoma maderae chinense* Kirby、蠋敌 *Arma custos* (Fabricius) 等。

刺吸口器害虫梨网蝽的天敌昆虫有：军配盲蝽 *Stethoconus japonicus* Schumacher 等。

保护利用天敌应成为无公害、绿色、有机果园病虫害防治的核心，保护利用的途径主要有以下几方面：

1. 合理使用化学农药

喷施农药是防治病虫害的一种有效、快速的措施，合理使用农药可以保障果品的质量和产量，无公害、绿色、有机果品生产对农药的使用有不同的

食螨瓢虫与山楂叶螨

食螨瓢虫卵

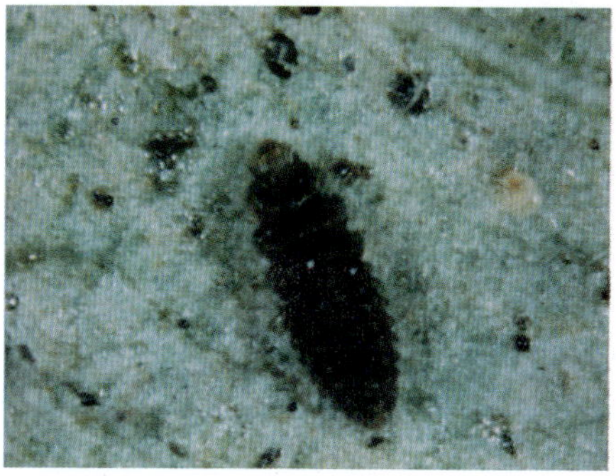

食螨瓢虫幼虫

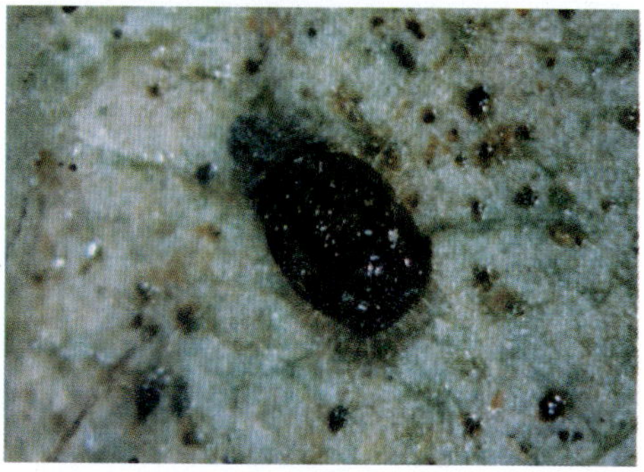

食螨瓢虫蛹

异色瓢虫成虫

异色瓢虫幼虫

异色瓢虫蛹

食菌瓢虫

蚜虫群体里的瓢虫

与蚧共存的瓢虫

瓢虫

黑缘红瓢虫

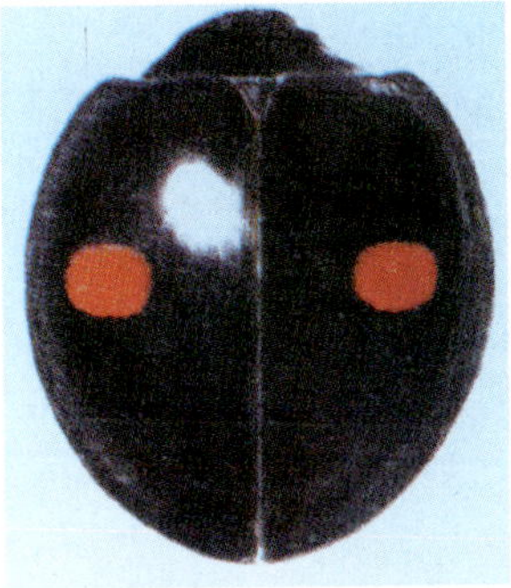

红点唇瓢虫

七星瓢虫

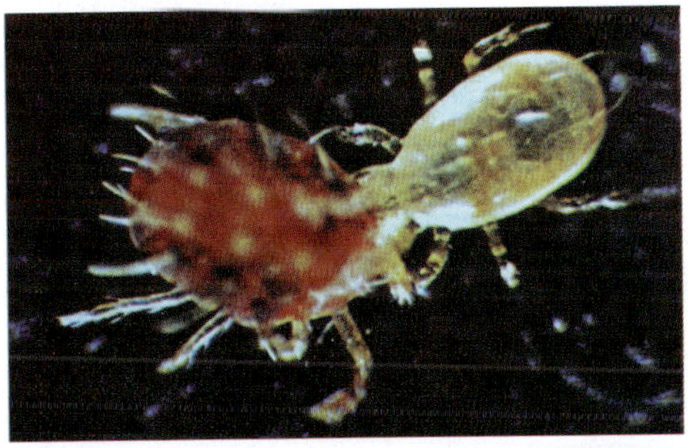

捕食螨捕食叶螨

具瘤神蕊螨捕食害螨卵

植绥螨

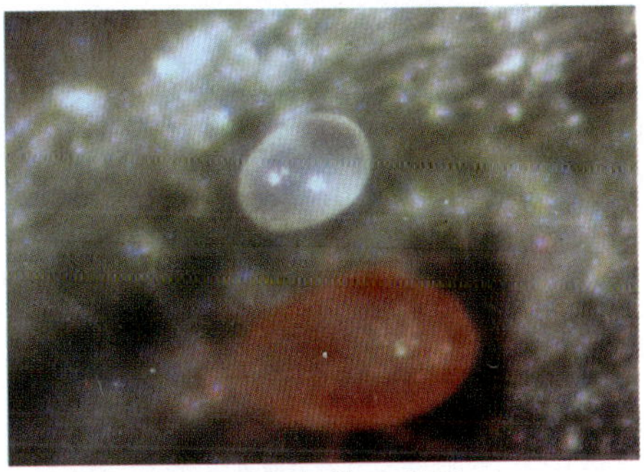

西方盲走螨及其卵

捕食螨的利用

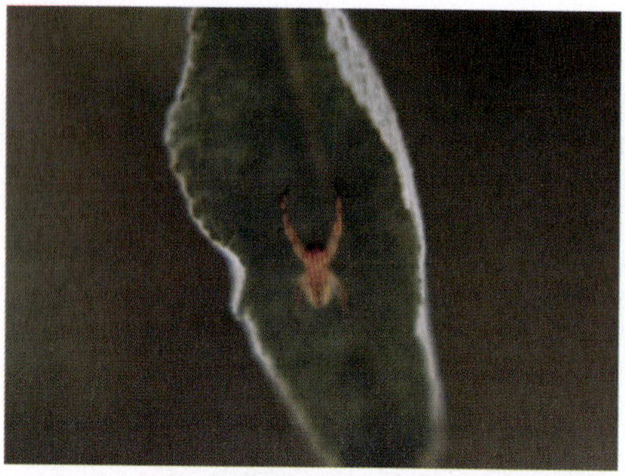
捕食性蜘蛛

中华广肩步甲

捕食性蜘蛛网巢

草蛉成虫

蚜虫群体里的草蛉卵

草蛉卵

草蛉幼虫之一

草蛉幼虫之二

塔六点蓟马成虫

塔六点蓟马若虫

寄蝇

军配盲蝽成虫

军配盲蝽初龄若虫

军配盲蝽若虫

小黑花蝽若虫

蠋敌

食虫长蝽

食蚜虻成虫交尾

食蚜虻成虫

食蚜虻幼虫

胡蜂

绒螨寄生在梨木虱成虫上

规定。

无公害果品生产允许使用生物源农药、矿物源农药和低毒有机合成农药，有限度地使用中毒农药，禁止使用剧毒、高毒、高残留农药。苹果园、梨园允许使用的主要杀虫杀螨剂有：阿维菌素乳油、苦参碱水剂、吡虫啉可湿粉、灭幼脲3号悬浮剂、辛脲乳油、蛾螨灵乳油、杀铃脲悬浮剂、马拉硫磷乳油、辛硫磷乳油、尼索朗乳油、浏阳霉素乳油、螨死净胶悬剂、哒螨灵乳油、敌死虫乳油、苏云金杆菌可湿粉、卡死克乳油、扑虱灵可湿粉等低毒药剂，灭多乳油、烟碱乳油、抑太保乳油等中毒药剂。允许使用的主要杀菌剂有：菌毒清水剂、腐必清乳剂（涂剂）、农抗120水剂、喷克可湿粉、大生M-45可湿粉、甲基托布津可湿粉、多菌灵可湿粉、福星乳油、中生菌素水剂、铜高尚悬浮剂、波尔多液、扑海因可湿粉、代森锰锌可湿粉、乙膦铝锰锌可湿粉、硫酸铜、粉锈宁乳油、硫胶悬剂、石硫合剂、843康复剂、多氧霉素、百菌清等低毒药剂。

绿色食品（AA级）果品允许使用生物源农药：Bt乳剂、青虫菌6号悬浮剂、白僵菌粉剂、浏阳霉素乳油、农抗120水剂、多氧霉素可湿性粉剂以及病原线虫等。允许使用矿物源农药：波尔多液、石硫合剂、硫磺胶悬剂（硫悬浮剂）、晶体石硫合剂、机油乳剂等。

绿色食品（A级）果品除允许使用上列的绿色食品（AA级）允许使用的生物源农药和矿物源农药外，还可有限制地使用下列低毒或中毒化学农药：乐果、杀螟硫磷、辛硫磷、溴氰菊酯、氯氰菊酯、氰戊菊酯、除虫脲、双甲脒、尼索朗、克螨特、百菌清、粉锈宁、扑海因等。

无论是生产绿色食品（AA级）还是绿色食品（A级）的果园都禁止使用下列剧毒、高毒、高残留、致癌、致畸、致突变和具有慢性毒性的化合物。包括砷制剂：砷酸钙、砷酸铅、福美砷；汞制剂：西力生、赛力散；氟制剂：氟乙酰胺；氯制剂：六六六、滴滴涕、林丹、三氯杀螨醇；磷制剂：久效磷、对硫磷、甲基对硫磷、甲拌磷（3911）、甲胺磷、甲基异柳磷、氧化乐果、磷胺；氨基甲酸酯制剂：克百威（呋喃丹）、涕灭威、灭多威（万灵）；脒类制剂：杀虫脒；以及有机合成植物生长调节剂。

有机食品果品生产强调采用农业措施提高果树生长势，使其抵御病虫害的能力得以加强。使用无病毒良种壮苗、科学施肥、节水灌溉、果园生草、覆盖保墒、合理修剪、剪除病虫枝梢、严格疏花疏果、彻底清园（剪除病虫枝梢，摘除病虫果，刮粗老翘皮，清除枯枝、落叶、烂果）都有助于达到上述目的。

有机食品果品生产全过程禁止使用化学农药，可以采取物理的、生物的替代措施防治病虫害。物理防治的方法包括杀虫灯、粘虫板、诱虫带、糖醋液诱杀以及性引诱干扰交配等，生物控制措施包括果园养鸡灭虫、以虫治虫、以菌治虫、以菌治病等。可以使用的微生物杀虫杀菌剂有：苏云金杆菌(Bt)、青虫菌、杀螟杆菌、白僵菌等；抗生素类杀虫、杀菌剂有：浏阳霉素、多抗霉素、农抗120等；植物源药剂有：苦皮藤素、苦参碱、苦楝油乳剂、茴蒿素、印楝素、除虫菊等；昆虫生长抑制剂及促进剂如灭幼脲、虫酰肼等；矿物源药剂有：机油乳剂、石硫合剂、波尔多液等。

无论哪种生产模式，防治病虫害必须注意以下几点：

（1）摸清病虫害（螨害）在当地的发生规律，并在预测预报的指导下，在关键时间采取综合防治措施，不盲目用药，不打“保险药”，控制全年的用药次数，不随意加大药剂浓度和用药量，注意轮换使用不同类型的药剂，避免或减缓病、虫对农药产生抗性。

（2）不用或少用对天敌杀伤力强的药剂。

（3）改变施药方式，尽量减少全园、全树喷施，尽可能采取“挑治”或局部施药、地面施药。

（4）掌握天敌的活动规律，避免在天敌的活动频繁期喷药，开花期及落花后一段时间尽可能不用药。

（5）由于我国无公害和绿色食品标准制定时的条件限制，一些允许使用的药剂已被淘汰，嗣后已涌现出许多种低毒、低残留、更有效的新药剂，应该本着与时俱进的原则，不断修正标准，在标准未修订以前，为了不影响生产，在真正弄清新药确实是低毒、低残留、对病虫害更有效以后，在保证最终产品——果品——的农药残留符合相关规定的前提下，应允许生产者使用。

2. 提倡使用生物农药

虽然有些生物农药的药效发挥比较缓慢，但它们对天敌安全，而且发挥药效后持续有效，对生态环境没有或很少有不良影响，所以说使用生物农药是有效防治果园病虫害的长远之计，片面追求“立竿见影”必将带来许多副作用。应改变观念，提倡使用生物农药。

3. 人工招引或助迁，弥补天敌数量的不足

在果园周围种植小面积油菜等，招引捕食蚜虫的天敌，待油菜收割后让捕食油菜蚜虫的天敌主动转移到果园来，或采用网捕等方法助迁到果园。

4. 人工繁殖天敌，进行补充性释放

用人工卵饲养赤眼蜂，用人工合成饲料饲养瓢虫、草蛉，用花粉作为代

饲料饲养植绥螨均已有成功经验。在果园进行补充性释放，可以弥补自然种群数量的不足，控制害虫、害螨的为害。

5. 异地引进天敌

从国外引进抗对硫磷的西方盲走螨（*Metraseiulus occidentalis*）防治李始叶螨和山楂叶螨就是成功的事例。从国内其他地区引进有效天敌也是控制本地害虫的有效途径。

四、果实套袋是现阶段生产安全果品的重要保障

果实套袋的作用除增进着色、使果面光洁、提高果品外观品质外，更大的好处是保护果实免受环境中有毒、有害物质及化学农药的污染。由于幼果期即套上袋子，阻隔了农药对果实的污染，果实套袋阻止了多种侵害果实的病菌和害虫的为害，全年至少减少喷药 2~3 次，从而减轻对环境的污染，也降低了生产成本。近年来世界许多水果生产大国争相占据巨大的中国市场，是对我国水果产业的严峻挑战。同时，我国水果产业也应把握难得的机遇，将更多的水果出口到国外。我国水果出口的机会是有的，关键的问题是：能否达到进口国对品质的要求和卫生标准？是否能保证不带有进口国禁止入境的病虫害？果实农药残留是否能达到进口国标准？果实套袋是现阶段解决这些关键问题的重要保障。

套袋果园

套袋前的准备工作

（1）在果品优生区选定管理精细、通风透光好、园貌整齐的优良品种园作为套袋园。

（2）在正确整形修剪的前提下，果树发芽后严格按 20~30cm 的间距选留花芽，在花序分离后，每个花序保留包括中心花在内的花蕾 2 朵，其余疏除。

（3）落花后 1 周，每 1 花序选留 1 个发育良好、果形端正的幼果，尽量保留中心果，其余疏除。

（4）套袋前 1~2 天细致均匀地喷洒 70%丙森锌（安泰生）800 倍液或 4%“农抗 120”600 倍液等。

育果袋的选择

选用正规厂家生产的双层纸袋，外袋尺寸一般为（182±5）mm×（147±5）mm，内袋尺寸一般为（160±5）mm×（145±2）mm，外表面一般为木浆纸本色，内表面为黑色。袋口一面的中部有 1 个半圆形缺口，缺口弧下方中央有 1 个纵切口。外袋底部有 1~3 个纵切口，两角各有 1 个透气孔，切口和透气孔长度为 8~12 mm。外袋右上角应夹粘卡口扎丝，长 40~50 mm，粗 24#。内袋一般为红色纸筒，应均匀涂有薄层无毒蜡和不污染果实的低毒杀菌剂。

根据中华人民共和国农业行业标准（NY/T1555–2007）《苹果育果纸袋》规定，苹果育果纸袋的主要技术指标是：抗张指数（纵向）≥70.0（N·m/g，下同）（优等品内袋纸）、≥60.0（优等品外袋纸）、≥65.0（一等品内袋纸）、≥55.0（一等品外袋纸）；湿抗张指数（纵向）≥30.0（%，下同）（优等品内袋纸）、≥40.0（优等品外袋纸）、≥25.0（一等品内袋纸）、≥35.0（一等品外袋纸）；撕裂指数（纵向）≥5.5（mN·m²/g，下同）（优等品内袋纸）、≥6.5（优等品外袋纸）、≥4.5（一等品内袋纸）、≥5.5（一等品外袋纸）；撕裂指数（横向）≥8.5（mN·m²/g，下同）（优等品内袋纸）、≥10.0（优等品外袋纸）、≥6.5（一等品内袋纸）、≥8.0（一等品外袋纸）；透气度（内、外袋纸）≥5.0 （μm/(Pa·s)，下同）（优等品）、≥3.0（一等品）；吸水性 ≤15.0（g/m²，下同）（优等品内袋纸）、≤10.0（优等品外袋纸）、≤20.0（一等品内袋纸）、≤13.0（一等品外袋纸）；内袋纸均要求不褪色；内袋纸有害物质铅含量均要求 ≤ 5（mg/kg）；内袋纸有害物质砷含量均要求 ≤1（mg/kg）。

套袋的时间

苹果套袋一般应在盛花后 40 天进行，7~10 天内结束。陕西渭北苹果产区一般在 5 月中、下旬开始，6 月上、中旬结束。梨套袋一般在落花后 4~6 周进行，陕西梨主产区一般在 5 月初开始，1 周内结束。有些年份为避开高温天气，苹果、梨套袋均可适当后延。1 天中套袋作业时间宜为上午 9~12 时和下午 3~7 时。

适时摘袋

果实在袋内生长 90 天以上，分 2 次摘袋。先摘除外袋，5~7 天后（含 3 个晴日）摘除内袋。最好选择阴天或多云天气摘袋，晴天摘袋应在上午 9~11 时和下午 3~6 时进行，避开强烈的日光。

摘袋时间的确定还应考虑果园的立地条件。海拔较高，果实着色进程较快的地区，可在果实正常采摘前 10~15 天摘外袋；海拔较低、果实着色进程较慢的地区，可在果实正常采摘前 15~20 天摘外袋。

为了增进着色，均匀着色，扩大着色面，摘袋时和摘袋后要分次摘除果实附近遮光的叶片，并轻轻转动果实，使背光面也能均匀着色。海拔较低、树冠郁闭的果园应在摘内袋前在地面铺反光膜。

摘除外袋

袋内果实正在着色

铺反光膜促进着色

着好色的红富士

第二章 苹果、梨病害

一、枝干病害

苹果树腐烂病

病原菌 *Valsa mali* Miyabe et Yamada

苹果树腐烂病是我国苹果产区最严重的一种枝干病害，造成局部枝干坏死，甚至全树死亡，是苹果树丰产、稳产、延续寿命的大敌。除为害苹果外，还为害沙果、林檎、海棠、山荆子等。日本、朝鲜等东亚国家也有此病。

重病园

易发病的树杈部位

田间诊断

为害枝干，病部树皮腐烂，表现为溃疡型和枝枯型。

（1）溃疡型。冬春季节病部起初呈红褐色，椭圆形或长圆形，微隆起，组织松软糟烂，水浸状湿腐，按之即下陷，有时溢出红褐色汁液，有酒糟气味，烂透树皮可进入木质部，引起表层变色。其后病部表面出现小疣状突起，突破表皮，露出黑色小颗粒，空气潮湿时从中涌出金黄色、卷曲的丝状物。发病后期，病部失水干缩、下陷，病、健组织交界处易裂开。

（2）枝枯型。春季发病的小枝，病部不隆起，不呈湿腐状，蔓延迅速。病枝很快失水枯死，后期布满黑色针尖大的点粒。

苹果树腐烂病菌侵染果实比较少见。果实上的病斑呈圆形或近圆形，暗

溃疡型

溃疡后期

红褐色，轮纹状，边缘清晰。病部较软，呈黄褐色或红褐色，向果心发展。稍后，病斑中部可形成黑色突起的小点粒，散生、聚生或轮纹状排列，此时表皮易剥离，略带酒糟气味。

枝枯型

病原菌鉴定

削取病部有小黑点部分的表层薄皮，以左手食指轻压，微露于指尖外，右手握双面刀片，自左至右切割，左手食指随刀片切割缓缓后移，刀片不断切割，病皮被切割成多条极细的丝。以解剖针挑取细丝，移放在载玻片中央的蒸馏水滴中，盖上盖玻片，镜检。可以发现埋藏于皮层组织内的子座及分生孢子器和更深部位的子囊壳。分生孢子器内壁密生分生孢子梗，顶端着生腊肠状分生孢子，无色，单胞，3.6~6.0 μm × 1.2 μm。球形或近球形的子囊壳内含子囊，每个子囊含8个子囊孢子。子囊孢子无色，单胞，腊肠形，6.0~8.4 μm × 1.8 μm。

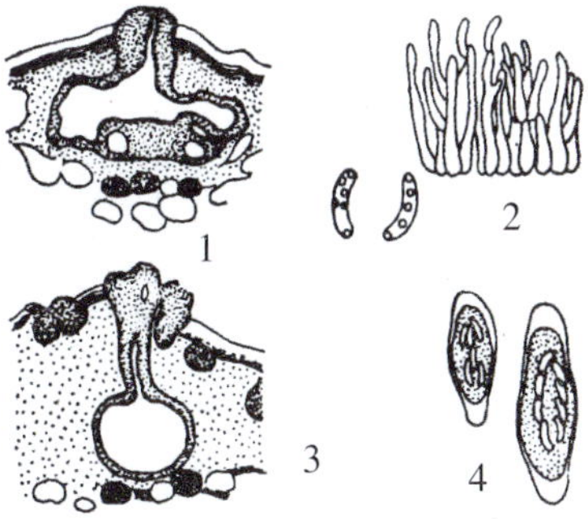

苹果树腐烂病病菌

1. 分生孢子器　2. 分生孢子梗与分生孢子　3. 子囊壳
4. 子囊及子囊孢子（仿《中国果树病虫志》，下面无注明者同）

发病规律

苹果树腐烂病菌是一种寄生性较弱的病原真菌，它能从苹果树表面的伤口侵入，在死亡的皮层组织中定殖后分泌毒素，杀死周围的活细胞，进而在衰弱组织中蔓延和扩张。所以病害的发生、发展与是否有伤口及寄主的生理活动状态强弱密切相关。

病菌能乘虚而入的伤口包括冻伤、修剪伤口、机械伤口和虫伤等。在冬季寒冷的地区，冻伤是病害流行的主导因素。冬季较温暖的地区，日灼伤和桠杈冻伤是病菌入侵的重要部位，所以防止日灼和冻害十分重要。果园管理粗放、树势衰弱会导致病害流行，我国苹果老产区在新中国成立初期、“大跃进”和“文革”期间的几次腐烂病大流行就是很好的例证。近年我国部分苹果产地由于疏于管理，果园的经济效益下滑，青壮劳力外流，果园管理水平下降，腐烂病为害再度严重，可能面临新的一轮发病高峰的威胁，要特别警惕，加强果园管理，切实防范，遏制这种势头的蔓延。

苹果树腐烂病在树体上的周年变化应该从夏季说起。结果大树于夏季在主干、主枝和中心枝基部、骨干枝的桠杈部位、小枝基部、隐芽四周及伤疤四周等部位的树皮内产生新的周皮，周皮以外的组织由于营养和水分供应受阻，逐渐失去活力，变为黄色、褐色，以至干枯死亡，形成所谓的“落皮层”。夏秋季节苹果树处于生长旺盛期，不利于病菌的扩张，但落皮层却为病菌的侵染和扩张提供了良好的“平台”。由于病菌的侵染，夏秋季落皮层上陆续出现表面溃疡。入冬以前多数表面溃疡蔓延不深，多局限在树皮表层，但在弱树、弱枝上能扩展较深，甚至烂透树皮。晚秋、初冬时节，病菌穿透周皮向内扩展，突破几个点，再逐步扩展成较大的病疤。入冬以后病疤扩展，数量增多。开春后，随着气温回升，病疤迅速扩大，对树体的影响也越来越严重。春末，苹果树进入生长期，生活力恢复，病菌的活动也随之逐步减缓，发病盛期结束。综上所述，苹果树腐烂病从夏季在新形成的落皮层上出现表面溃疡开始，初冬至第 2 年早春苹果树休眠期进入发病盛期，到春末苹果树进入生长期，病害发展逐步减缓，可视为 1 个发病周期，1 轮发病过程跨越 2 个年度。

苹果树腐烂病菌具有潜伏侵染的特点。所谓“潜伏侵染”，就是病菌可以在生长健壮但有局部坏死组织的树上定殖，但不立即发病，呈潜伏带菌状态，一旦树势衰弱，抗病力减退，病菌即可迅速扩张，导致发病。

苹果树腐烂病的另一个特点是，树皮烂透后，病菌可进入木质部表层，病皮下的木质部可以带菌，这是病疤刮治后容易重犯的主要原因之一，也增加了彻底控制的难度。

苹果树腐烂病的流行与树体营养状况有密切关系，凡能导致树势衰弱的因素均可诱致腐烂病的发生。如立地条件恶劣，或土壤管理差而造成根系发育不良；施肥不足或肥分比例失调；干旱或水涝；结果过多或大小年现象突出；因病虫为害造成的早期落叶；修剪不当或造成伤口过多、过大，且未加以药剂保护等等。

不利的外界环境是发病的诱因。冻害可导致病害流行，冬季枝干日灼也可引起发病。

苹果品种间抗病性差异不明显。相对而言，密植小冠树比稀植大冠树发病较轻，这是由于密植园单株负载量较小，树体营养状况较好，有利于抵御病菌侵染。

综上所述，苹果树腐烂病的发生与树势衰弱有密切关系，病菌有潜伏侵染、木质部带菌的特点，而且又是一种跨年度发生的枝干病害，所以防治难度较大，必须认真对待。

防治方法

基础性防治措施

采取增强树势、早期预防和及时刮治相结合的综合防治措施。增强树势是根本，要做到科学施肥、正确修剪、合理负担、保好叶子。具体措施有：

（1）改良土壤，多施有机肥料，行间种草，培肥地力，促进根系发育。

（2）合理修剪，调节负载量，严格疏花疏果，避免出现大小年。

（3）及时防治早期落叶病等，避免早期落叶。

（4）及时清理伐倒的病树、修剪下的病枝、刮下的树皮。

（5）定期检查，及早刮治，将刮治时间提前到采果后至落叶前，剪锯口一定要注意保护。

刮治

（6）对较大病疤应及时桥接、脚接，尽快促进养分和水分的输送。

无公害食品果园防治技术

防治腐烂病常用的药剂有2类：一是用于植株喷雾的喷雾剂，二是刮治后处理伤疤的病疤涂剂。

自从国家停止生产并禁用福美胂以来，为了寻找防治苹果树腐烂病的有效替代药剂，有关方面做了大量工作，也取得了一定的进展，如目前生产上已采用的菌毒清、甲基硫菌灵、抑霉唑、噻霉酮、腐殖·硫酸铜、硫磺和代森铵等，但效果反映不尽一致或不太理想，为了解决广大果农急需解决的苹果

桥接和脚接

桥接救活了 1 株大树

树腐烂病防治问题，还需要做进一步探索和深入细致的实验室和田间试验。

有效药剂树体喷雾的时间是：①苹果树发芽前，预防腐烂病效果显著，并可与常规休眠期喷雾结合，兼治干腐病、轮纹病、炭疽病等重要病害；② 6-7 月树皮落皮层形成初期，是预防夏秋季和冬春季发病的关键时期，可与病疤涂药预防病疤重犯结合进行；③秋季落叶以前，杀死树皮死组织上定殖的病菌，预防发生新病。

根据我们的试验，43%戊唑醇（好力克）悬浮剂作为树体喷雾剂或涂剂在田间使用效果不错，具体使用方法是：①发芽前全树喷 43%戊唑醇（好力克）悬浮剂 1000 倍液；②6、7 月轻刮主干和大枝基部树皮，然后涂抹 43%戊唑醇（好力克）300 倍液+与好力克等量的“伴宝”（使药液黏稠，易于附着在病部）；③落叶前主干和大枝基部轻刮皮，然后喷 43%戊唑醇（好力克）300 倍液，同样加等量的“伴宝”。

病疤刮后用烯唑醇涂剂（拂蓝克——人工树皮）涂抹效果很好，也可以作为剪锯口的涂剂，保护伤口、促进愈合效果很好。

绿色、有机食品果园防治技术

苹果树腐烂病是一种重要的枝干病害，又是一种与栽培管理息息相关的病害，在加强栽培管理的前提下，选用适当的药剂在发芽前进行必要的喷雾处理，或在病害发生的关键时期，对枝干病部在刮除病疤后涂抹适当的药剂，不至于导致果实的农药残留，也不会对环境产生明显的不良影响，因此可以参照无公害果园进行必要的相关防治。

另外，也可以在秋冬季刮除病疤后，涂 3~5°Bé 石硫合剂消毒。

梨树腐烂病

病原菌 *Valsa ambiens* (Pers et Fr.) Fr.

梨树腐烂病是我国北方梨区的一种常见病害，也会造成部分枝条或整株死亡，尤其在西洋梨品种上常见，是发展西洋梨需要重视的问题之一。

田间诊断

主要为害枝干，表现为 2 种类型症状。

梨树腐烂病

（1）溃疡型。多发生于主干、大枝和枝干桠杈部位，尤以向阳方向较多，初期病疤椭圆形或不规则形，表面稍隆起，红褐色至暗褐色，水渍状，病部组织松软，有酒糟气味。其后病疤表面长出众多小颗粒，天气潮湿时从颗粒物孔口渗出鲜黄色丝状物。随后病部失水干陷，表皮暗褐色或黑色，病、健部交界处形成裂缝，病皮边缘翘起。一般情况下病疤不烂透树皮，发病严重时也可深达木质部。

（2）枝枯型。多发生于小枝或树势衰弱的梨树上。病部迅速扩张并失水，不呈湿腐状，无明显的边缘，很快坏绕枝干，使病部以上枝条枯死，病部同样散生众多黑色颗粒物。

果实也会感病，表现为接近同心轮纹状的褐色或红褐色圆斑，后期病部出现黑色颗粒物，湿润条件下也可以从颗粒物孔口排出鲜黄色丝状物。

病原菌鉴定

梨树腐烂病菌的无性阶段是 *Cytospora carphosperma* Sacc. ,分生孢子器生于子座内，1 个子座只有 1 个分生孢子器，分生孢子器形状不整，多室，暗褐色。分生孢子器内壁密生分生孢子梗，无色，分枝或不分枝。分生孢子腊肠形，无色，单胞，微弯曲，两端较圆，

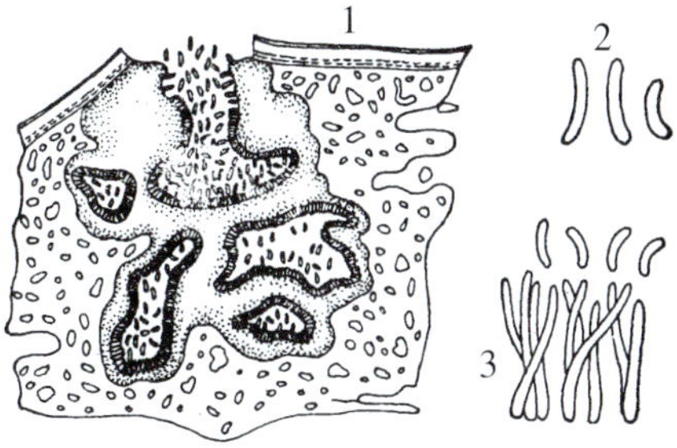

梨树腐烂病病菌

1. 分生孢子器　2. 分生孢子　3. 分生孢子梗

5~6.6 μm × 1~1.5 μm。

发病规律

病菌在病皮内越冬，春季产生孢子，随风雨传播，经伤口侵入。病菌具有潜伏侵染的特点，即侵入树皮内的病菌并不立即发病，只有在侵染部位的树皮长势衰弱或死亡时才扩展、蔓延。春季和秋季是发病的高峰季节。病害的发生发展与树势强弱有密切关系，管理粗放、肥水不足、结果过多的衰弱树容易得病，冻害和日灼为病菌入侵提供伤口，是病害流行的重要条件。

品种间抗病性差异显著，西洋梨系统品种发病重，白梨和沙梨系统发病较轻。白梨系统中的雪花梨较易发病，砀山酥梨其次，沙梨系统中的苍溪梨容易发病，秋子梨系统基本上不发病。

防治方法

参照苹果树腐烂病。

苹果、梨枝干轮纹病

病原菌　*Botryosphaeria berengeriana* de Not.f.sp.*piricola* (Nose) Koganezawa et Sakuma

田间诊断

苹果、梨轮纹病菌多从皮孔侵入枝干，初期出现水渍状、暗褐色小斑点，

苹果树轮纹病

梨树轮纹病

逐渐扩大形成圆形或近圆形、褐色瘤状物，直径从几毫米到 1 cm 左右。病斑质地坚硬，中心突出。随后病斑凹陷，颜色变深，第 2 年出现黑色小点粒。随着愈伤组织的形成，病斑边缘龟裂，病、健组织交界处有 1 圈环沟，病部翘起、剥落。病部多局限在树皮表层，也可深达木质部。枝干严重染病时表面粗糙，甚至枯死。

病原菌鉴定

详见苹果果实轮纹病。

发病规律

苹果、梨轮纹病菌多从树皮皮孔侵入。陕西中部发病高峰期在 4~6 月新梢旺盛生长期，侵入后发病较快；新梢停止生长后，由于寄主皮层组织抗扩展能力增强，病菌侵入后发病较慢，或以潜伏侵染状态存在，当具备发病条件时才导致发病。

防治方法

基础性防治措施

(1) 加强栽培管理，增施有机肥；适时进行节水灌溉；果园实行生草制既能增加土壤有机质含量，又能蓄水保墒，调节水分供应，提高树体抗病力。

(2) 清洁果园，休眠期刮粗、老、翘皮，减少越冬菌源；及时防治病虫害。

无公害、绿色、有机食品果园防治技术

6~7 月和落叶以前轻刮主干和大枝基部树皮，刮后涂抹 43%戊唑醇（好力克）300 倍液。

苹果、梨干腐病

病原菌 *Botryosphaeria berengeriana* de Not.

田间诊断

苹果、梨干腐病菌侵染枝干后产生大小不等的褐色溃疡斑，病部初为暗褐色，边缘不整齐，表面湿润，溢出茶褐色黏液。随后病部下陷、干枯，病、健组织交界处裂开，病斑上出现隆起的小点粒，病部可以剥离。老树或弱枝上由于病害发展迅速，也可以造成局部枝干枯死。

病原菌鉴定

详见苹果果实轮纹病。

苹果树干腐病

溃疡斑下的病变

发病规律

苹果、梨干腐病菌可经树皮伤口和皮孔侵入，水分胁迫是导致发病的主要原因之一，所以干旱年份和保水性差的砂土地区，以及土壤贫瘠、水土易于流失的山地果园发病较重。近年西北黄土高原地区发病呈上升态势。

防治方法

参照苹果、梨枝干轮纹病。

苹果枝溃疡病

病原菌 *Nectria galligena* Bres.

苹果枝溃疡病是陕西秦岭北麓果区等地曾经为害比较严重的一种枝干病害。曾叫梭疤病、芽腐病，分布于陕西、山西、河南、江苏北部等果区。

田间诊断

枝条上的病斑初呈圆形、红褐色小斑，并逐步向上下扩展成梭形。病疤中部凹陷，边缘隆起呈脊状，中部和边缘的皮层开裂、翘起，病疤中央常见一枯死枝条或其残桩。遇潮湿时，病疤周围产生成堆的粉白色霉状物。后期病疤表面坏死并脱落，木质部裸露，边缘生出隆起的愈伤组织。此后 1 年扩展 1 圈，呈梭形同心环纹状，最大的病疤长达 60 cm 以上。各类枝条和主干均可发病，但以 2~3 年生枝条发病较多。

病原菌鉴定

在阴雨潮湿的天气，用解剖针从病部挑取少许白色霉状物带回室内，转挑少许放在载玻片的蒸馏水滴中，加盖盖玻片，镜检。可见 2 种孢子：大型分生孢子香蕉形，无色，3~5 个分隔，21.0~47.5 μm×4.0~5.2 μm；小型分生孢子卵圆形或椭圆形，无色，0~1 个分隔，4.0~6.0 μm×1.0~2.0 μm。

苹果枝溃疡病

发病规律

病菌以菌丝在病疤组织越冬。整个生长季节（3~10 月）均可产生孢子，借雨水、昆虫及气流传播。秋季和初冬为主要侵染时期，侵入的孔口主要是芽痕、叶丛枝基部、短果枝基部以及病虫为害的伤口和机械伤口。冬季较暖和、雨雪稀少，春季多雨、空气湿度大、气温回升缓慢的年份容易发病。地势低洼、潮湿、排水不良和土壤黏重的果园发病重。12~15 年生的树易于发病。易感病的品种是大国光、国光、金冠等老品种。观察发现，该病与苹果锈病的发生有关联，在发生的地区和年份上有明显的一致性。沿苹果锈病为害的叶柄向下延伸，使着生该叶柄的小枝枯死，再逐渐向下蔓延，出现典型的枝溃疡症状。这是由于苹果锈病的为害给该病菌的入侵提供了伤口，而且这 2 种病害的发病条件要求相似，因此具有密切的相关性。

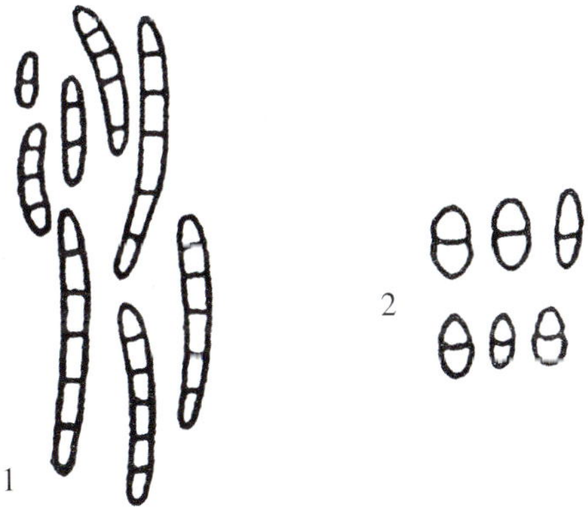

苹果枝溃疡病病菌

1. 大型分生孢子　2. 小型分生孢子

防治方法

基础性防治措施

（1）病害发生后及时剪除小病枝，控制向大枝蔓延。

（2）尽早刮治病疤，可参照腐烂病的刮治方法。只要刮治彻底，重犯率较腐烂病低。

（3）冬季修剪时锯除有大病疤的枝条。

（4）砍伐苹果园周围 5 km 内的桧柏类树木，根治苹果锈病，以减少枝溃疡病菌的入侵机会。

苹果银叶病

病原菌 *Stereum purpureum* （Pers.） Fr.

苹果银叶病是一种表现于叶片、发生于枝干的病害，严重时引起死树。黄河故道、淮河和长江流域果区为害较重，陕西、甘肃等地个别老果园也有发病。此病除为害苹果树外，还能为害梨、桃、杏、李、樱桃等果树及其他多种阔叶树种，并能腐生或半寄生于柳、杨等林木的残株，在上面形成子实体，成为病菌传播的来源。

田间诊断

主要表现为叶片呈银白色。从展叶开始，染病树的部分叶片表面为银白色，用手轻擦易将叶上表皮磨掉，重病树上的病叶往往沿叶脉发生褐色坏死条、点，造成银叶碎裂。开始时只在部分枝条上发生银叶，以后逐渐扩展至全树，病枝断面木质部变褐。

苹果银叶病

病原菌鉴定

天气阴湿时，从病死树枝干上采回圆形、褐色或紫褐色子实体，用双面刀片切割1小块置于载玻片上，以左手食指轻压，微露指尖外少许，右手握刀片紧贴左手指尖，切割子实体成极薄的薄片，挑取其中最薄的几片放在载玻片的蒸馏水滴中，加盖盖玻片，镜检。可见子实体剖面呈栅状排列，担孢子卵形或近椭圆形，无色、单胞、6~8 μm × 3~4 μm。还有囊状的间孢。

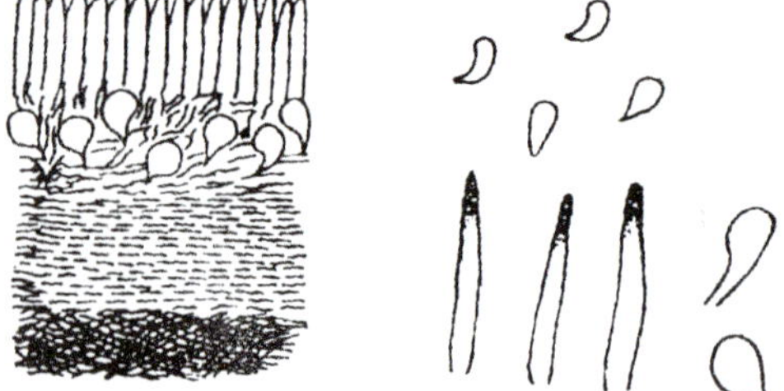

苹果银叶病病菌

1. 子实层剖面 2. 间孢和担孢子

发病规律

病菌寄生于木质部内，其毒素上行至叶，引起叶表皮与叶肉分离，内充空气，在阳光照射下呈银白色。病情严重时枝干枯死，甚至全株死亡。银叶病菌的子实体在多雨年份的阴雨连绵季节产生于阴湿的病朽木上。1 年产生 2 次，一次在 5~6 月，另一次在 9~10 月间。子实体长成后，在平滑紫褐色的子实层上产生白霜样的担孢子，随风雨传播，主要从剪锯口和其他机械伤口侵入，也能从皮孔、叶痕侵入。天气潮湿时担孢子极易萌发，侵染木质部，病菌菌丝在木质部定殖蔓延，木质部遭破坏而变褐。9~10 月散发的孢子侵入木质部，发展很短时期即以菌丝在树体内越冬。第 2 年春天，气温回升后菌丝又重新活动，木质部的菌丝扩展到一定程度外表即显现症状。一般在苹果展叶后表现银叶，开始仅在个别叶丛枝、果台枝或小枝发病。有的病株长达数十年仍不会整株死亡。但也有发病 1~2 年后即死亡的，轻病株也可能恢复、痊愈。在重病株周围的树染病较多，有集中成片发病的现象。

病害发生与栽培管理有密切关系。坡地、排水良好、树势强壮的果园发病轻；地势平坦、土壤黏重、排水不良、树势衰弱的果园发病重。修剪过重、大伤口过多、伤口保护不好的果园发病重，结果过多造成枝干劈伤、折断的树容易感染此病。

目前生产上没有不感病的品种，只是感病程度有差异。

防治方法

防治苹果银叶病应采取预防为主、减少病菌来源、积极治疗病树的办法。

基础性防治措施

(1) 增施有机肥，增强树势，改良土壤，防水排涝。

(2) 合理修剪，避免因负载过重而压断枝条。保护剪锯口和伤口，可以涂 4%嘧啶核苷（农抗 120）50 倍液。

(3) 及时清除病树、病枝。对于无治愈希望的重病树、死树、病根及银叶苗等要砍伐、拔除，彻底除净病根，以减少病菌传播。

(4) 加强检查，发现银叶病菌的子实体全部刮除烧毁。

无公害、绿色食品（A 级）果园防治技术

(1) 对个别轻病树，截除病枝，锯掉木质部已变色的枝段，截口涂烯唑醇涂剂（拂蓝克——人工树皮）、843 康复剂或菌毒清 50 倍液等。

(2) 发病较重的树，展叶后向木质部注射灰黄霉素 100 倍液，1 支药加水 1 kg，连续注射 2~3 次，秋后再注射 1 次。

有机食品、绿色食品（AA 级）果园防治技术

轻病树截除病枝，锯掉木质部变色枝段，截口涂烯唑醇涂剂（拂蓝克——人工树皮）、843 康复剂等。

二、叶部病害

苹果褐斑病

病原菌 *Marssonina mali* (P.Henn) Ito

苹果褐斑病是苹果早期落叶病的一种，除为害苹果外，还为害沙果、海棠、山荆子等。在我国各苹果产区均有不同程度的为害，其中以苹果分布区的南部为害最重，北方苹果产地比较轻，但在夏秋季多雨年份也会比较重。近年来由于苹果园面积迅速扩大、产量持续上升，肥水条件跟不上，西北黄土高原苹果产区普遍严重，受害后引起提前落叶，严重时造成当年二次发芽，甚至当年开二次花，影响第 2 年的花量，严重削弱树势。病害的发生不但造成果实小、品质差，果面还会出现许多病疤，降低果实等级，更重要的是引发苹果树腐烂病的流行，是苹果园的最主要病害之一。苗木受害后往往不能达到出圃标准或等级降低。

田间诊断

叶片受害表现为以下 3 种类型的病斑：

(1) 轮纹型。发病初期，叶片正面出现黄褐色小点，渐扩大为圆形，中心暗褐，四周黄色，病斑周围绿色，直径 1.0~2.5 cm，斑上同心轮纹状排列着无数黑色小点粒。嫩叶上的病斑淡褐色，圆形或近圆形，直径约为 1~5

轮纹型病斑

针芒型病斑

混合大斑型病斑

mm，有少数病斑的中心或边缘有 1 个暗色小粒点。

(2) 针芒型。病斑呈针芒放射状，斑小量多，无一定形状，可遍布全叶，病斑上也有很多黑色小点粒。后期病叶变黄，但病斑周围及背面仍为绿色。

(3) 混合大斑型。病斑近圆形或数斑连在一起呈不规则形，直径为 0.3~3.0 cm，暗褐色，背面烟褐色，散生无数黑色小点粒，边缘呈针芒放射状。后期病叶变黄而病斑周围 1~2 mm 处仍保持绿色，较老的病斑中央多呈灰白色。

3 种类型的病斑发展至后期难以截然区分。不同品种上症状类型也有所变化，中国苹果中的沙果、山荆子及海棠等以针芒病斑为多；西洋苹果中金冠、元帅等以混合大斑型为多；国光、青香蕉等则以轮纹型为多；富士系品种既有轮纹型，也有针芒型。被害叶面渐变为黄色，唯有病斑周围保持绿色晕圈，病势发展到这一阶段，叶片容易脱落，风雨之后尤甚。

果实上的病斑黑褐色、边缘清晰，不规则的凹陷，只在果皮为害，不深入果实深层。斑点表面也有黑色、凸起的小点粒。病部果肉疏松、干腐，褐色，海绵状。富士品种果实常见此种症状。病果在贮藏期间不会因该病而发生大面积溃烂。

苹果褐斑病果实病斑

果实未成熟时严重落叶

病原菌鉴定

采回病叶，用双面刀片在病斑部位刻取约 0.5 cm × 1.0 cm 的叶块，放于载玻片上，左手食指轻压，微露于指尖外，右手握刀片紧贴左指尖，自左至右切割叶块，左手食指随刀片切割动作微微后移，至大部分叶块被切割成极细的丝。用解剖针挑取少量极细的丝，移至载玻片的蒸馏水滴上，加盖盖玻片，镜检。可见着生于寄主基质上的分生孢子盘，盘上有栅状排列的分生孢子梗，分生孢子着生于梗端，在制片过程中受挤压常游离在外。分生孢子无色、双胞，一胞略大，一胞略小，呈倒葫芦形，13.2~18.0 μm × 7.2~8.4 μm，每胞各有 1 至数个油球。

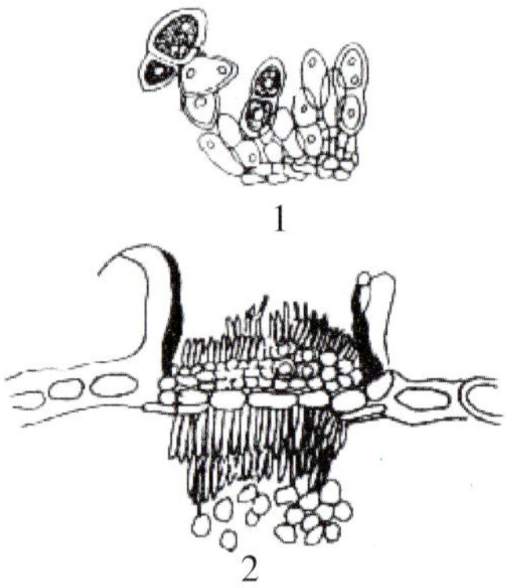

苹果褐斑病病菌
1. 分生孢子　2. 分子孢子盘

发病规律

病菌以菌丝团或分生孢子盘在落叶上越冬，第 2 年春季降雨后产生分生孢子，随雨水冲溅至树冠下部的叶片上，成为初侵染菌源，继而进行多次再侵染。雨水是病菌传播和病害流行的主导因素，4~5 月多雨时，能产生大量的分生孢子，凡春季多雨、夏秋季多雨、高温、潮湿的年份，病害就会流行。分生孢子借风雨传播，潜育期一般为 6~12 天，最长可达 45 天。发病至病叶脱落约经 13~55 天。气温高时，潜育期短，发病进程迅速，病叶脱落快。

树冠郁闭、地势低洼、通风透光条件差、栽培管理粗放、病虫为害严重、树势衰弱的果园易得病。尚未结果的幼园一般发病轻。发病迟早因气候、品种、树势、树龄而异。元帅系、富士系、金冠系等品种发病重，秦冠发病较轻。

防治方法

基础性防治措施

（1）加强果园肥水管理，提高抗病力。

（2）落叶后及时清扫落叶，深埋或浅翻入土，减少越冬菌源。

（3）调整果园密度，合理修剪，改善通风透光条件。

（4）低洼果园做好排涝工作。

无公害食品果园防治技术

（1）发病以前有效的防病药剂有：70%丙森锌（安泰生）可湿性粉剂 600~800 倍液，代森锰锌可湿性粉剂 800 倍液（还有 80%大生 M-45 可湿性粉剂 1000 倍液、68.75%易保 1200 倍液、80%喷克可湿性粉剂 800 倍液、78%科博可湿性粉剂 600 倍液等），80%超微多菌灵可湿性粉剂 1000 倍液等。

（2）发病初期改用内吸治疗剂：43%戊唑醇（好力克）悬浮剂 3000 倍液，也可选用 40%氟硅唑（福星）乳油 8000 倍液、62.25%腈菌唑+代森锰锌（仙生）可湿性粉剂 600 倍液、40%腈菌唑（信生）可湿性粉剂 8000 倍液等。

为了延长药效期，在多雨季节增加药剂的粘着性，可按药液量的 0.3% 加入农药粘着剂或皮胶。

喷药时间：渤海湾果区6月上、中旬喷第1次药，黄河故道果区及陕西中部一般年份在5月上旬喷第1次药，陕西渭北果区5月中、下旬套袋以前喷第1次药，之后隔15~20天再喷1次，多雨年份7月下旬至8月中、下旬还要各喷1~2次药。喷药最好在雨前进行，如果雨前未喷，天晴后要抓紧补喷。

喷药质量要求：务求细致周到，树冠下部和内膛、叶片的正反面都要均匀着药，才能保护叶片免受病菌侵害，这是有效防治该病的又一关键。不少果农习惯于用喷枪喷药，喷枪虽然效率较高、比较省力，若掌握不好，雾点往往很粗，很难在叶表面形成均匀的药膜，难以取得理想的防病效果，而且浪费药剂。我们建议使用雾化效果好的喷头，有条件的大果园应使用带强力鼓风扇的机动喷药机。

一定要纠正防治工作前紧后松的局面，套袋以后还要继续用好药防治。

绿色食品（A级）果园防治技术

（1）果实套袋。

（2）套袋前喷70%丙森锌（安泰生）可湿性粉剂600~800倍液。

（3）套袋后喷43%戊唑醇（好力克）悬浮剂3000倍液，或50%异菌脲(扑海因)可湿性粉剂1000~1500倍液，或10%多抗霉素可湿性粉剂1000~1500倍液。8~9月喷布1~2次波尔多液保护叶片，配比为：1(硫酸铜)：1.5~2(生石灰)：160~200(水)。

有机食品、绿色食品（AA级）果园防治技术

（1）果实套袋。

（2）套袋前后喷10%多抗霉素可湿性粉剂1000~1500倍液，8~9月喷布1~2次波尔多液。

苹果轮斑病

病原菌 *Alternaria mali* Roberts

苹果轮斑病是早期落叶病的一种，主要为害叶片，也可为害果实。

田间诊断

叶片上的病斑发生在叶缘时呈半圆形，发生在叶片中部时，被叶脉所限制而呈圆形、近圆形或不规则形。病斑较大，直径约为0.5~1.5 cm，褐色或暗褐色，具有明显或不明显的轮纹。发病后期天气潮湿时，病斑背面可见到丛点状的霉状物。果实受害后呈暗褐色而腐烂，失去食用价值。

苹果轮斑病

分生孢子梗和分生孢子
苹果轮斑病病菌

病原菌鉴定

采回病叶，在载玻片中央滴1滴蒸馏水，用解剖针在病斑背面轻刮霉层，移蘸于蒸馏水滴中，加盖盖玻片，镜检。可见丝状有分隔的分生孢子梗，顶端串生数个分生孢子，由于制片时挤压，分生孢子多游离在外。分生孢子褐色或暗褐色，倒棍棒形、纺锤形、椭圆形或卵形，有1~5个横隔、0~3个纵隔，呈壁砖状，9.1~12.2 μm × 24.2~48.4 μm。

发病规律

以菌丝和分生孢子在落叶上越冬。第2年春季产生大量分生孢子，借助风雨冲溅传播到树冠下部叶片，形成初侵染，以后进行多次再侵染。夏季高温干燥、果树受其他病虫为害或受药害后易发病。苹果轮斑病发生较苹果褐斑病稍迟，7~8月达到发病高峰，8~9月造成大量叶片脱落。雨水和多雾是病害发生流行的主要条件，春、夏季降雨早且多的年份发病早，而且重。

苹果不同品种抗病力有差异，元帅系、富士系易感病，秦冠较抗病。

树势强弱与发病关系大，凡栽培管理粗放、树势衰弱的果园发病重，反之则轻。结果树、老树发病重，幼树受害轻。

防治方法

参照苹果褐斑病。

苹果斑点落叶病

病原菌 *Alternaria mali* Roberts 强毒株系

苹果斑点落叶病是一种流行历史较短、为害严重的早期落叶病。1956 年首先发现于日本，20 世纪 70~80 年代成为日本苹果园的一种重要病害。20 世纪 70 年代初我国山东首先发现，80 年代后各主要苹果产区相继发生，造成严重的早期落叶。防治其他早期落叶病的有效药剂往往效果不好，因此造成的损失严重。

田间诊断

主要为害叶片，尤其是展叶后不久的嫩叶。叶片染病初期出现褐色圆点，直径约 2~3 mm，后扩大至 5~6 mm，红褐色，边斑扩大为不规则形，部分或全部灰白色，其上散生数个小黑点，有的病斑破裂或穿孔。天气潮湿时病斑的正反面均可出现墨绿色至黑褐色霉层。高温多雨季节老叶病斑扩大为不规则形大斑，长达几厘米，叶片的局部甚至大部变为褐色，以至焦枯脱落。夏、秋季叶柄也会出现椭圆形、暗色凹陷斑，病叶脱落，或从叶柄病斑处折断。秋梢嫩叶染病严重，1 张叶片上有几十个病斑，叶尖干枯，病叶扭曲。

苹果斑点落叶病初期病斑

果实亦可被害，幼果多出现黑点或疮痂，近成熟果实出现黑点、褐变。

病原菌鉴定

引起该病的病原菌与苹果轮斑

病叶之一

病叶之二

病菌（*Alternaria mali* Roberts）同属一种，所不同的是引起苹果斑点落叶病的是其强毒株系，可以通过无伤接种侵染叶、枝梢和果实。这 2 种落叶病的病原菌可以用盆栽苹果苗为试材，通过无伤接种和有伤接种后保湿诱发症状而得以鉴别。

发病规律

病菌主要在地面落叶上的病斑、徒长枝病斑、秋梢顶芽等部位以菌丝越冬。苹果树发芽后，落叶病斑上的病菌产生分生孢子，随雨水飞溅传播，直到 6 月中旬落叶病斑上仍可产生分生孢子。渤海湾地区 5 月中、下旬在新梢嫩叶上出现病斑，5 月下旬至 6 月上旬新病斑上开始产生分生孢子，病害进入急增期，7 月上旬至 8 月上旬病害进入盛发期，8 月以后发病减少。我国西部黄土高原苹果产区 5 月上、中旬开始发病。

田间发病的早晚和轻重与春夏季的降雨量、空气相对湿度、叶龄及品种感病性有关。苹果树展叶前后，如果雨水多、空气湿度大，此时正值叶片幼龄期，则发病早、病情发展快。高度感病品种有元帅系、北斗等，中度感病品种有王林、富士系、国光、金冠、乔纳金等，轻度感病品种是世界一、津轻、祝等。

防治方法

基础性防治措施

（1）落叶后及时清园，销毁落叶，减少越冬菌源。

（2）加强果园管理，增强树势，提高果树本身的抗病性。

无公害食品果园防治技术

（1）发病以前喷 70%丙森锌（安泰生）可湿性粉剂 600 倍液，80%代森锰锌（大生 M-45）可湿性粉剂 1000 倍液，68.75%代森锰锌（易保）1200 倍液等。

（2）发病初期改用 43%戊唑醇（好力克）悬浮剂 3000 倍液，也可以使用苯醚甲环唑（世高）10%水分散颗粒剂 1500~2000 倍液，腈菌唑+代森锰锌（62.25%仙生可湿性粉剂）600 倍液，40%腈菌唑（信生）可湿性粉剂 8000 倍液等。

绿色食品（A 级）果园防治技术

（1）发病前喷 10%多抗霉素可湿性粉剂 1000~1500 倍液，或 70%丙森锌（安泰生）可湿性粉剂 600 倍液。

（2）发病初期喷 50%异菌脲（扑海因）可湿性粉剂 1000~1500 倍液，或 43% 戊唑醇（好力克）悬浮剂 3000 倍液。

有机食品、绿色食品（AA级）果园防治技术

发病前后喷10%多抗霉素可湿性粉剂1000~1500倍液1~2次，后期喷波尔多液1~2次。

梨黑斑病

病原菌 *Alternaria kikuchiana* Tanaka

梨黑斑病是梨树的一种常见病害，分布普遍，在我国北方和中部梨区均有不同程度的发生，严重时造成落叶甚至落果。

田间诊断

梨黑斑病能为害叶片、新梢及果实。幼叶发病初期叶面有针头大小、圆形、黑色斑点，斑点逐渐扩大成圆形或不规则形、直径0.5~1 cm、暗褐色的病斑，边缘清晰，颜色较深，病斑表面微显紫色轮纹，天气潮湿时产生黑色霉层。病斑密集时许多小斑愈合成不规则形大斑，造成叶片畸形，提前脱落。叶柄和新梢上的病斑初呈黑色、椭圆形、稍凹陷，后扩展成长圆形或纺锤形，凹陷加深，病、健部交界处产生裂缝。幼果的症状是在果面上出现1至数个黑色、圆形小点，然后逐渐扩大成圆形或椭圆形、微凹陷的病斑，表面有黑色霉状物，后期病部龟裂，形成裂果，裂缝有时深达果心，常引起落果。稍大的果实也能受害，初期症状与幼果上症状相似，但病斑较大，黑褐色，表面微显同心轮纹，严重时数个病斑

梨黑斑病

病叶

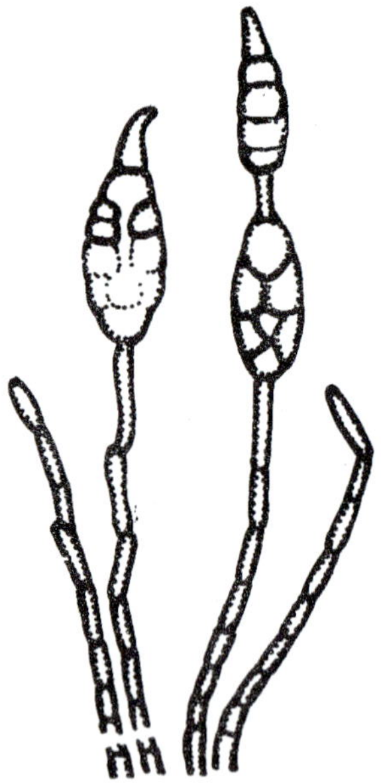

分生孢子和分生孢子梗
梨黑斑病病菌

愈合成大斑，表面也有黑色霉层。

病原菌鉴定

分生孢子梗多丛生，暗褐色，顶部几乎无色，不分枝，直立或弯曲，有1~5个膝状节。分生孢子倒棍棒形、椭圆形或卵形，串生，黄褐色至暗褐色，具有3~5个横隔膜，1~3个纵隔膜，28~57 μm × 14.5~24 μm。

发病规律

病菌以菌丝在病叶、病果及病枝上越冬。第2年春季产生分生孢子，经风雨传播至嫩叶、新梢及幼果上，萌发后经气孔、皮孔入侵，或直接穿透寄主表皮侵染发病。病斑上的病菌还可以产生大量新的分生孢子，进行再次侵染，造成病害的蔓延。病菌发育的最适温度是25~30℃，分生孢子萌发的最适温度是25~27℃，在自然条件下，气温在24~28℃时发病最盛。梨树开花后至采收前均可发病，6~7月是发病盛期。此病的发生要求外界环境有较高的湿度，多雨、高温的环境有利于发病，因此多雨潮湿的季节或地区较易发病，低洼潮湿或过度密植的梨园容易发病。品种间感病性有差异，日本梨、西洋梨发病较重，酥梨品系一般发病较轻。但近年陕西的一些以酥梨为主栽品种的梨园该病为害叶片的情况相当普遍，个别果园甚至相当严重。该病的发生也与树势的强弱有关，缺肥或偏施氮肥的梨园发病较重。

防治方法

基础性防治措施

（1）加强管理，增强树势；合理施肥，增施有机肥料；低洼梨园要注意排水；合理修剪，密植梨园特别注意保持通风透光。

（2）梨树萌芽前彻底剪除病枝、病果，清扫落叶、落果，集中深埋，园地深翻，尽量减少越冬菌源。

无公害、绿色、有机食品果园防治技术

（1）梨树发芽前喷布3~5°Bé石硫合剂，杀死果园地面残留的病叶、病枝、病果以及树体上的越冬病菌。

（2）梨树开花前后各喷1次10%多抗霉素可湿性粉剂1000~1500倍液。

苹果白粉病

病原菌 *Podosphaera leucotricha* (E11.et Ev.) Salm. [*Oidium farinosum* Cke.]

苹果白粉病是一种常见的重要病害，我国各苹果产区均有发生，尤以西北和西南苹果产区发病重。不同苹果品种间抗病性有差异，不少老品种易感病，元帅系、富士系、秦冠等较抗病。苹果白粉病菌可以为害多种苹果属植物，育苗中用的山荆子、新疆野苹果实生苗也易患此病。

田间诊断

苹果树的叶、新梢、芽、花和果实均可看到白粉病的踪迹。叶片上的症状表现为散布叶背的块状白粉斑，叶背有白粉的部位，叶正面凸起，导致叶面不平展，稍后叶片正反面均会有白粉。病叶狭小、被覆白粉层、质地硬脆、上卷；病梢细弱、节间短、覆白粉；病芽瘦小、鳞片松散、顶端尖细、毛刷状、茸毛较少；病花畸形、瘦弱，以至干枯。初夏以后，染病叶背的主脉、支脉、叶柄及病梢上出现成堆的小黑点，白粉层变为灰褐色。病果生长缓慢，较正常果小，果面有网状锈斑，严重时后期龟裂。

苹果白粉病病梢

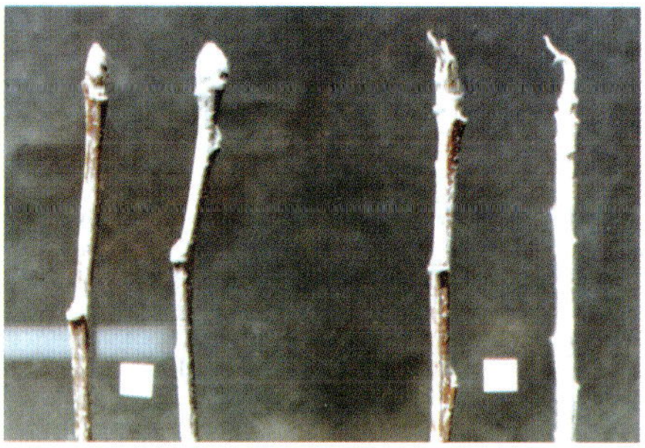

健梢和病梢

梢部病状

果实病状

苗木染病后，顶端叶片和幼苗嫩茎出现灰白斑块，覆盖白粉。严重时病斑扩展全叶，病叶萎缩，渐变褐色而枯死。新梢顶端受害后展叶迟缓，叶片细长，呈紫红色。顶梢微曲，发育停滞。

病原菌鉴定

用解剖针挑取病叶上的白粉层少许，置于载玻片中央的蒸馏水滴中，加盖盖玻片，镜检。可见纤细的、无色透明、多分枝的菌丝，分生孢子梗棍棒状，顶端串生分生孢子，无色、单胞、卵圆形至近圆筒形，20.0~31.0 μm × 10.5~17.0 μm。

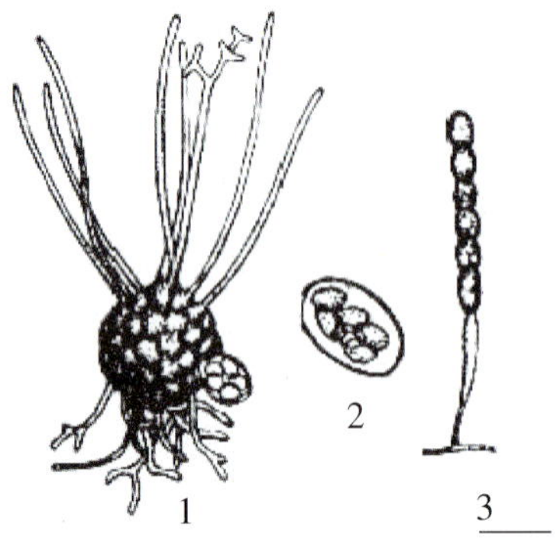

苹果白粉病病菌

1. 闭囊壳　2. 子囊　3. 分子孢子梗和分子孢子

初夏以后，用解剖针挑取病叶上的小黑点少许，置于载玻片中央的蒸馏水滴中，加盖盖玻片，镜检。可见由多角形细胞构成的球形闭囊壳，其上着生附丝，用解剖针轻压盖玻片，可见从闭囊壳中挤压出的长圆形子囊，每个内含 8 个无色、单胞、卵形的子囊孢子。

发病规律

苹果白粉病菌是一种专性寄生真菌，只能寄生在寄主活组织上，而且只有在组织幼嫩阶段才能被侵染，因此病害的发生与寄主组织的发育状态有密切关系。病菌以菌丝在病芽内越冬，春季芽萌动后立即进行初次侵染。4~6 月是发病盛期，7~8 月发病趋缓，8 月下旬前后在秋梢上蔓延，9 月以后病情发展又趋缓和。

病菌分生孢子萌发入侵的适宜条件是：气温 19~22℃，相对湿度接近 100%。菌丝生长的最适温度为 20℃。苹果春梢、秋梢生长期的气候条件正能满足上述要求，而且寄主植物为病菌的侵染提供了丰富的幼嫩组织，有利于病害的流行。从多年病害流行的情况来看，春季温暖、干旱的年份有利于病害的前期发病；夏季多雨、凉爽，秋季晴朗，有利于后期流行。

果园栽培管理与发病轻重关系很大。栽植过密、偏施氮肥、灌水过多造成枝条徒长容易染病；修剪不当，过度长放，因越冬病芽数量多，病菌越冬基数大，导致病害加重。

防治方法

基础性防治措施

（1）冬季修剪时彻底、细致地剪除病梢，春季复剪时再仔细搜索、剪除，集中深埋或烧毁。

(2) 苹果树芽萌动后及时剪除初次侵染的病梢，并深埋。

(3) 增施有机肥，提高抗病力。

(4) 选用抗病品种，淘汰易感病的劣质品种。

(5) 注意合理密植，精细修剪，避免树冠郁闭，成年果树要注意回缩更新。

无公害、绿色食品 (A 级) 果园防治技术

(1) 控制氮肥使用量，注意氮、磷、钾的配合，尤其要增施磷、钾肥。

(2) 苹果树发芽前夕喷 3°Bé 石硫合剂，开花前喷 0.5°Bé 石硫合剂。

(3) 苹果落花 70%时，喷 1 次 15%三唑酮 (粉锈宁) 可湿性粉剂 1000~1500 倍液，或 25%三唑酮 (百理通) 可湿性粉剂 1500~2000 倍液。

(4) 苗圃防治该病应在发病初期喷 50%硫悬浮剂 150~200 倍液，连续喷 2~3 次，两次喷药间隔 10~15 天。

有机食品、绿色食品 (AA 级) 果园防治技术

(1) 苹果树发芽前夕喷 3°Bé 石硫合剂，开花前喷 0.5°Bé 石硫合剂。

(2) 落花以后喷 10%多抗霉素可湿性粉剂 1000~1500 倍液 1~2 次。

梨白粉病

病原菌 *Phyllactinia pyri* (Cast.) Homma

梨白粉病是为害梨树的一种叶部病害，一般不很严重。个别年份、一些易感病的品种受害严重时也会造成大量叶片提前脱落，对树势和果实品质造成不良影响。

田间诊断

发病初期在叶背出现 1 至数个近圆形白色霉斑，以后逐渐扩大，直至叶背全部被白色霉层覆盖。后期在白色霉层上出现黄色小颗粒，并逐步加深为褐色至黑色，此为病菌准备越冬的闭囊壳。该病先为害树冠下部老叶，陆续向上蔓延，被害叶片往往提前落叶。

发病严重时也可以为害嫩梢，病梢表面也覆盖白色霉层。

病原菌鉴定

梨白粉病菌的无性阶段是 *Ovulariopsis* 型，闭囊壳扁圆球形，黑褐色，无孔口，具有针状附属丝，子囊多个，长椭圆形，每个子囊内有子囊孢子 2 个。

梨白粉病病叶早期

病叶后期

茎部病状

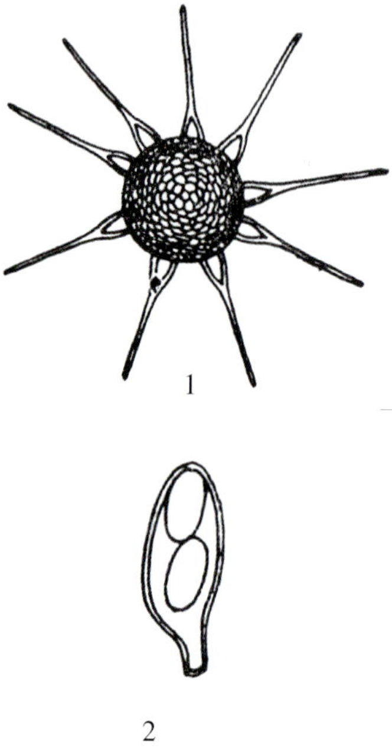

梨白粉病病菌

1. 闭囊壳　2. 子囊及子囊孢子

子囊孢子长椭圆形，单胞，无色或淡黄色，34~88 μm × 17~22 μm。

发病规律

病菌以闭囊壳在落叶上越冬，第 2 年初夏闭囊壳内的子囊孢子成熟，借风雨传播为害树冠下层老叶。病叶上产生的分生孢子借风雨传播，进行多次再侵染。陕西中部梨区 6~7 月子囊孢子成熟，7 月开始发病，9~10 月为发病盛期。后期雨多、密度过大、树冠郁闭、通风透光不良、排水不好、偏施氮肥均有利于病害发生。梨品种间感病性差异显著，比较感病的品种有茌梨、秋白梨和康德梨等。

防治方法

参照苹果白粉病。

苹果锈病

病原菌 *Gymnosporangium yamadae* Miyabe

苹果锈病又叫苹果赤星病，是一种需要有 2 种寄主植物的转主寄生的真菌病害。种植桧柏类植物的风景区及陵园附近的苹果园发生严重。我国南北果区均普遍发病，病害流行年份常造成早期大量落叶，果实亦可受害。近年一些新修的高速公路隔离带和路旁种植了大量的桧柏类树木，这对于附近的苹果园及梨园是个威胁，呼吁有关方面重视。苹果锈病除为害苹果外，还可为害海棠、花海棠、花红等苹果属植物。

田间诊断

苹果锈病只为害幼叶、叶柄、新梢及幼果等绿色幼嫩组织。被害叶片正面的病斑初为橘红色小圆点，直径为 1~2 mm，7~10 天后，随着斑点的扩大，中央长出许多黄色小点（性孢子器），分泌出蜜露（性孢子及黏液），渐渐变成黑色小点。6 月中、下旬病斑直径扩大到 1 cm 左右，同时叶背相应部位隆起，并长出丛生的黄褐色胡须状物 (锈孢子器)。叶柄受害后病部橙黄色，纺锤形，膨大隆起，其上也出现黄色小点和黄褐色胡须状物。新梢的症状和叶柄相似，但后期病部凹陷、龟裂，容易折断。幼果被害多在萼洼附近形成圆形、橙黄色斑点，直径 1 cm 左右。后期病斑变褐色，中央出现小黑点，周围也会长出胡须状物。

秋冬季转主寄主——桧柏小枝——上可见球形或近球形瘤状物（菌瘿），直径约 3~5 mm，少数也有超过 1 cm 的。春季膨胀为鸡冠状（冬孢子角），深褐色。4 月中旬至 5 月中旬遇雨吸水膨大为橙黄色胶状物，很像一朵朵黄色、肉质的“花”。

病原菌鉴定

摘回背面已出现胡须状物的叶片，用双面刀片切取约 0.3 cm × 0.5 cm 的病叶块，以左手食指轻压，微露于指尖外，右手握双面刀片，紧贴左手食指

苹果锈病为害状

早期病斑

后期病叶正面

后期病叶背面

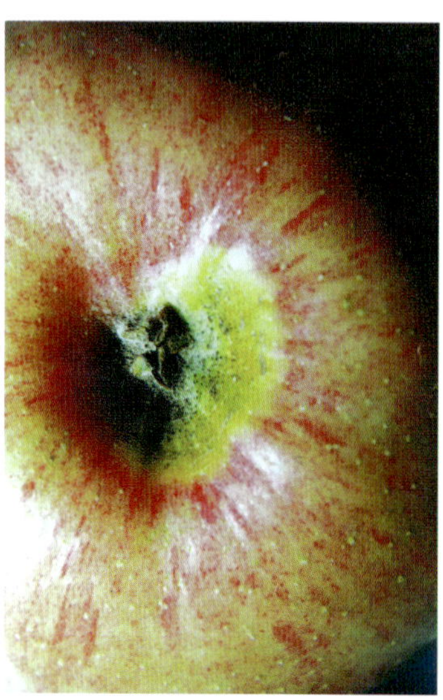

果实症状

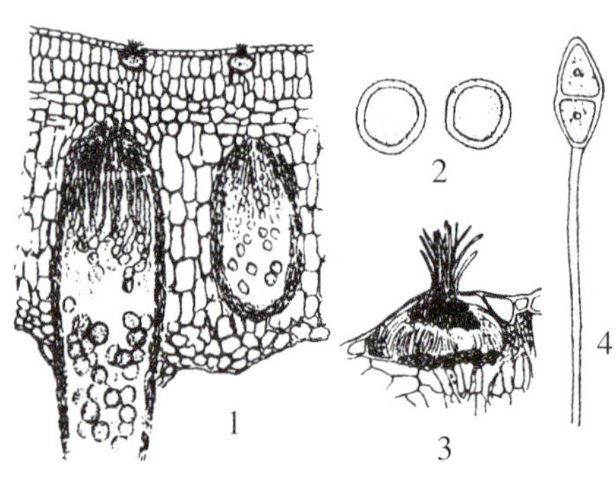

苹果锈病病菌

1. 锈孢子器 2. 锈孢子 3. 性孢子器 4. 冬孢子

桧柏上的冬孢子角

冬孢子角膨大

尖，自左至右切割，左手食指随刀片切割动作微微后移，以保证切下的组织丝条极细。用解剖针挑取若干根细丝移放于载玻片的蒸馏水滴中，加盖盖玻片，镜检。可见埋于叶片表皮组织内的球形性孢子器；性孢子纺锤形，单胞，无色；锈孢子器圆筒形；锈孢子球形，单胞，茶褐色，壁厚，表面有瘤状突起，19~25 μm×16~24 μm。

在桧柏枝上出现鸡冠状物时采下带回室内，用解剖针轻刮表面，移蘸于载玻片上的蒸馏水滴中，加盖盖玻片，镜检，可见冬孢子，长卵圆形，双胞，深褐色，有长柄，23~55 μm×15~23 μm。

发病规律

病菌以桧柏小枝上菌瘿中的菌丝体越冬，也可以当年秋季传至桧柏体表的锈孢子越冬。第 2 年春季在桧柏上的菌瘿生成冬孢子角。陕西中部 4 月末至 5 月初，渭北 5 月上、中旬遇雨后胶化、膨大，冬孢子萌发，产生大量小孢子，小孢子借风力可以传播到方圆 1.5~5 km 的苹果树上，侵染后形成性孢子和锈孢子。锈孢子在秋季又随风传回转主寄主桧柏上越冬。

病害的流行受降雨和空气湿度影响很大，冬孢子的萌发及小孢子、锈孢子的侵染都需要有一定的湿度，因此发病的早晚和轻重程度与早春的降雨有密切关系，如果果园附近有桧柏类植物，4~5 月又有适度降雨，空气比较湿润，就可能发病，当然还需要合适的温度和微风的配合。冬孢子萌发的最适温度为16~22℃，超过24℃则不能形成小孢子。

苹果锈菌的转主寄主除桧柏外，还有高塔柏、新疆圆柏、欧洲刺柏、希腊桧、矮桧、翠柏、龙柏等。

防治方法

基础性防治措施

建立新果园时，应注意尽量远离有桧柏等转主寄主的风景区和陵园。彻底砍伐距果园5 km以内的桧柏类树木，切断病菌的侵染循环。各地的实践证明这是根本的、一劳永逸的防治措施。

无公害、绿色食品（A级）果园防治技术

（1）苹果树发芽前后，对苹果园附近不易砍伐的桧柏类树木喷1~2次3°Bé石硫合剂，阻止冬孢子角萌发。在苹果树开花前对苹果树喷1次0.3~0.5°Bé石硫合剂。苹果树落花发现叶片上有香头大小的黄色病斑时再喷1次。

（2）苹果树落花后，当发现叶片上有香头大小的黄色病斑时，立即喷25%三唑酮（粉锈宁）可湿性粉剂1500倍液，或25%三唑酮（百理通）可湿性粉剂1500~2000倍液。

有机食品、绿色食品（AA级）果园防治技术

（1）苹果树发芽前后，对苹果园附近不易砍伐的桧柏类树木喷1~2次3°Bé石硫合剂，阻止冬孢子角萌发。

（2）苹果树开花前对苹果树喷1次0.3~0.5°Bé石硫合剂。苹果树落花后发现叶片上有香头大小的黄色病斑时再喷1~2次。

梨锈病

病原菌 *Gymnosporangium haraeanum* Syd.

梨锈病也叫梨赤星病，是一种常见的梨树病害，也是一种转主寄生的真菌病害。

田间诊断

梨锈病可以为害叶、新梢及幼果等绿色幼嫩组织。受害叶片正面的病斑初为橘红色小原点，直径1~2 mm，7~10天后随着病斑的扩大，中央长出许多小黄点（性孢子器），分泌出黏稠物（性孢子及黏液），黄点逐渐变黑，显

病叶正面

病叶背面

示性孢子器成熟。同时病部组织增厚，向背面隆起，并长出羊胡子状的管状物（锈孢子器），其中含有大量锈孢子。随后病斑变黑枯死，往往造成落叶。病害在叶柄、新梢、幼果上的症状基本与叶片症状相似，可以造成落叶、新梢折断及幼果脱落。

在转主寄主桧柏类植物上，病菌可以为害小绿枝和鳞叶，秋季病部黄化隆起，第 2 年早春形成球形或近球形瘤状菌瘿，直径为 3~5 mm，少数甚至超过 1 cm，稍后菌瘿表面吸水膨胀，长出深褐色、鸡冠状冬孢子角，3 月下旬至 4 月冬孢子角吸水膨大为橙黄色胶状体，其上产生冬孢子，往往被误认为是桧柏“开花”。

病原菌鉴定

冬孢子纺锤形或椭圆形，双胞，橙黄色，有长柄，分隔处稍缢缩，35~70 μm × 15~22 μm。冬孢子萌发产生先菌丝，顶端着生小孢子，小孢子卵圆形、无色、单胞。性孢子器埋于叶表皮下，产生的性孢子纺锤形、无色、单胞。锈孢子器生于叶背面，所产生的锈孢子近球形、橙黄色、18~22 μm×16~20 μm。

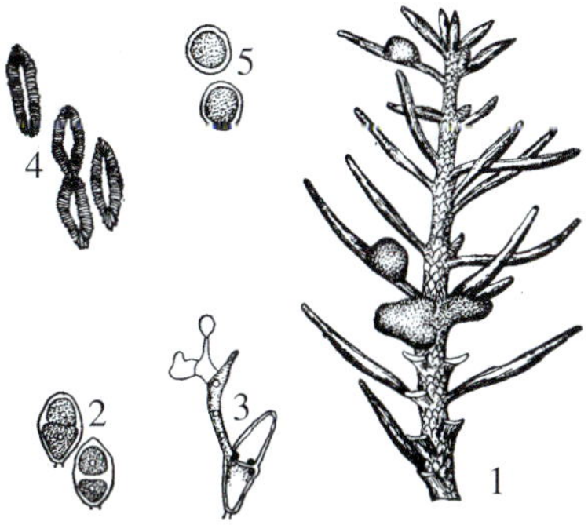

梨锈病病菌

1. 冬孢子角　2.冬孢子　3. 冬孢子萌发　4. 护膜细胞　5. 锈孢子

发病规律

病菌以在桧柏类植物绿枝或鳞叶上形成的菌瘿中的菌丝体越冬，第 2 年春天菌瘿吸水膨胀形成冬孢子，并萌发产生小孢子，小孢子借助风力可传播到 1.5~5 km 范围内的梨树上，并在其上萌芽、侵入，在叶面或新梢、幼果上形成性孢子器和性孢子，继而产生锈孢子，秋季锈孢子又随风传回桧柏等转主寄主上越冬。

梨锈病的发生和流行的前提是梨园附近（5km 范围）要有转主寄主（桧柏类植物）存在。转主寄主除桧柏外，还有高塔柏、新疆圆柏、欧洲刺柏、希腊桧、矮桧、翠柏、龙柏等。

病害的流行受气候条件的影响很大，尤其是 4~5 月降雨是关键，此期温度也有一定的影响，冬孢子萌发的适宜温度是 17~20℃，一般年份 4~5 月份这种温度是可以满足的。当然孢子的传播还需要微风的帮忙。

梨品种间感病性有一定的差异，中国梨较易感病，西洋梨比较抗病。中国梨之间感病性差异不明显。

防治方法

参照苹果锈病。

三、花和果实病害

苹果花腐病

病原菌 *Monilinia mali* （Takahashi） Whetzel

苹果花腐病

苹果花腐病是花期气温较低的地区的一种重要病害，在东北苹果产区、秦岭高地、渭北高原北部及四川高海拔苹果产区常发生。苹果展叶到开花期若遇到低温、多雨天气，往往造成该病流行，有时甚至是毁灭性的灾害。

田间诊断

花腐病能为害花、幼果、叶及嫩枝，造成花腐、果腐、叶腐和梢腐，以花和幼果受害较重。

（1）叶腐。一般在展叶后 2~3 天即可发生。初期在叶片的尖端、边缘或中脉两侧出现褐色至红褐色、圆形或不规则形的小斑点，逐渐扩大再沿叶脉向上蔓延到叶柄基部，病叶湿腐，萎蔫下垂。雨天或空气潮湿时病部表面产生大量的灰白色霉状物。

(2) 花腐。当叶腐蔓延到叶柄基部时，菌丝即向花丛基部侵袭，造成整个花丛变褐、腐烂，花朵枯萎下垂。花器在显蕾时受侵而腐烂，致使病花变为黄褐色、枯萎。

(3) 果腐。病菌通过花的柱头侵入，受侵染果实长到豆粒大时，果面上产生圆形、褐色病斑，其上溢出褐色黏液，并带有发酵味。剖开病果，褐色腐烂组织一直延伸到心室和子房，果实迅速腐烂，风干后变成僵果。

(4) 梢腐。病菌自果梗或花轴向上蔓延至枝梢，形成暗褐色、不规则形的溃疡，后期病部干枯并下陷，严重时整枝枯死。

病原菌鉴定

摘病叶、病花、病果或病梢带回室内，在载玻片上滴 1 滴蒸馏水，用解剖针在病部刮一点白色霉状物或褐色黏液，移至蒸馏水滴中，加盖盖玻片，镜检。可见病菌分生孢子梗和分生孢子。分生孢子梗 3~4 支丛生，无色，不分枝，或分枝 1 次；分生孢子无色、单胞、柠檬形，8.1~20.5 μm × 6.2~16.2 μm。

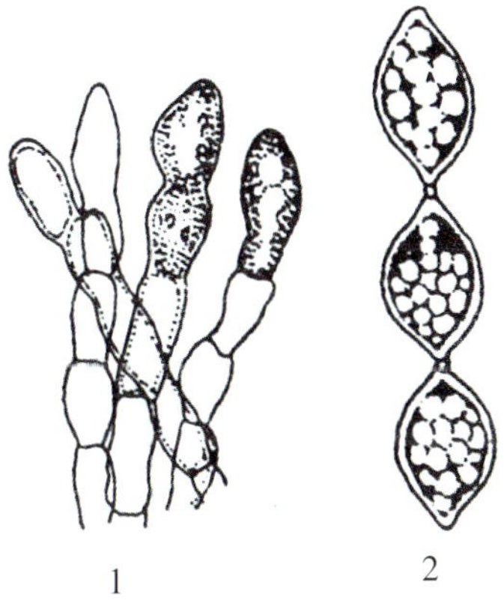

苹果花腐病病菌

1. 分生孢子梗　2. 分子孢子

发病规律

病菌在落地的病果中形成菌核越冬。如果落地病果被埋在约 0.5 cm 的浅层土中，其上又覆盖 1 层落叶，构成保温保湿的环境，更有利于第 2 年形成子囊盘。埋于地表 2cm 以下的病果，春季不能形成子囊盘。苹果树春季萌芽至展叶期，多雨、低温是诱发叶腐大发生的条件，若连续数日土壤含水量为 30%~40%，气温在 5℃以上，菌核即可产生子囊盘，子囊盘放射出大量子囊孢子，成为当年的初侵染源。土壤湿度对子囊盘的形成及产生子囊孢子起决定性的作用。子囊孢子可以随风传播扩散，侵入叶片引起叶腐。叶腐的潜育期 6~7 天。病叶上的分生孢子传至花的柱头，侵入后引起果腐，果腐潜育期 9~10 天。果腐发生的条件是低温、多雨。低温条件下花期长，病菌侵染的机会增多。海拔 1000 m 以上的山地果园由于气候多变，花期遇低温、高湿天气的几率较高，往往容易发病。通风透光不良和管理粗放的果园有利于发病。成片栽植单一品种的果园比品种混栽园发病重。

防治方法

基础性防治措施

（1）增施有机肥，增强树势，提高抗病力。

（2）做好清园工作，清除落叶和落果，翻耕园地，减少越冬和再侵染的菌源。

（3）结合冬剪剪除病枝，春季及时摘除病叶、病花和病果，以减少再侵染。

无公害、绿色食品（A级）果园防治技术

（1）苹果树发芽前喷1次5°Bé石硫合剂，展叶初期喷1次0.5°Bé石硫合剂。

（2）苹果开花前及落花70%时，各喷1次43%戊唑醇（好力克）悬浮剂3000~5000倍液。

有机食品、绿色食品（AA级）果园防治技术

（1）苹果树发芽前喷1次5°Bé石硫合剂，展叶初期、开花前各喷1次0.5°Bé石硫合剂。

（2）苹果落花70%时喷1次10%多抗霉素可湿性粉剂1000~1500倍液。

苹果、梨果实轮纹病

病原菌　苹果干腐病菌 *Botryosphaeria berengeriana* de Not.
苹果轮纹病菌 *Botryosphaeria berengeriana* de Not.f.sp.
piricola（Nose）Koganezawa et Sakuma

苹果、梨果实轮纹病是我国苹果、梨栽培区重要的果实病害。它是由2种病菌为害所致，除为害果实外，还侵害枝干，分别出现枝干轮纹和干腐症状（本书枝干病害部分已有描述），侵害果实的情况在黄河故道和环渤海产区发病严重，果实发病率常达20%~30%，甚至为50%~60%，贮藏期常造成烂果，损失惨重。近年西北黄土高原苹果产区感病的富士品种栽植面积迅速扩大，后期多雨年份发病也比较重。

田间及库房诊断

2种病菌侵害果实所出现的症状十分相似，以皮孔为中心出现水渍状、近圆形、褐色小斑，病斑逐步扩大而呈暗红褐色，具有明显的同心轮纹，并

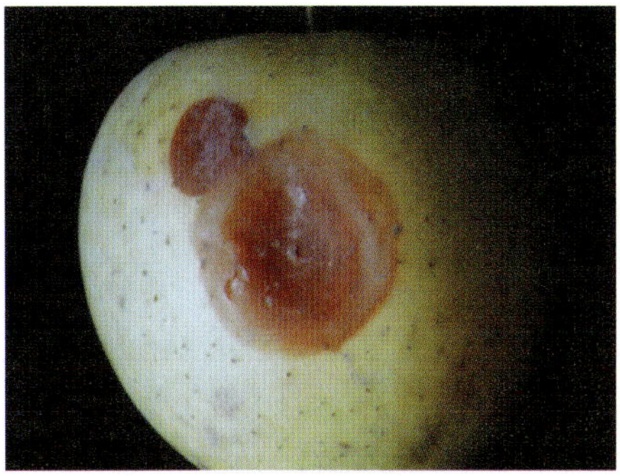

苹果果实轮纹病被害果之一

被害果之二

梨果实轮纹病被害果

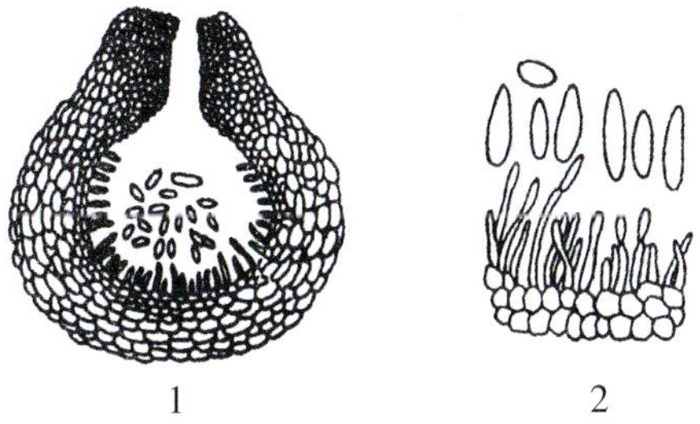

苹果果实轮纹病病菌
1. 分子孢子器　2. 分生孢子

出现黑色小点粒。病斑扩大迅速，短期内使全果腐烂，有酸臭味，未等采收即脱落。

病原菌鉴定

苹果干腐病病菌的中文名称是贝伦格葡萄座腔菌，1 个子座内形成 1 个或多个子囊腔室，腔室内的子囊棍棒形，双重膜，顶端肥厚，大小多为 80~130 μm × 13~21 μm，1 个子囊内有 8 个子囊孢子。子囊孢子无色，单胞，椭圆形、长卵形或纺锤形，大小 6~34.5 μm × 6~13.5 μm。无性阶段分生孢子无色，单胞，纺锤形，大小 19~30 μm × 5.5~7 μm。

苹果轮纹病病菌的中文名称是贝伦格葡萄座腔菌梨生专化型，假囊壳单生，球形或近球形，腔内有数个子囊，子囊二重膜，顶端肥厚，无色，棍棒形，大小95~140 μm × 22~26 μm，内有 8 个子囊孢子。子囊孢子无色至淡黄色，单胞，椭圆形，大小 22.5~31 μm × 9~13.5 μm。无性阶段分生孢子无色，单胞，长圆形至长纺锤形，大小 20~30 μm × 6~9 μm。

苹果、梨果实轮纹病发病后期病斑具有明显的同心轮纹、并出现黑色小粒，用双面刀片削取薄层有黑色小粒的果皮，以左手食指轻压，微露出指尖，以右手握刀片紧贴指尖，自左至右切割，左手食指随刀片运行动作微微后移，以保证切下的组织丝极细。用解剖针挑取少许很细的丝，移放于载玻片的蒸馏水滴中，加盖盖玻片，镜检。

发病规律

苹果、梨果实轮纹病的菌原主要来自树体上的干腐病病菌和轮纹病病菌。病菌以菌丝体、分生孢子器及子囊壳在被害枝干上越冬，3~12 月均可形成孢子。黄河故道地区 4 月下旬至 5 月以及 7~8 月为扩散高峰期。陕西中部 5~7 月是病菌侵染果实的关键时期。孢子借助气流或雨水传播至果实，经皮孔侵入，潜育期约 15 天。幼果从坐果后到 8 月上、中旬只要环境条件适宜都可被侵染。8 月下旬后雨水往往增多，但由于果实皮孔逐渐木栓化，果实发病逐渐减少。果实被侵染后，一般要到接近成熟或进入贮藏期才表现明显症状。雨季来临后表现的症状往往是病菌在雨季前侵入进去的。“果腐”的流行与降雨及果实生育期密切相关。降雨多，特别是连阴雨日多的年份，果实发病重。果实进入贮藏期后第 1 个月发病最重，以后逐渐减缓。

苹果干腐病的发生与气候环境条件关系密切，特别是山地果园和干旱年份，水分供应不足会导致发病；干旱条件下苹果轮纹病也容易感染。果园施肥水平与发病关系十分密切，施肥水平高的果园发病明显比贫瘠果园轻。

苹果主要栽培品种中金冠最易感病，其次是红星、元帅、富士等，国光较轻。梨品种抗病程度也有差异，高抗品种有秦酥、秋白、安梨、蜜梨、砀梨酥等，金花、秦丰、雪花、鸭梨等也较抗病，巴梨等洋梨系统品种发病重。

防治方法

苹果、梨果实轮纹病系由 2 种病原菌引起，既可造成果腐，又可为害枝干。最为人们关注的果腐又与枝干的发病息息相关，所以防治此病应从控制枝干发病和预防果实发病两方面着手，而且要特别重视枝干溃疡的防治。

基础性防治措施

(1) 加强果园肥料管理，提高树体抗病力。增施有机肥料，合理修剪，调节适当的负载量，及时防治病虫害。

(2) 注意果园的水分管理，有条件的地方适时进行节水灌溉，果园生草，覆盖保墒。

（3）清洁果园，减少菌源。修剪后及时把剪下的枝条清理出园，并尽快烧毁；不要用苹果、梨树和杨树的枝干作支撑物。为减少树体上的病菌，果实采收后刮除树干上的粗皮和病瘤。

无公害食品果园防治技术

在重病区，从苹果幼果期开始，结合防治早期落叶病喷多菌灵（80%超微可湿性粉剂 1200 倍，或 50%可湿性粉剂 800 倍）+70%代森锰锌 1000 倍液的混合液，或 80%超微多菌灵可湿性粉剂 1200 倍+褐藻胶 800 倍混合液（褐藻胶是用海带提取碘的副产物，起增强药剂附着力、提高药效的作用，由于其中含丰富微量元素，对果树生长有促进作用），或波尔多液（1：2：200 倍式）。全年共喷药 3~4 次，两次喷药的间隔期为 20 天左右。

绿色食品（A 级）果园防治技术

（1）果实套袋。

（2）发病初期喷 43%戊唑醇（好力克）悬浮剂 3000~4000 倍液 1~2 次。

有机食品、绿色食品（AA 级）果园防治技术

（1）果实套袋。

（2）非套袋果园可喷 2~3 次波尔多液（1：2：200 倍式）。

苹果、梨炭疽病

病原菌 *Glomerella cingulata* （Stonem.）Spauld.et Schrenk
［*Colletotrichum gloeosporioides* （penz.）Penz. et Sass］

苹果、梨炭疽病又名苦腐病、晚腐病，在我国大部分苹果产区均有发生，造成果实腐败。除苹果、梨外，还能为害葡萄、核桃等多种果树。

苹果炭疽病被害果

田间及库房诊断

此病主要为害果实，也可侵染树枝及果台等部位。6~9 月果实均可发病。以 7~8 月为盛发期，主要为害近成熟的果实。有些地区落花后 1 个月左右的幼果也可发病。发病初期果面出现褐色小点，后逐渐扩大成圆形、暗褐色、干腐状病斑，边缘清晰，病斑中部凹陷并有同心轮纹。果肉变褐、腐烂、味苦。后期病斑上着生大量、排列成轮纹状的黑色小点。天气潮湿时病斑上分泌出绯红色黏液，条件适合时病斑可扩展到果面的1/3~1/2，造成落果。数个病斑可融合成片，加快腐烂的速度。果实贮藏期间一般不继续传播与侵染，但在田间已受侵染的果实上，病斑仍可扩大蔓延。

本病为害的果实症状与果实轮纹病的症状区别是：前者病组织较坚实，病部用手指不易戳破，有同心轮纹状排列的黑点，后溢出肉红色黏液；而后者呈湿腐状，手指稍用力就会压破病部表皮，流出腐烂的浆汁。

病菌可在苹果、梨树的枯死枝、病虫枝及生长衰弱枝条的基部营寄生或腐生生活。起初在皮层形成不规则的褐色病斑，逐渐扩大成溃疡斑，后期病皮龟裂脱落，木质部外露，严重时溃疡部以上的枝条干枯。病部表面也同样产生黑色小点。其症状很像其他病枯枝，不易辨认。枝条溃疡一般发生较少或不发生。果台受侵后从顶部开始发病，病部呈暗褐色并逐渐向下蔓延。被害较重的果台不能抽出副梢，最后干枯死亡。

病原菌鉴定

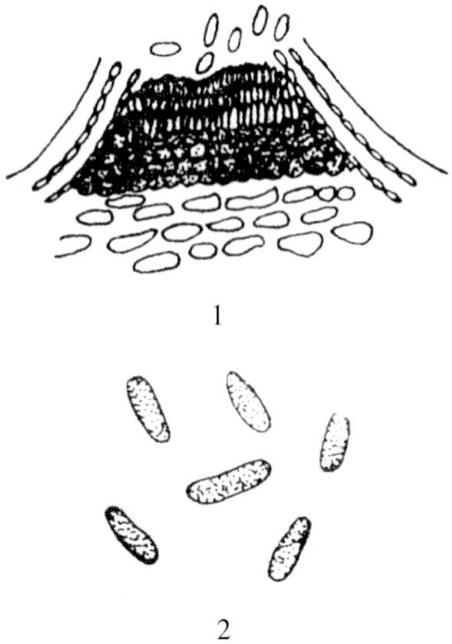

苹果炭疽病病菌

1. 分生孢子盘　2. 分生孢子

取有明显的同心轮纹病斑、并出现黑色小粒的后期病果，用双面刀片削取薄层有黑色小粒的果皮，以左手食指轻压，微露于指尖外，以右手握刀片紧贴指尖，自左至右切割，左手食指随刀片运行动作微微后移，以保证切下的组织丝极细。用解剖针挑取少许很细的丝，移放于载玻片的蒸馏水滴中，加盖盖玻片，镜检。可见半埋于寄主组织内的枕头状分生孢子盘内整齐地排列着圆柱形的分生孢子梗，无色，单胞，6~16 μm × 2~4 μm。分生孢子梗上着生分生孢子，常因挤压游离在外，椭圆形，无色，单胞，内含数个油球，9~16 μm × 3~6 μm。也可以在天气潮湿病斑上分泌出绯红色黏液时，用解剖针挑取少量黏液，移蘸于载玻片的蒸馏水滴中，加盖盖玻片，在显微镜下可见成团的分生孢子。

发病规律

病菌以菌丝在病僵果、枝干、病虫为害破伤枝、果台、落果上越冬。第2年天气转暖后产生大量分生孢子，经雨水和昆虫传播为害。因此每年最初出现病果都在这些越冬部位附近，形成发病中心，然后再由此进一步传播蔓延。

病害流行的气候条件是高温、高湿、多雨。病害的潜育期随品种、果实成熟度、侵染时间的不同而异，一般为3~13天。高温、高湿、多雨的7~8月，果实近成熟时病菌能迅速侵染为害。果实生长中期，常在日灼为害的果实上发病。病害的发生还与栽植过密、树冠较大、树势衰老、氮肥过量等有关。黏土、壤土发病重于砂土果园。地势低洼和通风不良的果园易发病。苹果中国光、秦冠等品种较感病。

防治方法

基础性防治措施

(1) 增施有机肥、除草保墒、及时排水，抑制病害的发生。

(2) 通过合理冬剪，适时夏剪，促进果园的通风透光。

(3) 结合冬剪去除干枯枝、死枝及病僵果，并及时烧毁，彻底清园，减少越冬菌源。

无公害食品果园防治技术

(1) 喷波尔多液（1∶2∶200倍式）2~3次，喷药时间视地区和病害流行程度而定，黄河故道病害重发区应从 5月中旬开始，病害轻发或偶发区可推迟到5月下旬或6月初开始。

(2) 结合防治早期落叶病进行药剂防治。可选用43%戊唑醇（好力克）悬浮剂3000~4000倍液，或80%炭疽福美可湿性粉剂500~600倍液，或70%代森锰锌1000倍液等，喷药时间同上。

绿色食品（A级）果园防治技术

(1) 果实套袋，套袋前喷10%多抗霉素可湿性粉剂1000~1500倍液。

(2) 非套袋果园可喷50%异菌脲（扑海因）可湿性粉剂1000~1500倍液。

有机食品、绿色食品（AA级）果园防治技术

(1) 果实套袋，套袋前喷10%多抗霉素可湿性粉剂1000~1500倍液。

(2) 套袋以后喷波尔多液（1∶2∶200倍式）1~2次。

苹果黑星病

病原菌 *Venturia inaequalis* （Cke.） Wint.

苹果黑星病是欧美各国普遍发生的一种重要病害，在我国目前分布还不很普遍，陕西等果区已有。此病可为害叶片、果实、花、芽和嫩梢，尤其是果实受害损失很大，必须严加防范，认真防治。

田间及库房诊断

叶片初发病表现为直径约 1~2 mm 的近圆形、淡白色病斑，随着病害的发展，病斑扩大，并呈近圆形或放射状，边缘明显，正反面出现黑褐色至黑绿色霉层，这是与其他叶斑病不同的地方。数个接近的小病斑可愈合为大病斑，其边缘往往受叶脉限制而呈不规则形状。后期病部稍微增厚，叶片不平整，甚至扭曲，病叶无病斑部位失绿，最终导致早落。

果实上的病斑呈疮痂状，初为直径约 1~2 mm 的近圆形斑，淡黄绿色，逐渐扩展，病部表面也有黑褐色或黑绿色霉层，边缘颜色略深，这也是与其他果实病害不同的地方。被害部位随着果实生长而凹陷、龟裂，致果实畸形。

病原菌鉴定

用双面刀片在叶片有病斑部位刻取 0.2~0.3 cm × 0.4~0.5 cm 的病组织，移放于清洁载玻片上，以左手食指轻压并微露于指尖外，右手握双面刀片，紧贴左手指尖，自左至右切割叶组织，同时左手食指随刀片运行动作微微后移，连续切割，所切割下的叶组织越细越好。在另一清洁载玻片中间滴 1 滴蒸溜水，用解剖针挑取几条纤细的叶组织，加盖盖玻片，镜检。可找见从叶组织伸出的丛状分生孢子梗，暗褐色，不分隔或少数有分隔，50~60 μm × 4~6 μm。分生孢子单胞，少有一分隔，褐色，卵形至披针形，12.7~22.5 μm × 6.8~9.5 μm。

在果实病疤部位削取极薄的病皮组织，用同样的方法也可镜检果实上的病原菌。

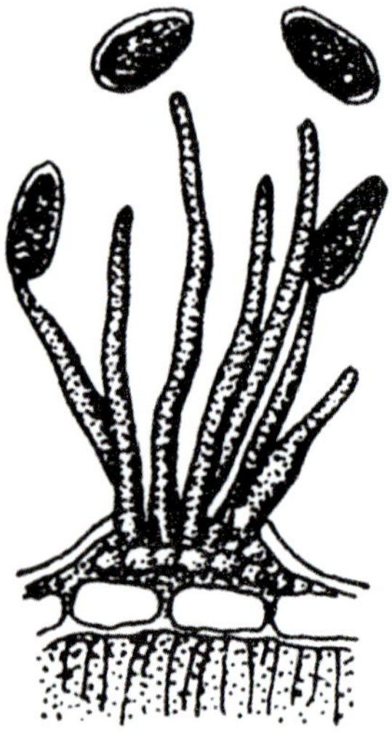

分生孢子梗和分生孢子

苹果黑星病病菌

苹果黑星病初期被害叶

中期被害叶

后期被害叶之一

后期被害叶之二

被害叶背面

被害果

发病规律

苹果黑星病菌以有性世代的子囊壳在病叶上越冬，第2年春季子囊壳内的子囊孢子成熟，随风雨传播，成为当年的初侵染源。引起寄主发病，在病组织上形成分生孢子梗及分生孢子，并连续进行再侵染，使病情加重。高湿度和较高的温度是病害流行所要求的环境条件，6~7月是发病的盛期。在目前的栽培品种中富士易感病，秦冠较抗病。该病远距离的传播是靠苗木、接穗的长途调运，病果也有传病的可能。

防治方法

基础性防治措施

(1) 不要从病区调运苗木、接穗及其他繁殖材料，以及苹果等仁果类果品。

(2) 非病区发现病株立即销毁，并严禁向外输出接穗、苗木及果品。

(3) 彻底清扫落叶，集中深埋。春季苹果树芽萌动时对地面和树体喷5%尿素液，铲除越冬菌源。

无公害食品果园防治技术

开花前、落花后交替喷布以下药剂：43%戊唑醇（好力克）悬浮剂3000~4000倍液，10%苯醚甲环唑（世高）水分散颗粒剂2000~2500倍液，40%氟硅唑（福星）乳油8000倍液，12.5%烯唑醇（速保利、特谱唑）可湿性粉剂2000倍液，40%腈菌唑（信生）可湿性粉剂6000倍液等。

绿色食品（A级）果园防治技术

(1) 开花前、落花后喷50%异菌脲(扑海因)可湿性粉剂1000倍液。

(2) 果实套袋。

有机食品、绿色食品（AA级）果园防治技术

(1) 套袋前喷10%多抗霉素可湿性粉剂1000~1500倍液。

(2) 果实套袋。

梨黑星病

病原菌 *Venturia nashicola* Tanaka et Yamamoto

梨黑星病是梨树的一种极为重要的病害，为害叶片、果实、芽、花和新梢。在流行年份，若防治不及时常造成提前大量落叶，严重影响产量和质量，削弱树势，并影响到下一年甚至几年。果实染病，果面布满黑斑，甚至畸形、裂果，轻则降低果实等级，重则失去商品价值，给果农造成严重损失。陕西一些发展较早的梨区上世纪末期由于梨黑星病连续几年为害严重，没有好好控制，果农丧失了信心，纷纷挖树毁园，至今已所剩无几。为了保护果农的生产积极性，达到梨树生产“优质、丰产、高效”的目标，必须认真防治。

田间诊断

梨黑星病能够侵染梨树地上部分的所有绿色幼嫩组织，包括花序、叶片、叶柄、新梢和果实，以为害叶片和果实最为突出。其症状的共同特点是病部有明显的黑色霉层。

叶片受害初期在叶背主脉两侧或支脉之间出现圆形、椭圆形或不规则形淡黄色小点，周围界限不明显，几天后病斑上长出黑色霉层，叶正面相应部位出现褪绿黄斑。也有的病斑在叶正面形成黑色霉层，叶背面相应部位出现褪绿黄斑。严重时许多病斑相接，形成大块霉层。叶柄常受害，出现黑色、椭圆形凹陷病斑，上面覆盖黑色霉层。无论叶片或叶柄被害，均可能造成落叶。

梨黑星病被害果

幼果受害在果面上出现淡褐色、圆形小斑，逐渐扩大到5~10 mm，然后病部出现黑色霉层，由于病菌的为害，果实病斑部位生长受阻，果肉木栓化，随着果实生长，病部凹陷，致果实畸形，甚至病部龟裂，病果易提前脱落。随着雨水的冲刷，霉层往往脱落，病部会感染杂菌，而出现粉红色或灰白色霉状物，这些均不是原发性的致病病菌。果实后期被害，果面出现大小不等的圆形或近圆形、黑色病斑，表面干硬、粗糙，很少有霉层，病果不变形。采收前染病，果面病斑淡黄色，边缘不整齐，多呈针芒状，没有霉层，但进入贮藏库后，在高温高湿的条件下病斑会很快扩大，并生出黑色霉层。

梨芽被害，芽鳞片茸毛较多，以后表面出现黑霉，严重时芽鳞开裂、枯死。花序受害，花萼或花梗基部长出黑色霉层，蔓延到叶簇基部，使花序和叶簇延伸出的新梢枯萎而死。

梨黑星病被害幼果

后期被害果

叶片被害状

叶柄被害状

病原菌鉴定

梨黑星病菌的无性阶段是 *Fusicladium pirinum* （Lib.）Fuckel.，分生孢子梗丛生，多为 3~10 分枝，暗褐色，单胞，直立或弯曲，常不分枝，长 10~

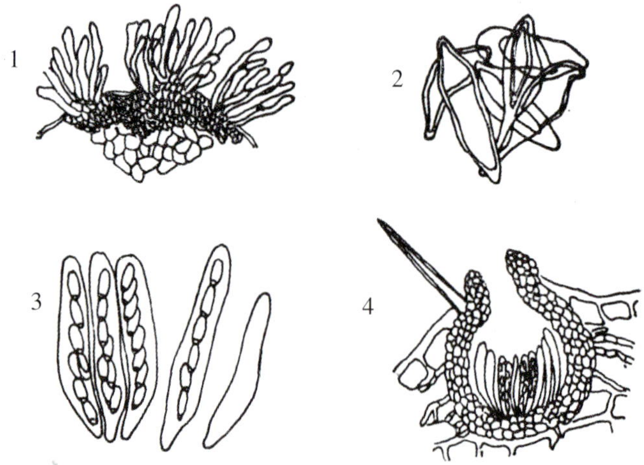

梨黑星病病菌

1. 分生孢子梗 2. 分生孢子 3. 子囊及子囊孢子 4. 假囊壳

20 μm。分生孢子长卵形至梭形，一端稍尖，单个顶生于分生孢子梗上，深褐色，7.5~22.5 μm × 5.0~7.5 μm。只要用解剖针轻刮病部霉层，在显微镜下就可以看到以上病菌形态。

发病规律

梨黑星病菌主要以菌丝和分生孢子在病梢、芽鳞、病叶和病枝上越冬。陕西冬季温暖潮湿的年份，也可在病叶上形成子囊壳越冬。第 2 年春天温度、湿度条件适宜时，越冬的分生孢子、新形成的分生孢子或者子囊壳内形成的子囊孢子借风雨或气流传播，传播的距离可达 20~30 m，甚至 50 m。

梨黑星病发病和流行的主导因素是气候条件，尤其是降雨和空气湿度。春雨早而频繁最有利于春季发病，病菌孢子入侵需要 1 次 5 mm 以上的降雨，并连续有 48 小时以上的阴雨天。分生孢子萌发所需的相对湿度为 70%以上。分生孢子形成的最适温度为 20℃，萌发的最适温度为 22℃，菌丝生长的最适温度为 11~20℃。病菌入侵以后的潜育期为 12~29 天，其间温度越高潜期越短。陕西大部分梨产区多数年份秋雨较多，均可满足病害后期流行的需要。

梨黑星病从梨树开花到果实采收前均可发病，具有多次再侵染的特点，所以防治工作难度较大，切不可稍有松懈，绝不可前紧后松，否则将功亏一篑。

梨黑星病的发生与品种抗菌性关系密切。在常见的主栽品种中，最易感病的是鸭梨，其次为砀山酥梨；抗病性较强的品种有雪花梨、早酥梨和西洋梨品种。

病害的流行还与栽培管理水平关系密切。过度密植、树冠郁闭、地势低洼、通风不良和树势衰弱的梨园病害较重。

防治方法

基础性防治措施

(1) 加强果园管理，适度密植，通过合理修剪，保持果园通风透光，对减轻病害的发生非常重要。

(2) 落叶后至梨树萌芽前，剪除病梢，彻底清扫并深埋落叶、僵果，减少越冬菌源。

无公害食品果园防治技术

(1) 梨树芽萌动时，全树喷 1 遍具有铲除病菌作用的尿素 10~20 倍液，杀死在芽鳞内越冬的菌丝，对减少初侵染源有明显的效果，而且花钱不多。

生产期的药剂防治有 2 个关键时期：一是从梨树发芽后到套袋前后，二是梨果采收前 45 天内。

(2) 梨树发芽后到套袋前后的防治，即4月初至6月底前后，是病害由病梢向幼叶、幼果蔓延的关键时期，如果遇到春季多雨年份，蔓延速度更快，是喷药防治的关键时期。一般年份落花后（4月中、下旬）应喷1次药，套袋前（5月上、中旬）及套袋后（5月下旬至6月上旬）应各喷1次药；在春季多雨年份，4月中、下旬和5月中、下旬的各喷1~2次药。

(3) 梨果采收前45天内的防治，即8月初至9月中旬前后是保护梨果免受侵染的关键时期。由于此时梨果膨大速度很快，受侵染的可能性加大，一定要适时防治。一般年份应喷药3次，每隔半月1次。

防治梨黑星病的首选药剂是43%戊唑醇（好力克）悬浮剂，发病前或发病初期用5000倍液，发病以后提高到3000倍液。有效药剂还有10%苯醚甲环唑（世高）水分散颗粒剂2000~2500倍液、62.25%腈菌唑+代森锰锌（仙生）可湿性粉剂600倍液、40%腈菌唑（信生）可湿性粉剂8000倍液等。

在喷药时必须注意喷药质量，要求均匀喷布到叶片正、反面和果实表面。对树冠高大的梨树要强调上、下均匀着药，对树冠郁闭的梨树，要强调内、外均匀着药。为增加药剂的粘着力，减少雨水冲刷，在药液中加入0.3%的皮胶或其他农药粘着剂。

绿色食品（A级）果园防治技术

梨树开花前后、套袋前后以及梨果采收前45天各喷1~2次43%戊唑醇（好力克）悬浮剂3000~5000倍液。

有机食品、绿色食品（AA级）果园防治技术

梨树开花前后、套袋前后以及梨果采收前45天各喷1~2次10%多抗霉素可湿性粉剂1000~1500倍液。

苹果霉心病

病原菌　由多种真菌复合侵染所致，主要是：
细交链孢菌 *Alternaria mali* Roberts
粉红聚端孢 *Trichothecium roseum* Lk.ex Fr.
盘端多毛孢菌 *Neobarchaya* sp.
镰刀菌 *Fusarum monliforme* Sheld
头孢霉菌 *Cephalosporium* sp.

苹果霉心病又称霉腐病、心腐病，元帅系品种及北斗等品种受害较重，富士系品种也有发病。我国北方主要苹果产区均有发生，据甘肃天水市果树研究所对该省 9 个地区调查，元帅、红星品种发病率在 14.7%~62.1%，一般年份损失10%，重病年份损失 30%以上。

田间及库房诊断

主要表现于心室霉变和果心腐烂。发病初期在萼筒和心室之间出现淡褐色、不连续的点状或条状小斑，逐渐向心室蔓延，使心室壁变为黑褐色，心室内出现灰色、白色、黑色、粉红色等霉状物。进而突破心室引起果心部分果肉腐烂，最后发展为全果腐烂。果肉食之味苦。严重被害果在幼果期容易早落。

病果在成熟前果面发黄，着色较早，颜色较暗，严重时变为五棱形，棱部与 5 个种室部位对应，此类果实易出现采前落果。

苹果霉心病被害果

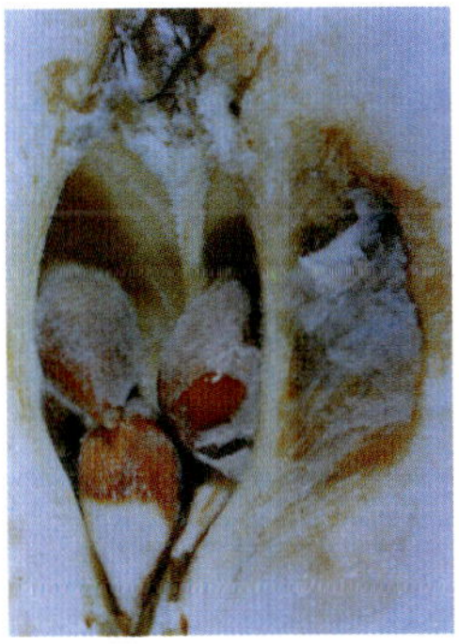

被害果心室

被害落地果

病原菌鉴定

从树上采回外观症状明显的病果带回室内，用清洁的水果刀纵切病果，可见心室内灰色、白色、黑色、粉红色等霉状物，用解剖针分别挑取各色霉状物移蘸于载玻片的蒸馏水滴中，加盖盖玻片，镜检。各种主要致病菌的形态是：

细交链孢菌：分生孢子梗直立，分枝或不分枝，分生孢子形成长达 10 个左右孢子组成的孢子链，孢子有横隔 1~9 个，纵隔 0~6 个，7~70.5 μm × 6~22.5 μm。

粉红聚端孢：分生孢子梗直立，无色，不分隔或少有分隔，80~195 μm × 2.0~3.0 μm；分生孢子成团聚生于分生孢子梗顶端，无色，葫芦形，多数 1 个分隔，双胞，分隔处缢缩，少数无分隔，单胞，16.0~19.0 μm × 8.0~12.0 μm。

盘端多毛孢菌：分生孢子顶端有纤毛 1~3 根。

镰刀菌：小型分生孢子成串；大型分生孢子 3~5 个分隔，3 个分隔的 36 μm × 6 μm，5 个分隔的 49 μm × 3.1 μm。

头孢霉菌：分生孢子梗直立，短小，顶端生球形或卵形分生孢子，无色，单胞。

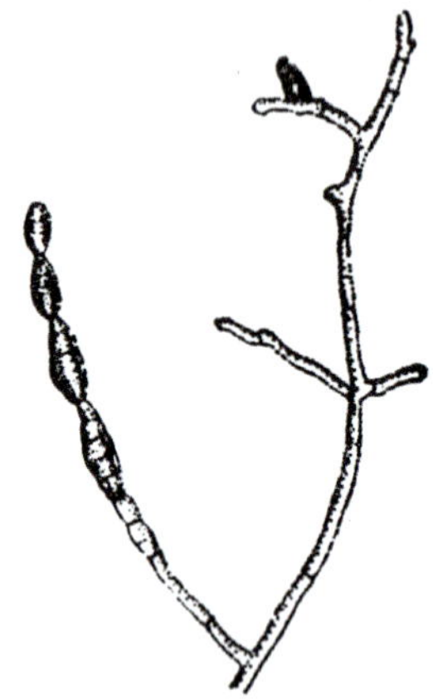

细交链孢菌的分生孢子梗和分生孢子

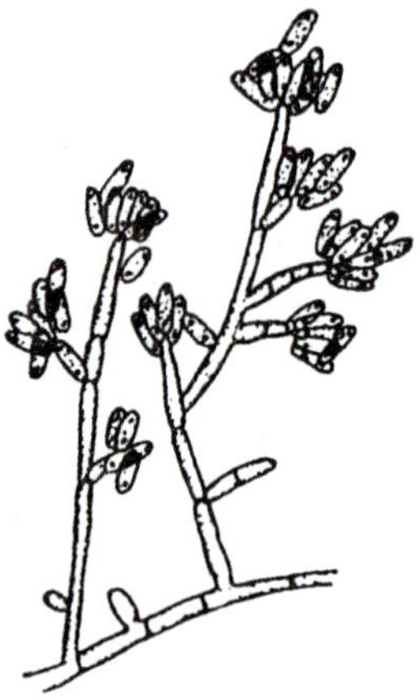

头孢霉菌的分生孢子梗和分生孢子

苹果霉心病病菌

发病规律

上述病原菌在果园里生长季节广泛存在，经气流传播，通过果实萼筒至心室开口进入果心。苹果树开花时，上述真菌在花器的柱头、花丝及萼片等组织上定殖，随着果实的发育过程，通过萼筒至心室的开口进入果心，引起心室霉变或果心腐烂。

落花以后 2 周病菌从柱头进入心室；从幼果至果实成熟，病菌可随时侵入。

苹果霉心病病原菌的种类及其优势种，因地区和年份不尽相同。甘肃天水地区和山西以交链孢菌及粉红聚端孢霉菌为主。交链孢菌主要引起心室霉变，粉红聚端孢可造成果肉腐烂。

适宜该病流行的气候条件是：冬季较暖、春季潮湿，而且春季阴湿天气延续时间较长，尤其是苹果开花期遇低温、多雨。

地处低洼潮湿的果园、树冠郁闭的果园、管理粗放树势衰弱的果园发病较重。

该病的发生与果实的结构有密切关系。凡果实的心室开放、与萼筒直接相通，或由于萼筒与心室之间组织疏松，易变褐枯死，从而为病菌入侵提供通道者为感病品种，如元帅系品种、北斗等。凡心室与萼筒之间有紧密的绿色组织阻隔者为不感病品种，如秦冠、国光等。富士属于较易感病的品种。大型果较小型果发病重，中心果比边果发病率高。

贮藏期间的发病与库温和气体成分有密切关系，库温在0℃左右时不利发病，高于9℃开始发病，10℃以上心腐迅速蔓延。由于土窑洞在贮果初期温度不易控制，所以土窑洞贮藏苹果较容易发病。气调库内低 O_2、高 CO_2 的环境可以抑制发病。当然还应该综合考虑其他多种贮藏病害，以决定适宜的气体成分组合。

防治方法

基础性防治措施

（1）及时摘除病果，捡拾落果，冬季清园并深埋干僵果。

（2）通过整形修剪和调节施肥量，尤其是控制氮肥施用量，使树势生长中庸。

（3）通过疏果等调节措施，避免果实过大。

（4）贮藏期间控制库温不超过1℃，相对湿度控制在90%以下，避免入库果实病害蔓延。使用土窑洞加塑料大帐简易气调贮藏时，入窑后40天控制窑温10℃左右或10℃以下，大帐内气体成分调节到 O_2：2%~4%，CO_2：10%~14%，可以控制发病，其效果与0℃低温贮藏相近。

无公害食品果园防治技术

花期低温多雨年份，在元帅系品种花序伸出期、初花期（5%花朵开放）及盛花期（70%花朵开放）分别喷1次70%丙森锌（安泰生）可湿性粉剂800倍液。在药液中加入药液量0.1%的餐具洗涤剂，以增加药液的附着力。

绿色食品（A级）果园防治技术

花序伸出期、初花期（5%花朵开放）及盛花期（70%花朵开放）分别喷1次50%异菌脲（扑海因）可湿性粉剂1500倍液。

有机食品、绿色食品（AA级）果园防治技术

花序伸出期、初花期（5%花朵开放）及盛花期（70%花朵开放）分别喷

1 次 10%多抗霉素可湿性粉剂 1000 倍液。

苹果、梨套袋果实黑点病

病原菌 *Trichothecium roseum* Lk.ex Fr.

苹果、梨套袋果实黑点病是推广果实套袋后出现的一种新病害，个别年份部分地区发生非常严重，造成很大损失。

田间及库房诊断

套袋苹果发病初期果实萼洼周围出现针尖大小的小黑点，后逐渐扩大，直径可达 5 mm 左右，病斑中心有病组织液渗出，风干后呈白色泡沫状。发生严重时，数个病斑相连聚合成大病斑，梗洼周围及果实胴部也可见众多病斑。

梨的症状与苹果相似，主要集中在梨果实的萼洼周围，很少在果实胴部出现，套袋的早酥梨果实上发病较多。

套袋果实黑点病被害苹果

被害苹果萼部

被害梨

病原菌鉴定

用解剖针在病部轻刮，然后浸于载玻片的蒸馏水滴中，盖上盖玻片，镜检。可见分生孢子梗和分生孢子。分生孢子梗直立，无色，不分隔或少有分隔，80~195 μm × 2.0~3.0 μm；分生孢子成团聚生于分生孢子梗顶端，无色，葫芦形，多数 1 个分隔，双胞，分隔处收缩，少数无分隔，16.0~19.0 μm × 8.0~12.0 μm。

在 PDA 平面培养基上，28℃±0.5℃，培养 5 天，开始出现白色菌落，数日后菌落扩展成直径 1.5~2.0 cm，圆形，淡橘红色。

该病菌名为粉红聚端孢，是导致发生此病的主要致病菌，属半知菌类，从梗孢目，从梗孢科，聚端孢属。

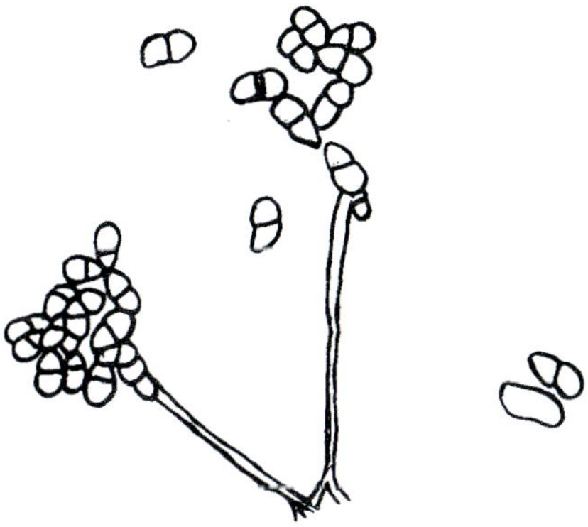

粉红聚端孢分生孢子梗和分生孢子
套袋苹果黑点病病菌（仿魏景超）

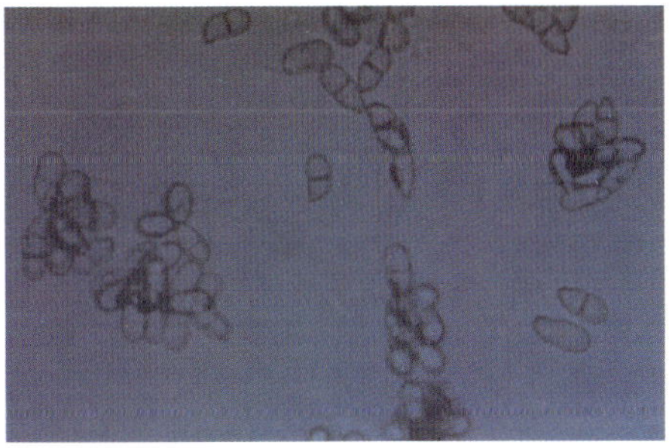

显微镜下的病菌

发病规律

粉红聚端孢是自然界中一种常见的腐生真菌，在果实不套袋的情况，多雨潮湿的环境中，树冠下部或郁闭的内膛也偶见为害苹果、梨、桃等果实，出现上述相似的症状，或大片粉红色圆形或近圆形霉层，叫做果实红粉病。《真菌鉴定手册》（魏景超著，上海科学技术出版社，1979）中已有记载。此病菌在《果树病虫及其防治》（谌有光、王春华、魏宁生著，陕西科学技术出版社，1980）中虽有记载在西北黄土高原果产区为害梨果，但不是常见的重要病害。此病菌又是许多地方发生的苹果霉心病的致病菌之一。自从大面积推行果实套袋以来，已成为常见病害，个别年份甚至是套袋果园极其重要的病害，是栽培技术变化引起的病害种类构成变动的一个实例。

该病菌可以腐生在苹果花器残体如萼片、花柱、花丝、花药等部位。套袋后条件合适就增殖，侵染果实萼洼等部位。

该病的发生与气候条件、果园立地环境、果园综合管理、育果袋种类及质量、套袋技术等因素有关。气候条件是一个决定性因素，尤其是套袋后至摘袋前的气候至关重要，这段时期持续干旱或风调雨顺，没有较长时间降雨，或者雨后气温不高，空气湿度不大，此病一般不会发生，即使发病也不会严重，相反则会严重流行。如 1998 年陕西中部 7 月 5~9 日连续降雨 168.4 mm，雨后天晴，持续数日出现 32~35℃高温天气，空气湿度很大，部分套袋果园相继发生该病严重流行的情况。雨前灌水的果园发病更重，说明高温、高湿是此病流行的重要条件。然而在同一年份，海拔高度在 1000 m 左右的陕西渭北地区北部比海拔 700~800 m 的南部发病显著轻。坡地果园比塬地果园轻，长势较弱、枝条较稀疏、通风透光好的果园比郁闭果园轻，说明果园立地环境及综合管理水平与发病轻重有密切关系。幼果套上育果袋后，果实生长在不同于自然状态的微环境中，据 7 月下旬中午 12:00~15:30 时测定，果园环境气温为 35~37℃时，双层育果袋袋内温度比环境温度高 3~4℃，加之育果袋较密闭，当环境处于高温、高湿状态时，袋内温度更高，湿度更大，给病菌的繁殖、侵入创造了适宜的条件。如果选用透气性差的劣质袋，就会火上浇油，发病更为严重。

由于苹果花器残体可能带有病菌，所以套袋前的喷药十分重要，以便杀灭附着于幼果上的病菌，并在果面上形成药膜，阻止病菌入侵。

病菌只在果实表面和浅层果肉为害，不会侵害深层果肉。离开了高温、高湿条件，病害发展减缓，尤其是在冷藏及气调贮藏环境下，病害不会继续发展，所以在贮藏期一般不会因此病而造成果实大面积溃烂。

防治方法

基础性防治措施

(1) 加强果园的综合管理。通过合理的整形修剪，改善树体和全园的通风透光条件，疏除接近地面的枝条，抬高结果部位，适当回缩长放枝，疏去树冠顶部果和梢头果。果园行间种植绿肥，不但可以改良土壤、培肥地力，而且可以改善果园小气候，有利于减轻套袋果黑点病的为害。

(2) 选用优质育果袋，规范套袋技术。

无公害食品果园防治技术

(1) 套袋前细致均匀喷洒 1 次药剂。可选用 70%丙森锌（安泰生）可湿性粉剂 600~800 倍液，或代森锰锌 600~800 倍液（还有 40%易保乳油 1200 倍液、80%大生 M-45 可湿性粉剂 1000 倍液、80%喷克可湿性粉剂 800 倍液）

等。在春季雨水较多、空气湿度较大的年份，为了降低套袋以后的发病率，最好采用70%丙森锌（安泰生）可湿性粉剂800倍+43%戊唑醇（好力克）悬浮剂4000倍的配方。若要兼治蚜虫，可混用70%吡虫啉(艾美乐)水分散剂8000倍液，或5%吡虫啉(蚜虱净)乳油3000倍液等。

（2）注意气候变化，及时采取补救措施。连续阴雨、雨后又遇高温可能诱发此病，应关注天气预报和气候变化，解袋抽查袋内果实，若发现黑点病症状应剪大袋底角的排水通气口的长度至0.8~1.0 cm，在袋底中央剪边长为0.5 cm的倒三角形孔口。但绝对不能把袋子脱掉，以免天晴后又发生日灼。

绿色、有机食品果园防治技术

套袋前喷4%嘧啶核苷（农抗120）600倍液，或Bt乳剂（100亿个芽孢/ml）500~1000倍液，或10%多抗霉素1500倍液等。

梨疫病

病原菌 *Phytophthora* sp.

田间诊断

该病在果实上的症状多从果顶开始，果实胴部及果柄处也有发生。初期病斑大小为1~3 mm，淡褐色，水渍状，分散于果面上，病、健组织界线不清晰；发病后期整个果实变黑色，表面长出绒毛状白色霉层，并有红褐色渗出液，不腐烂、不脱落。有的果实入库前看似好梨，入库后2、3天迅速变黑，若不及时清理，会使整筐、整箱梨果染病。梨树下部接近地面的枝条上的果实易发病。

该病还能为害梨树根颈部，被害部位病斑暗褐色，湿腐状，不规则形，略凹陷，潮湿时，病斑上产生白色绒毛状物，后期病部失水，质硬、干缩、凹陷，病、健交界处龟裂。当病斑绕根颈1周时，造成整株死亡，树上叶片失水干枯，呈青枯状。

梨疫病被害果之一

被害果之二

被害果之三

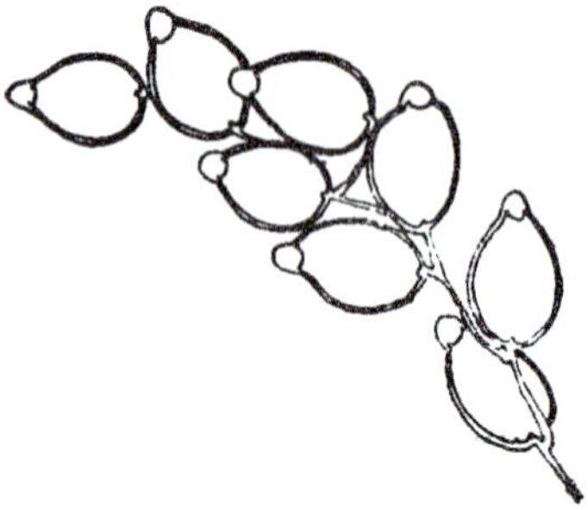

梨疫病病菌
（仿魏景超）

病原菌鉴定

病原菌为鞭毛菌亚门卵菌纲疫霉属的真菌。孢子囊顶生，近球形或洋梨形，色淡。孢子囊在水中能释放大量游动孢子，肾形，双鞭毛。卵孢子球形，壁光滑，浅黄色至深褐色。

发病规律

该病主要发生在我国西部的甘肃、宁夏、青海等可以灌溉的梨区，主要表现为干基湿腐。近年在陕西部分梨园发生的梨疫病则主要为害梨果，而且只发生在不套袋的梨园，受害品种为砀山酥梨，病情发展十分迅速，1个病果由表现症状开始到全果变黑多则5~7天，少则2~3天。

该病的发生与高温高湿的气候条件有密切关系，2010年5月中旬至7月中旬，陕西中部地区持续高温干旱，雨量很少，7月中旬降雨后，出现了高温高湿的气候条件，病情发展很快，从果实上出现病斑到全果变黑不到1周时间。

甘肃发病多在7~9月，此期降雨多的年份发病重，灌区梨园、低洼阴湿地梨园、土壤黏重的梨园发病重；大水漫灌的梨园发病重；栽植密度偏大、通风不良的梨园发病重；种植高秆间作物或杂草丛生的梨园发病重。

防治方法

基础性防治措施

(1) 调整梨园的栽植密度，做到合理密植。老果园要适当减少大枝数量，疏除直立徒长枝和离地面小于1 m的枝条，增进通风透光。

(2) 灌区梨园提倡节水灌溉，不要大水漫灌。

(3) 适时除草，不间种高秆作物。

无公害食品果园防治技术

常发病的地区，高温多雨季节注意勤检查，发现个别果实发病时，及时喷 68.75%氟吡菌胺+霜霉威盐酸盐（银发利）悬浮剂 800~1000 倍液，间隔 7~10 天再喷 1 次。

苹果、梨煤污病和蝇粪病

病原菌 *Gloeodes pomigena* (Schw.) *Colby*

Leptothyrium pomi (Mont.et Fr.) Sacc.

苹果、梨煤污病和蝇粪病是果实生长后期 2 种常见的污染果面的病害，虽对果实的内在品质无大碍，但影响外观，降低果实等级，严重时失去商品价值。

田间诊断

苹果、梨煤污病在果面形成形状不规则、边缘不清晰、褐色甚至深褐色煤烟状污斑，用手可擦掉，但严重时擦后仍留有痕迹。

苹果、梨蝇粪病在果面形色由众多像苍蝇粪状小黑点组成的一片片黑斑。

苹果煤污病被害果

梨煤污病被害果

发病规律

果实生长后期阴雨多的年份，地处河滩地或低洼排水不良的果园、过度密植、枝叶过多、通风透光不良的果园、非套袋果园、生长后期很少喷杀菌剂的果园发病重。

苹果蝇粪病被害果

防治方法

基础性防治措施

加强果园管理，合理整形修剪，疏除内腔过密大枝，改善果园通风透光状况。

无公害食品果园防治技术

非套袋果园在8、9月份可喷1~2次70%丙森锌（安泰生）可湿性粉剂600~800倍液，或40%代森锰锌（易保）乳油1200倍液，或80%代森锰锌（大生M-45）可湿性粉剂1000倍液，或80%代森锰锌（喷克）可湿性粉剂800倍液等。

绿色食品、有机食品果园防治技术

（1）果实套袋。

（2）8、9月喷1~2次波尔多液，摘袋后喷布1次4%嘧啶核苷（农抗120）600倍液。

四、根部病害

苹果、梨圆斑根腐病

病原菌　尖孢镰刀菌 *Fusarium oxysporum* Schl
茄属镰刀菌 *Fusarium solani*（Mart.）App.et Wollenw.
弯角镰刀菌 *Fusarium caniptoceras* Wollenw.et Reink

苹果、梨圆斑根腐病是我国北方果区一种常见的、为害较重的根腐病。除为害苹果、梨外，还为害桃、杏、葡萄、核桃、柿、枣等果树，以及多种其他林木和草本植物。

田间诊断

根腐病的发现往往从果树地上部分开始察觉，因为根系被害势必影响树体养分和水分的正常输送，使地上部的叶片、枝条、果实生长异常。地上部的症状在苹果、梨树萌芽后至5月集中表现出来，症状有以下几种类型。

（1）萎蔫型。病株萌芽后整株或部分枝条生长衰弱，叶丛萎蔫，叶片向上卷，小而色浅；新梢抽生困难；花蕾皱缩，不能正常开放，或开花不坐果；枝条失水皱缩，有时表皮干死、翘起，呈油皮纸状。

（2）青干型。上年或当年感病、病势发展迅速的病株在春旱、气温较高

苹果圆斑根腐病病树

时常呈现青干型。病株叶片骤然失水、青干，多数从叶缘向内发展，但也有沿主脉向外扩展的。在青干与健全叶肉组织分界处有明显的红褐色晕带，严重青干的叶片不久即脱落。

(3) 叶缘焦枯型。春季不干旱时表现此种症状。病势发展较缓，病株叶尖或边缘枯焦，中间部分保持正常，病叶不会很快脱落。

发现上述症状后，用手推摇主干，可以感到有摇晃感，说明根系已遭损坏。此时在树冠垂直投影范围内挖根，可见根系先从吸收根（须根）开始发病，病根变褐枯死，然后延及肉质根，在肉质根上围绕病须根的基部形成 1 个红褐色的腐烂小圆斑，随着病斑的扩大及相互愈合，深达本质部，使整段根变黑死亡。病根逐级蔓延，使支根、侧根、主根依次染病，并在各级根上出现大小不等的圆形或近圆形病斑。在此过程中，病根也可反复产生愈伤组织和再生新根，病、健组织交错，病部变为凹凸不平。

病原菌鉴定

取回病根，用水冲洗，在病斑部位切取边长为 5 mm 的病组织小块，浸在 70%酒精中数秒钟，移入 0.1%的升汞水溶液中 3~5 分钟，在超净工作台上用灭菌水冲洗 3 次，移置于 PDA 平面培养基上，在 24~25℃的恒温箱内培养

苹果、梨圆斑根腐病病根

树上表现之一

树上表现之二

树上表现之三

苹果圆斑根腐病病菌

4~5 天即可见长出菌落。用灭菌解剖针挑出少许菌丝，置于载玻片上的蒸馏水滴中，加盖盖玻片，镜检。常见下列 3 种镰刀菌：

（1）尖孢镰刀菌。大孢子弯曲，两头尖，足胞明显，多 3~4 分隔，16.2~50.0 μm × 3.7~7.5 μm。小孢子卵圆形至椭圆形，单胞，8.1 μm × 3.3 μm。

（2）茄属镰刀菌。大孢子较弯曲，两头较圆，足胞不明显，有 3~9 分隔，3 分隔的大孢子为 30.0~50.0 μm × 5.0~7.5 μm，5 分隔的大孢子为 32.5~51.2 μm × 5.0~10.0 μm。小孢子长圆形或卵圆形，单胞（10.8 μm × 4.8 μm）或双胞（18.5 μm × 5.5 μm）。

（3）弯角镰刀菌。大孢子稍弯曲，长圆形，基部较圆，顶部较尖，无足胞，有 1~3 分隔，3 分隔的大孢子为 7.5~28.7 μm × 4.5~5.0 μm。小孢子长圆形，单胞（8.9 μm × 3.6 μm）或双胞（13.7 μm × 3.9 μm）。

培养获得这些病原菌后还需要经过纯化，再培养，接种于健株根部，待寄主出现相同症状后再分离等多次试验，才能最后确认是该病的致病菌。

发病规律

这几种镰刀菌都是土壤习居真菌，可在土壤中长期进行腐生生活，同时也可寄生于植物根部。只有当果树根系衰弱时才会被侵染。干旱、贫瘠、土壤盐碱化、水土流失严重、土壤板结通气不良、结果过多、大小年现象明显、杂草丛生以及其他病虫（尤其是腐烂病）严重为害等导致果树根系衰弱的种种因素都可诱发该病。

防治方法

基础性防治措施

增强树势，提高抗病力。加强土壤管理，增施有机肥，种植绿肥，加速土壤熟化，提高土壤透气性；适时灌水，松土保墒，控制水土流失；及时防治其他病虫；合理修剪；控制大小年等。

无公害、绿色、有机食品果园防治技术

（1）土壤消毒灭菌。在病区或有少量植株发病的果园，苹果、梨树萌芽和夏末进行 2 次土壤消毒灭菌。以根颈为中心，开挖 3~5 条放射状沟，深 60~70 cm，宽 30~45 cm，长度伸到树冠外围。选用硫酸铜 500 倍液、0.5~1°Bé 石硫合剂等灌注根际，每株结果树灌 50~75 kg 药液，药液浸完后覆土。

（2）晾根和客土。果园内发现个别植株地上部分出现异常现象时，挖根检查。确认为该病所致后，在伏天将根部周围土壤挖出，晾晒 3~5 天，切除病根，同时用硫酸铜 500 倍液、0.5~1°Bé 石硫合剂等进行消毒，并把挖出的土运出园外，从园外运进新土回填。

苹果、梨根朽病

病原菌 *Armillariella tabescens*（Scop.ex Fr.）Sing.

该病导致苹果和梨树根部皮层溃烂及木质部腐朽，严重时叶片黄化、早落。寄主除苹果、梨外，还有桃、杏、枣和杨、柳、刺槐等。

田间诊断

病树地上部的症状为局部枝条或全株的叶片变小、变薄，从上而下逐渐黄化以至脱落。病树新梢短，结果特多，果小质劣。病菌主要为害根颈部和主根，并沿主干和主根上下扩展，造成环割而致病株死亡。病部的主要特点是皮层内、皮层与木质部之间充满白色至淡黄色的扇形菌丝层，患病组织具有浓郁的蘑菇气味。新鲜的菌丝层或病组织在黑暗处可发出蓝绿色荧光。病菌分泌的果胶酶分解纤维素间的胶质，致使皮层分离为多层的薄片。发病初期仅皮层溃烂，后期木质部腐朽。高温多雨季节，在潮湿的病树根颈或露出地面的病根上常丛生蜜黄色蘑菇状的子实体。

发病规律

病菌以菌丝体在病根或病残体在土壤越冬。病菌寄生性较弱，只要病残体不腐烂分解，病菌均可长期存活。病害在果园内扩散主要依靠病根与健根接触，以及病残组织的转移。当病菌菌丝体与健根接触后，可以分泌胶质粘附，然后再产生小分枝直接侵入健树根内。土壤温度上升到15℃、含水量达12%时，病菌开始活动，温度升至20~25℃、含水量达15%左右时，病菌发展加速；干旱时病情发展减缓。

防治方法

参照圆斑根腐病。

苹果、梨白绢病

病原菌 *Pellicularia rolfsii* (Sacc) West. [*Sclerotium rolfsii Sacc.*]

此病在我国中部多雨地区发生较重。主要为害4~10年生树，树龄再大，受害轻微。除为害苹果、梨外，还为害桃、葡萄及多种林木，造成植株枯死。

田间诊断

发病部位主要在果树或苗木的根颈部，以距地表5~10 cm处最多。发病初期，根颈表面形成白色菌丝，表皮呈水渍状褐斑。菌丝继续生长，直至根颈全部覆盖丝绢状的白色菌丝层，故名白绢病。在潮湿的条件下，菌丝层能蔓延至病树主干周围的地面，当病害进一步发展时，根颈部的皮层腐烂，有酒糟味，并溢出褐色汁液。后期在病部或附近的地表裂缝中长出许多棕褐色或茶褐色油菜籽状的菌核。病株地上部的症状是：叶片小、黄、薄，枝条节间短，果多，果小。茎基部皮层腐烂，病斑环绕树干后，在夏季会突然全株枯死。

苹果、梨白绢病病根

发病规律

病菌以菌丝体在病树根颈部，或以菌核在土壤中越冬，第2年生出菌丝传播、侵染，菌核在自然条件下，可在土中存活5~6年。病菌在果园内近距离传播主要靠菌核通过雨水或灌溉水扩散、蔓延，远距离传播则通过带病苗木的运输。4月上、中旬至10月底都能发病，7~9月是发病高峰期。一般在5月上旬开始形成菌核，多分布于地表以下5 cm的土层中，有时也蔓延至地面的杂草和落叶上。8~9月是菌核形成盛期。

防治方法

除参照圆斑根腐病防治方法外，还可以用刀刮除根颈部病组织，然后用硫酸铜100倍液消毒伤口，再涂843康复剂等伤口保护剂。

苹果、梨紫纹羽病和白纹羽病

病原菌 *Helicobasidium mompa* Tanaka

Rosellinia necatrix (Hart.) Berl.

这2种根部病害在各苹果、梨产区多有发生，一般以老果园发病较重。还能为害葡萄、酸枣以及其他树木和农作物。

田间诊断

紫纹羽病：病株地上部分的表现是叶片小，叶色黄，枝条节间短，植株生长衰弱。有些品种感病后，叶片的叶柄或中脉变红。根部受害从须根开始逐渐向大根蔓延，病势发展较缓慢。往往经过数年才会死树。病根初期形成黄褐色不定形斑块，颜色较健根略深，皮层组织变褐，病根表面被有浓密的暗紫色绒毛状菌丝层，长有暗色菌索，尤以病、健部交界处明显。菌丝层及菌索的色泽开始时较红，后逐渐转深。病根表面着生暗褐色、半球状的菌核，大小为1~2 mm。后期病根的皮层腐朽或腐烂，表皮仍然完好地套在外面，且可转动，直至木质部腐烂。秋后，病根周围的土层中可见到形状不定的菌丝块，其内有时还夹有病残组织及沙土。

白纹羽病：病根上覆盖1层白色绒状菌丝层，后期呈现褐色茸毛，并有黑色小点，病根皮层组织腐烂。

发病规律

紫纹羽病：病菌以菌丝体、根状菌索或菌核在病根上或土壤中越冬。根状菌索和菌核在土壤中能存活多年，环境条件适宜时，由菌核或根状菌索上长出菌丝，遇到寄主的根即侵入为害。先侵害须根，后逐渐延及主根。此外，病、健根接触也可传病。5~7月间形成担孢子，但寿命较短，萌发后获得进一步发展的机会不多，因此，传病作用不大。患病苗木是远距离传病的载体。刺槐是紫纹羽病菌的重要寄主，接近刺槐林的苹果树易发生紫纹羽病。

白纹羽病：主要以菌丝层和菌核在病根及土壤内长期存在，由病根传播蔓延，病苗是运距离传播的载体。该病还能感染多种杂草。

苹果紫纹羽病病根

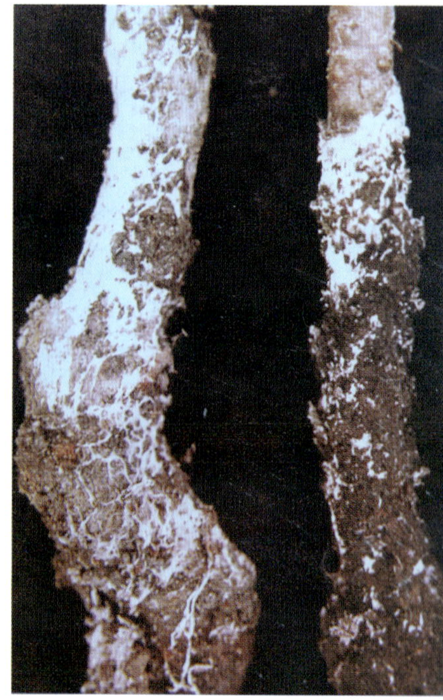
苹果白纹羽病病根

防治方法

基础性防治措施

（1）建园时严禁栽植带病苗木,远离刺槐林，不要用刺槐作果园防护林。

（2）参考苹果圆斑根腐病防治方法，进行土壤消毒灭菌、晾根、客土。

（3）清除果园杂草。

无公害、绿色、有机食品果园防治技术

切除腐烂的根，刮除病组织，然后涂硫酸铜100倍液。

苹果、梨根癌

病原菌 *Agrobacterinm tumefaciens* (Smith et Towns.) Conn.

苹果、梨根癌是一种为害根部的细菌病害，发生严重时造成果树生长衰弱，甚至死树，导致园貌不整齐。该病也会为害苗木。

田间诊断

首先看到的是病树和病苗地上部生长衰弱，叶片小、薄、色淡，枝条生长量较小，甚至死枝、死树。挖开地下部，可以发现根颈部及侧根和支根有许多根瘤。初期的瘤状物灰白色，表面粗糙，内部松软。随着树体增大，瘤状物不断增大，形成大小不一的褐色木质肿瘤，小者如核桃，大者直径可达 5~6 cm。

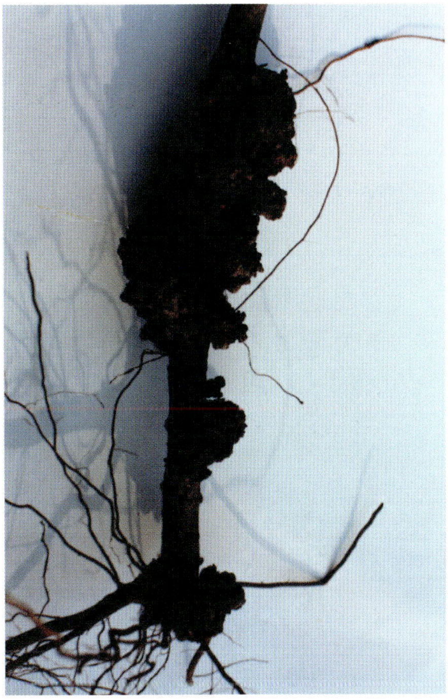

苹果、梨根癌病根

发病规律

根癌病原细菌存在于土壤中。细菌由伤口侵入苗木，伤口包括嫁接口、机械伤口和虫害伤口。细菌侵入以后刺激附近细胞增大，形成肿瘤。自病菌入侵到表现症状一般需 2~3 个月。根癌细菌适宜酸碱度是 pH 5.7~9.2，可见微酸性至碱性土壤容易发病，酸性土壤不利于发病。

防治方法

基础性防治措施

(1) 苗圃地要倒茬，不要在老圃地连作，更不要在老果园内育苗。在碱性土壤上育苗要增施有机肥，降低土壤酸碱度。

(2) 建园时尽量用自育苗木，避免异地调苗，尤其是不要用不知底细的苗木。购置苗木时，一定要严格检查根部，绝不能使用病株。

无公害、绿色、有机食品果园防治技术

(1) 定植前对所有苗木先用抗根癌菌剂（土壤放射杆菌制剂）处理。

(2) 幼园发病尽量先采取挽救措施，刨开根部剪除肿瘤，然后用波尔多浆等涂刷消毒。根瘤实在太多时应彻底挖除。

五、病毒和类病毒病害

苹果花叶病

病原（Apple Mosaic Virus）

苹果花叶病在我国苹果产区分布十分普遍，有些果园发生十分严重。感病后树势衰弱，果实产量和品质明显下降。苹果花叶病除为害苹果以外，还可为害苹果属的沙果、楸子、荼子等，以及梨属、楸属、山楂属、木瓜属、李属、草莓属等植物。

田间诊断

苹果花叶病症状在叶上表现明显，有以下几种类型：

(1) 斑驳型。一般多从小叶脉上开始发生，出现最早，最普遍。病斑不定形，大小不一，鲜黄色，边缘清晰，数个小病斑可愈合成大病斑。

(2) 花叶型。呈较大的不规则形，深绿和浅绿相间，边缘不清晰，发生略迟。

(3) 条斑及网纹型。病叶沿叶脉失绿黄化，并延及附近的叶肉组织。有时仅主脉及支脉黄化，变色部分较宽，有时主脉及小叶脉均呈现较狭窄的黄化网纹。

苹果花叶病病叶之一

病叶之二

(4) 环斑型。病叶上出现鲜黄色环状或近环状斑纹，圆形或椭圆形，发生最晚。

(5) 镶边型。病叶的边缘自近锯齿部位发生黄化，从而在叶缘构成1条很窄的变色镶边，病叶的其他部分完全正常。这种类型只在高感品种上偶尔发现。

在自然条件下，各种不同类型的症状可在同一病株、同一病枝甚至同一叶片上混合发生。各症状类型之间还有许多变异和中间型，因而常出现病状的复杂变化与多种组合。

在陕西中部观察，春季萌芽后斑驳型症状集中出现于4月10~20日之间(萌芽后10~20天左右)。4月初至5月初病斑发展极为迅速，一般在15~20天内均可达高级症状（病斑占叶片面积1/2以上），此后发展速度减缓，7~8月基本停止。9月初苹果抽发秋梢，症状又有所发展，10月后变缓，11月停止发展。所以当年生病枝只在基部和顶部叶片上发生病斑，中部叶片无病斑。有些病斑从6月中旬开始变褐枯死，严重时造成叶片脱落。

成年植株上的症状一般发展较慢，往往经过几年后仍然只局限于部分枝条上，但最终是全株发病。苗木上则发展快，当年即可在整棵苗子上显现症状。

病原鉴定

苹果花叶病的病原是一种植物病毒。可以采用病株叶片等组织汁液摩擦接种的方法转接到黄瓜、常春花、豇豆、蓝猪耳等草本植物上，再经过病毒提纯，在电子显微镜下观察。其病毒颗粒为等径球体，大小为26 nm。当然这需经十分复杂的程序，需要昂贵的仪器设备，只适用于专业研究，一般的生产管理单位只需通过叶片症状进行田间诊断即可。如果仍有怀疑，可从病株上采接穗，嫁接到无花叶病症状的盆栽苹果苗上，过1~2年若表现花叶症状，即可确认采穗的母株确实感染了苹果花叶病。

发病规律

目前只能肯定病毒可以通过嫁接（包括土壤中自然根接在内）传播。病害的潜育期为3~27个月，潜育期的长短与嫁接时期及试材大小有关。用种子繁殖的砧木苗有时也发现有病株，因此不排除种子传毒的可能性。昆虫传播虽曾有报道，但未能重复证实。

苹果品种的感病性有显著差异，高度感病的有青香蕉、金冠、秦冠等，轻度感病的有红星、元帅、富士、国光等，祝、印度、早生旭较抗病。

苹果花叶病病斑容易被苹果灰斑病菌侵染。病株果实不耐贮藏，易受炭疽病菌侵染。

病叶之所以呈现黄绿色或黄褐色，主要是细胞叶绿粒遭到破坏所致。

重病株与健株比较，新梢平均生长量减少，尤以秋梢部分最明显。

防治方法

基础性防治措施

(1) 大力提倡栽植无病毒苗木。建立、健全无病毒苗木繁育体系，保证在不带病毒的母树上采接穗。砧木苗要采用种子繁殖，避免用根蘖繁殖。在苗木生长过程中要经常检查，发现病苗立即拔除、销毁。上世纪70~80年代我国各苹果主产区相继兴建了一批采用无病毒苗木的苹果园，陕西洛川等地就建立了相当大面积的无病毒苹果园，实践证明这些果园无花叶病株，树体生长健壮，园貌整齐，结果早，产量高，品质好，持续丰产能力强，说明无病毒苗木建立新园是彻底解决苹果花叶病等病毒病为害的有效的办法。要避免病毒传入新发展的无病毒果园。

(2) 及时更新果园内定植后已发病而尚未结果的幼树，改植健树，以免后患。但要彻底挖净原病株根系。

(3) 采用高接换头更换品种时要慎重，一定要严格控制在绝对无花叶病的植株上采接穗。因为落叶后无法辨认病、健株，所以在落叶前要仔细检查，标记无花叶病的健株，专供采穗用。到附近新建的无病毒果园去采接穗也是可取的办法。

无公害、绿色、有机食品果园防治技术

已结果的花叶病树要加强肥水管理，多施有机肥，发芽后喷2~3次4%嘧啶核苷（农抗120）200~300倍液，以减轻为害程度。

到目前为止尚无可以有效防治病毒病的化学药剂。

苹果锈果病

病原　苹果锈果类病毒（Apple Scar Skin Viroid）

苹果锈果病又叫花脸病,在我国主要苹果产区都有发生，大部分地区发病株率虽不高，但由于病株的果实小而畸形，表面生有锈斑，硬度大，风味变劣，失去食用价值，轻病果不耐贮藏，为害甚大。一些地方推行高接换种后，因采接穗不慎而引起大量发病，几乎使全园毁灭，应引起足够重视。现有栽培品种多数感病，沙果、海棠、槟子等也易染病。

田间诊断

该病主要为害果实，果实症状有以下3种类型：

（1）锈果型。病果由萼部放射出5条茶褐色的木栓化锈斑。横剖果实可见5条纵斑之间有许多不规则的横纹或块状锈斑。此种症状开始发生于落花后1个月左右的幼果，先从果顶部出现淡绿色水渍状斑块，沿果面向果梗扩展，约经20~30天即发展成5条纵纹。重病果有时锈斑部位开裂，形成凹凸不平的畸形果。有时果面无明显锈斑，但有很多深入果肉的纵横裂纹，这种病果易萎缩脱落。

锈果型病果之一

锈果型病果之二

锈果型病果之三

花脸型病果

锈果-花脸型病果

(2) 花脸型。着色后病果果面分布有很多近圆形、黄绿色斑块，果实成熟后表现为红绿相间的斑块，呈花脸状。

(3) 锈果-花脸型。病果着色前多于果顶部发生明显的锈斑，或于果面散生零星锈斑。着色后在未发生锈斑部位或在锈斑周围出现不着色的斑块，果面红绿相间，呈现锈果-花脸的复合症状。

另外，某些品种的苗木也表现明显症状。病苗症状有以下 2 种类型：

(1) 弯叶及苗干锈斑。国光、鸡冠等品种表现这一类症状。国光病苗生长到 30~50 cm 高时，7 月中旬后，苗中部以上叶片基部向背面反卷，在中脉处急剧皱缩，叶片卷成弧形或圆圈形，叶柄往往断裂，易落叶。8 月中旬后，病苗干的中上部有不规则的褐色木栓化锈斑。锈斑表面粗糙、龟裂、韧皮部有黑色坏死点或坏死条纹。严重时病部表皮干枯、翘起，致韧皮部裸露。

(2) 苗干坏死斑。此类症状仅见于老品种青香蕉病苗，病苗叶片无明显症状，8 月中旬后，苗干中上部及芽的周围发生 2~5 mm 稍突起、略呈圆形的斑块，初为暗褐色，后转灰褐色，中央部分往往开裂，形成稍凹陷的小溃疡。严重时在干上形成粗皮。剖视病皮层，在溃疡下的韧皮部有坏死的黑色条纹。苗干上显现与国光病苗相似的木栓化锈斑。

病原鉴定

苹果锈果病的病原是一种“类病毒”。采用聚丙烯酰胺凝胶电泳法检测不同症状类型的病果及病树皮，可以检测到致病的“类病毒”低分子量环状 RNA，经过提纯、回接，可以让健株染病，表现出典型的症状。但手续复杂，在此不赘述。

发病规律

嫁接传播和病、健株根部接触传染是锈果病的传播途径。嫁接接种潜育期为 3~27 个月。病株的种子、花粉或汁液均不传病。梨树是其潜在寄主，较普遍地带毒，但不显现症状。梨和苹果混栽时，苹果树的染病率较高，且病树多接近梨树。较耐病的品种有黄魁、金冠等，中度感病品种有倭锦、印度、红魁、富士等，高感品种为青香蕉、红星、国光、元帅、秦冠等。

田间病株可见到 2 种类型。一种是在结果当年果实显现症状，全株果实畸形、龟裂、病情严重，新梢在结果前即出现明显的弯叶和锈皮等症状，这种情况在果园中多零星分布。这是由苗木带毒引起的，多系从病树上采接穗繁殖苗木所致，或用病树根蘖苗作砧木所致。另一种是在结果后数年乃至数十年显现症状，在发病当年，仅个别枝条上的果实表现症状，多为轻病果，或全株各枝条在初期虽有发病，但病果零星，症状较轻。这种病树在发病后

2~3 年由局部扩展至全树。病株陆续蔓延，有小范围集中的趋势，这显然不是由苗木带毒传播的，可能还存在其他传毒途径，有待进一步探讨。

防治方法

基础性防治措施

（1）培育无病毒苗，建立无毒果园。

（2）禁止在病树上采集繁殖材料，尽可能用实生苗作砧木。若用无性系砧木，必须经过严格检验，确认不带该类病毒方可使用。

（3）在苗圃加强巡查，发现病苗立即拔除销毁。

（4）伐除病株后要刨净病树根，以防根接传毒。

（5）建立新果园时避免苹果和梨混栽。

苹果衰退病

病原　苹果褪绿叶斑病毒 Apple ch1orotic leaf spot virus （ACLSV）
苹果茎沟槽病毒 Apple stem grooving virus （ASGV）
苹果茎痘病毒 Apple stem pitting virus （ASPV）

苹果衰退病是由褪绿叶斑病毒（ACLSV）、茎沟槽病毒（ASGV）、茎痘病毒（ASPV）等 3 种潜隐性病毒单独或复合侵染引起的病毒病。由于这 3 种潜隐性病毒只通过嫁接传播，而且高接时品种接穗或砧木中的 1 方或双方含带潜隐病毒，高接后发病率很高，所以又叫苹果高接病。

田间诊断

病树的地上部表现是：新梢长度比正常树明显短，叶片小而硬，叶色发黄，秋季提前落叶，花芽数量异常多，果实小，着色早，果肉硬，风味差。察看病树根部，可以发现从毛根到支根、侧根逐级枯死。剥开病根皮层，可

苹果衰退病在指示植物上表现的褪绿叶斑

指示植物表现的舟形叶

指示植物上表现的叶片反卷之一

指示植物表现的叶片反卷之二

指示植物表现的木质部凹陷痘斑

指示植物茎部表现的沟槽

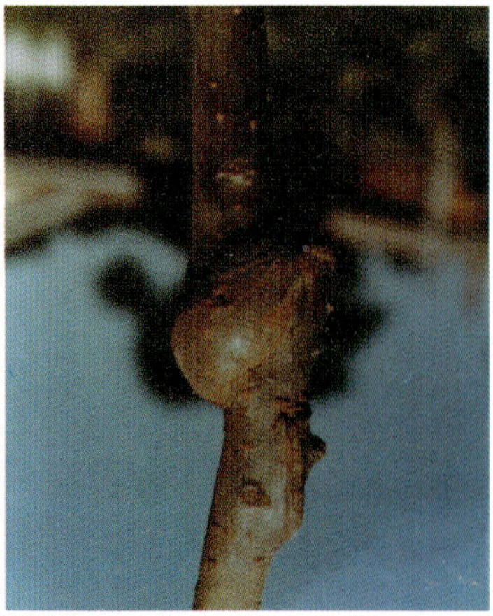

指示植物表现的接合部肿大

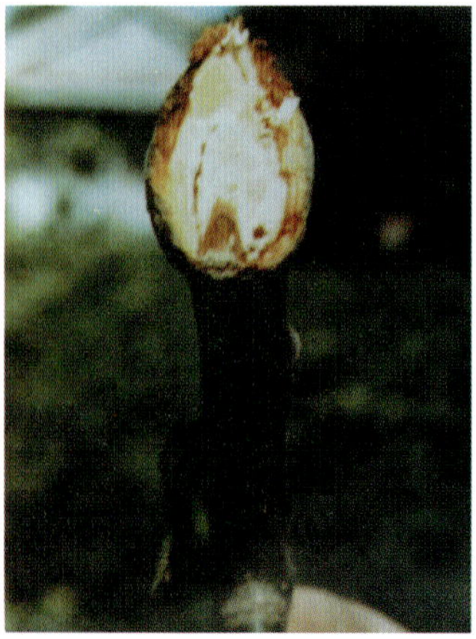

指示植物接合部肿大剖面的褐色环纹

以发现其木质部有凹陷的沟槽。

病原鉴定

较通用的方法是双芽接法，即用不抗病毒的指示植物显示待检植株是否含带某种潜隐病毒。具体方法是：在温室或露地用海棠或新疆野苹果种子播种获得实生苗，移栽到盆内，头年秋天从待检测植株上取芽，芽接到盆栽苗近基部，再在其上部约 2 cm 处芽接指示植物芽，第 2 年春天苗木发芽前在指示植物芽上方 1 cm 处剪去砧干，苗木发芽后摘除待检测芽的生长点，待指示植物发芽后观察有无异常，以及症状类型，以确定待检植株是否含带某种潜隐病毒。

引起苹果衰退病的 3 种潜隐性病毒在指示植物上的主要症状是：

（1）苏俄苹果（R12740-7A）作指示植物。如果 5 月中旬后叶片上出现形状不规则、直径 1~3 mm 的褪绿斑点，且多发生于叶片的一侧，叶片变小，多呈舟形或匙状；枝条皮层内有黑褐色坏死线纹，木质部出现凹陷条纹；植株矮小瘦弱等症状，表明被测植株含带褪绿叶斑病毒。

（2）光辉（Radiant）或司派 227（Spy 227）作为指示植物。如果出现下列典型症状：叶片向下反卷，皱缩，叶色淡，叶片小且硬；茎部皮层表面出现形状不规则的红褐色坏死斑，内皮层也有坏死斑块，本质部出现凹陷痘斑，则表明被测植株含带茎痘病毒。

（3）弗吉尼亚小苹果（Virginia crab）作为指示植物。如果指示植物木质部表面出现深褐色纵向凹陷沟槽，严重时茎部皮层凹陷成沟状，病株易从嫁接口折断；叶片扭曲变形，或出现黄色斑点等症状，表明被测植株含带茎沟槽病毒。

另外还可以采用酶联免疫吸附法（ELISA）等快速的检测方法。

发病规律

我国栽培苹果中已知有褪绿叶斑病毒、茎痘病毒和茎沟槽病毒等 3 种潜隐性病毒，其分布十分广泛，几乎所有苹果产区均有，带毒株率达 60%~80%，有的品种几乎达饱和状态。这些潜隐性病毒在砧木–接穗组合均抗病的情况下，不表现明显症状，一旦砧木或接穗中的 1 方或者双方不抗病时，病毒症状即由潜隐状态变为显性状态，出现特定的症状，植株生长极度衰弱，甚至死亡。植株一旦感染病毒，将终生带毒。

潜隐性病毒对苹果生长、结实的影响主要表现为慢性为害：

（1）树体生长缓慢，枝条生长量比无病毒树减少 10%~36%，植株长势不整齐。

(2) 产量降低，比无病毒树减产 16%~46%。

(3) 果实品质差，含糖量低，光洁度差，不耐贮藏。

(4) 需肥量增多，氮肥需要量增加 45%~60%。

防治方法

基础性防治措施

建立、健全无病毒果树苗木繁育体系。对现有的品种和砧木材料采用双芽接等方法鉴定其是否带毒，如果经多次检测确认不带有常见的潜隐性病毒，更不带有显性病毒，该植株即可作为无病毒材料加以保存、繁殖，移植于隔离的母本园中供采穗用。对于需要扩大繁殖的带毒材料，通过热处理脱毒获得无病毒母本树。将带毒盆栽苗放在有光照条件的 37~38℃恒温的热处理脱毒箱中处理 28~30 天。由于在高温条件下病毒繁殖受到抑制，新梢组织中病毒浓度越来越稀，其尖端部位不含病毒，截取微尖，通过嫁接或组织培养，即可能获得不带病毒的植株。再经指示植物鉴定确认无病毒后，即可作为无病毒母本材料，集中栽植于隔离的无病毒母本园内，以备利用。繁殖无病毒苗木时，所有的繁殖材料必须来自无病毒母本园。无病毒繁殖材料也可以通过正常渠道从国外引进，而且必须经过检疫部门的检测、认可。

对确认已有苹果衰退病的果园，应绝对禁止从该园采集接穗，繁殖苗木，杜绝病毒外传。加强栽培管理，尽量挽回病毒感染造成的损失。

在更新品种时，要特别谨慎采用高接换种的方法，因为品种-砧木组合的变化可能会导致抗病性的变异，从而诱发感染苹果衰退病。

梨树病毒类病害

病原　梨石痘病 Pear stony pit virus (PSPV)
梨环纹花叶病 Pear ring pattern mosaic virus (PRPMV)
梨脉黄化病 Pear vein yellows virus (PVYV)
苹果茎沟病毒 Apple stem grooving virus (ASGV)
榅桲矮化病 Quince stunt virus (QSV)

梨树病毒类病害在我国梨区分布比较普遍，但未引起高度重视。初步研究表明，我国梨树病毒类病害既有病毒（Virus）引起的，也有类病毒（Viroid）引起的。从症状表现来看，既有症状显现的，也有症状潜隐的，后者只在少数敏感的指示物上表现明显症状，但对染病植株的生长、发育和结实有不良影响，所以也应该引起重视。

田间诊断

（1）梨石痘病。是一种症状显现的病毒病害。症状主要表现在果实上，幼果局部果皮下产生暗绿色凹陷，其周围果肉石细胞积累，变为坚硬的结核，由于局部组织生长受阻，使果实畸形，果面凹凸不平。有些病果外表虽不畸形，但果肉有坚硬的石细胞结核。染病树有时会表现新梢、枝干皮层裂开，其下组织坏死，老树死皮上出现木栓化瘤突起。西洋梨品种上表现症状最重，在中国梨品种上常常带毒而症状呈潜隐状态，但生长衰弱，一般减产30%~40%。

梨石痘病病果

（2）梨环纹花叶病。是一种症状潜隐的病毒病害。在指示物A20叶片上的典型症状是黄色环纹、黄色斑驳和黄色线纹斑。据调查在我国辽宁、河北、山东、内蒙古、山西等省（区）带毒普遍。带病毒梨树的干周生长减少10%，新梢生长量和叶面积减少20%，树势衰弱，易受冻害。

（3）梨脉黄化病。是一种症状潜隐的病毒病害。在指示植物杂种榅桲上表现为矮化、叶片反卷、褪绿叶斑、木质部茎痘和茎干基部坏死斑等症状。据调查在北方梨产区也普遍存在，有报道染病梨树干周减少18%，产量减少

梨环纹花叶病毒病表现的黄色环纹

梨环纹花叶病毒病表现的黄色线纹斑

梨环纹花叶病毒病在指示植物上表现的黄色斑驳

梨脉黄化病毒表现的矮化、叶反卷

梨脉黄化病毒表现的木质部茎痘

梨脉黄化病毒表现的褪绿叶斑

梨脉黄化病毒病在指示植物上表现的茎基坏死斑

榲桲矮化病毒病在指示植物上表现的矮化、褪绿叶斑

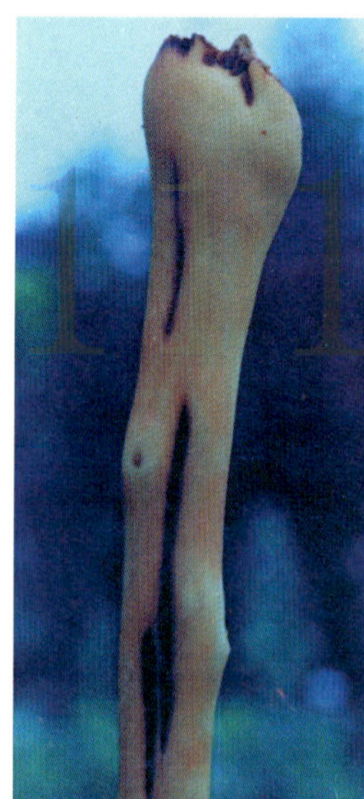
苹果茎痘病毒表现的木质部茎沟槽

苹果茎痘病毒病在指示植物上表现的接合部肿大和褐色环纹

21%。

（4）苹果茎沟病。是一种症状潜隐的病毒病害。在指示植物弗吉尼亚小苹果上表现接合部肿大，接口褐色环纹和木质部条沟症状。

（5）榲桲矮化病。是一种症状潜隐的病毒病害。在指示植物榲桲上表现的典型症状是矮化、褪绿斑及舟形叶。

病原鉴定

也是采用双芽接法，根据指示植物显示的症状来确定，具体方法参照苹果病毒病。

发病规律

以上介绍的梨树几种病毒类病害，其病原物均靠嫁接传播，带毒接穗和砧木是病原物的载体，无论是接穗或砧木的1方带有病毒或类病毒，经过嫁接该苗木就全身带毒，而且终身带毒，栽植后，带毒植株通过芽接、高接、根接或机械接触向未带毒植株扩散传播。

目前尚无种子带毒、传毒以及昆虫传毒的确切报导。

树势强弱可以影响发病的轻重。

上述几种病毒多为复合侵染，即1棵梨树可能同时感染几种病毒。

防治方法

基础性防治措施

(1) 继续深入进行现有梨产区主栽品种的病毒检测，弄清带毒情况。未弄清砧木和接穗是否带毒的情况下，不要轻易进行高接换种。

(2) 对具有优良栽培性状的带毒植株进行脱毒，然后进行无病毒株系的快速繁殖，也可以从国外引进无病毒梨材料。

(3) 组建和完善无病毒梨树苗木繁育体系，生产出合格的无病毒梨苗。

(4) 新建无病毒梨树园，并逐步淘汰老梨园。

对于现有梨园，防治工作的重点应放在控制传播蔓延上。发现有可疑症状植株或树势明显衰弱但找不出原因的植株，采样送有关病毒检测部门分析检测。确认已感染病毒类病害，而且症状明显的植株应予刨除。

(本节资料主要参考王国平等1994年发表于《中国果树》第2期的《我国北方梨产区主栽品种病毒种类的鉴定研究》一文，有关照片也由王国平提供)

六、生理病害

果树生长结实除需氮、磷、钾等常量营养元素外，还需要摄取一定量的微量元素，如铁、锌、硼、铜等，如果得不到有效的供应，则会出现异常症状，轻则影响树体的生长，重则影响果实的产量和品质，所以应当重视并及时矫治。

苹果、梨小叶病

病因　生理病害—缺锌

苹果、梨小叶病是由于土壤中缺锌引起的一种生理病害，栽植在砂质土壤或碱性土壤上的苹果树和梨树容易发病。重病植株树势衰弱，长势减缓，产量降低。

田间诊断

苹果小叶病为害状

苹果小叶病在春季发芽后即表现症状。往往部分枝梢发病，病梢发芽较晚，发叶后生长停滞，呈叶簇状，不能正常伸长、成枝。叶片狭小细长，叶缘略向上卷，叶色淡黄绿色或浓淡不匀。病枝节间明显缩短，叶簇呈丛状。有时病枝下部另发新枝，但仍然表现相似的症状。病株的花芽减少，花小、色淡，不易坐果，即使坐住果，果实也小而畸形。发病的幼树根系发育不良，老病树的根系腐烂，树冠小，枝条稀疏，产量显著减少。

梨小叶病病树发芽迟，叶片狭小，色淡，节间缩短，叶片簇生。

发病规律

锌是植物生长发育所需要的微量元素之一，锌的不足会阻碍植物对其他营养元素的吸收，造成病变。

滩地果园的沙质土壤中含锌盐少，且易流失；碱性土壤中，锌盐常转化为难溶于水的状态，不能被果树吸收。瘠薄山地、土壤冲刷较重的果园，以及土壤含水量过少的果园都会发生缺锌症。在含磷量高的土壤、有机质含量过少的土壤，以及钾、铜、镍与其他元素不平衡的土壤上栽植的苹果树和梨树容易发生小叶病。酸性土壤和有机质丰富的果园较少发生小叶病。苹果树叶片中锌含量的临界值为 10~15 mg/kg，低于此临界值时，即可能出现小叶症状。

连续回缩，修剪过重，造成伤疤过大，其下部枝条常出现小叶症状。这种情况与缺锌没有关系。

防治方法

基础性防治措施

增施有机肥料，改良土壤，提高土壤的保水能力，对于砂滩地、盐碱地及瘠薄的山地果园尤为重要。果园种植绿肥，及时翻压，增加土壤有机质含量。

无公害、绿色食品果园防治技术

(1) 苹果、梨树展叶以后，喷布70%丙森锌（安泰生）可湿性粉剂600~800倍液可以明显减轻小叶症状。这是由于安泰生有高含量的丙森锌（15.8%），而且该药的助剂能够促进果树对锌的吸收，这是安泰生防病作用的一个重要拓展，已为越来越多的果农认可。

安泰生矫治苹果小叶病的效果

(2) 秋季施基肥时，每株成年树在有机肥中掺入0.5~1.0 kg硫酸锌，第2年即可见效，效果可维持2~3年。

(3) 苹果树和梨树萌芽前10~15天喷1次5%硫酸锌溶液，可减轻当年的发病，需要每年按期喷洒。苹果和梨盛花期后3周用0.2%硫酸锌或其他锌肥与0.4%~0.5%尿素进行树上喷洒，可进一步提高防效。

苹果、梨黄叶病

病因　生理病害——缺铁

苹果、梨黄叶病又称黄化病，是土壤中铁元素供应不足而引起的一种生理病害。栽植在盐碱土或石灰质过多的土壤上的苹果树、梨树容易发病，严重影响树势和产量。

田间诊断

苹果黄叶病树枝梢上部新叶除叶脉外变为黄绿色甚至黄白色，病叶较正常叶片薄，严重时从叶缘向内焦枯，叶片早落。

梨黄叶病树新梢叶片先发病，叶色变黄，叶脉及周围仍保持绿色，以后全叶变黄，叶小而薄，后期叶缘枯焦，严重时落叶，顶芽枯死，新梢顶端光秃。

苹果、梨缺铁性黄叶病的症状与营养缺乏（缺氮）引起的叶片黄化的区别是：前者叶色变黄，但叶脉仍保持绿色；后者叶片（包括叶脉在内）均匀地黄化。

苹果黄叶病

梨黄叶病

发病规律

铁是植物体形成叶绿素所必不可少的微量元素之一，由于铁素供应不足，导致叶片中叶绿素含量减少，光合作用能力降低，直接影响果树的正常生长发育。旱季和果树旺盛生长阶段，由于土壤水分蒸发和被根系吸收，土壤中盐浓度加大，黄叶现象更趋严重，高温天气会加剧病情。相反，进入雨季后，由于盐分被稀释，黄叶现象有所缓解。

盐碱性土壤或石灰质土壤，大量可溶性二价铁盐转化为不溶性三价铁盐而沉积，不能为果树根系吸收利用，黄叶病严重。土壤水分过多的滩地果园，可溶性二价铁进一步被固定，黄叶现象表现严重。

砧木种类与发病关系密切，在偏碱性土壤，以山荆子作砧木的苗木发病重，楸子、新疆野苹果、海棠等作砧木的苗木发病轻；以山梨为砧木的梨树黄化，以杜梨为砧木的梨树不发生黄化。

防治方法

基础性防治措施

（1）选用抗病砧木。

（2）增施有机肥，种植绿肥，改良土壤。

（3）改善低洼果园的积水状况。

无公害、绿色食品果园防治技术

（1）秋冬季结合深翻改土，每株结果树开沟施入硫酸亚铁或螯合铁（乙二胺四乙酸合铁，FeEDTA）0.5~1.0 kg，同时掺入 5~10 倍的牛粪或马粪，灌水后覆盖。

（2）苹果、梨树接近发芽前，用手动式强力树干注射器向树体注射 1%硫酸亚铁酸化水溶液（调整到 pH 3.8~4.4）。干周 40 cm 以上的黄叶树每株注射硫酸亚铁 20 g 以上，黄叶严重的树注射 30~50 g。当年新叶可恢复绿色，有效期 3~5 年。

（3）苹果、梨树萌芽初期，喷 0.3%~0.5%硫酸亚铁液，或在萌芽初期及落花 80%时，开沟施入"叶绿灵"等螯合铁制剂。

（4）苹果、梨树展叶以后，叶面喷 0.1%~0.2%螯合铁溶液，或 0.2%~0.3%硫酸亚铁液，可以缓解叶片黄化症状。

苹果水心病

病因　山梨糖醇积累，钙氮不平衡而引起的果实代谢失调

苹果水心病又称蜜果病，是苹果果实的一种常见生理病害，尤以西北黄土高原产区为害重。秦冠、元帅系和富士等品种受害较重，发病严重时果实品质变劣，不耐贮藏，甚至失去商品价值。

田间及库房诊断

病果果肉有呈现水渍状、半透明的块状组织，病部质地较坚硬，甜度增加，酸度降低，但缺少苹果应有的香味。以果心及其附近较多，也有发生于果实维管束四周和果肉的其他部位的，重病果的水渍状斑块一直扩展到果面，

苹果水心病病果

病果剖面

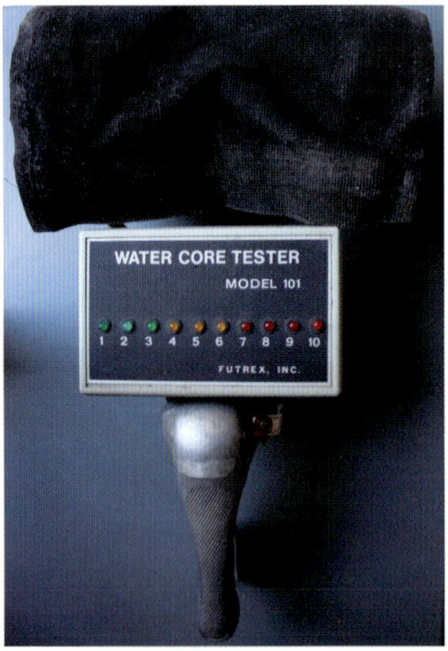

苹果水心病病果检测仪

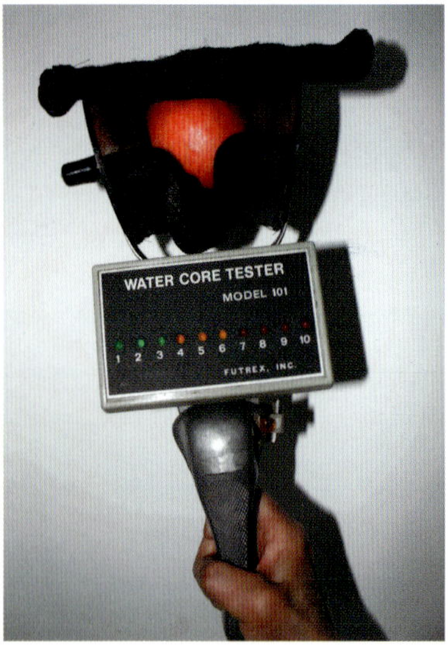

水心病病果检测仪工作照

从外观上即可识别。但轻病果很难用肉眼从外表识别，一般需要剖开后才见到病变。不过病果外观色泽趋暗，隐约有水浸状感，有经验的人也可大致予以鉴别。发病重时贮藏后期病果内部水心部位产生空腔、褐变、腐败。

根据正常果肉和病组织折光率的差异，国外有一种手持式水心病病果检测仪 (Water Core Tester)，将苹果夹于钳形夹柄中，开启开关，光束透过果实，仪表盘上的 1~10 挡指示灯会在某一号位闪亮，显示果实内部的发病程度。1~3 号灯 (绿色) 示无病至轻微病果，4~6 号灯 (黄色) 示中度病果，7~10 号灯 (红色) 示重度病果，灯号越大表示发病越重。从附图可以清晰地看出，利用这种检测仪可以基本反映果内水心病的发病程度，而且免去剖开大量果实，适用于小规模试验和贮藏库例行抽样检查。国外已将近红外无伤探测技术用于果品内在品质检测，有小型手持式检测仪，也有安装于大型分选线上的探测分选系统，可无伤探测果实硬度、含糖量、含酸量及包括水心病在内的内部组织病变。使检测更便捷，分级更精确、可靠。

发病规律

该病是由于钙氮不平衡，果实内山梨糖醇积累而引起的代谢失调所致，对病果所含矿物质分析的结果表明含钙量异常低，在这种情况下再过多施用氮肥会加重发病。采收过迟或果实生长后期遇连阴雨、低温天气而导致果实成熟和着色推迟的年份发病重。初结果树上的果实、树冠外围直接暴晒在日光下出现日灼症状的果实比较容易发病。

1

2

3

4

5

6

7

8

9

10

苹果水心病病果检测仪各档次显示为受害程度

1、2 显示未受害或极轻微受害，3 至 10 显示受害程度逐级加重

在发病较重年份，可以看出同一品种发病率的高低具有以下规律：

海拔较高的地区（即近成熟期昼夜温差较大的地区）比海拔较低的地区发病重。具体来讲，黄土高原苹果产区发病较低海拔产区重。

偏施氮肥，特别是铵态氮施用过多的果园发病重。在氮肥基础上，增施磷肥可显著地减轻发病。但在氮、磷肥的基础上，再施钾肥却不能进一步减轻发病。施用复合肥可以减轻发病，因为复合肥可改善果树对钙素的吸收、运转和分配。

果实贮藏过程中发病较轻的病果症状会得到一定程度的缓解、吸收，但重病果（指检测仪 7~10 级）症状很难消失，而且随贮藏时间的延长，病部褐变、出现空腔，甚至果肉腐烂。对不同贮藏条件下的果实历时 45 天的跟踪观察可以看出：冷库（库温 1℃±0.5℃条件下）病果率降低最显著，其次为气调贮藏库（库温 1℃±0.5℃，气体成分是 O_2 3.0%~3.5%，CO_2 2.0%~2.5%条件下），再次为常温下室内贮藏，超低氧气调库（库温 1℃±0.5℃，气体成分是 O_2 1.5%~2.0%，CO_2 0.8%~1.2%条件下）病果率不但没有降低，反而呈上升趋势。

防治方法

基础性防治措施

（1）增施有机肥，种植绿肥，改良土壤，注意雨后耕作保墒。

（2）适当回缩结果枝，防病保叶，避免果实直晒出现日灼。

（3）果实采收前及时普查发病情况，做到心中有数。对来自重病区的感病重的品种，应集中存放于冷库中，并尽可能提前出库。

无公害、绿色食品果园防治技术

在允许适度施用化肥的绿色（A）果园，要注意合理施肥，避免偏施氮肥，尤其不要多施铵态氮肥。黄土高原土壤缺磷的状态下要增施磷肥，尽可能施用复合肥料。

苹果、梨缩果病

病因　生理病害——缺硼

苹果、梨缩果病是由于缺硼引起的一种生理病害。各地均有发生，山地果园及砂土、砂砾土、黏重土壤的果园发生较多，干旱地区或干旱年份发病重。

田间及库房诊断

苹果缩果病主要表现于果实，病果的部分组织木栓化，表面凹凸不平。

症状表现有以下类型：

苹果缩果病病果

(1) 木栓型。落花后到采收期均可发生，但以生长后期较多。病果果肉组织出现水渍状病变，褐色，海绵状。果小而畸形，易早落；后期发病者，果实变形不明显，仅果面微显凹凸不平，果实松软呈海绵状。

(2) 干斑型。落花后 15 天左右幼果开始发病。果面先出现褐色圆斑，并在表面渗出黄色黏液，皮下果肉组织变褐、坏死，病部干缩、下陷，果实畸形。重病果常提前脱落，轻者可继续生长。

(3) 锈斑型。元帅等感病品种的病果呈扁圆形或长筒形，沿果柄周围的果面上产生褐色细密的横条斑，常开裂，果肉松软。

严重时枝梢和叶片也表现异常，枝梢上的症状是：新梢顶端的韧皮部和形成层组织内产生坏死斑，逐渐扩展，造成新梢自顶部逐渐向下干枯，最终表现为枯梢。有时病枝在春季不能萌芽，或展叶后迅速枯死，枯枝下方长出许多细丛枝。

梨缩果病病果靠近果皮的果肉出现水浸状病斑，褐变，木栓化，味淡，微苦，果面青疔状凹陷，后期变褐，硬化。树皮阴面出现疱状突起。新梢表现位红叶，下部叶片皱缩不展，色淡。

发病规律

硼是植物细胞分裂和组织分化所必不可少的微量元素，能促进果树生殖，果树生长发育过程中要不断地吸收硼，当土壤中硼含量低于 10 mg/kg 时，生长在此土壤上的果树就可能出现缺硼症状。

栽植在瘠薄山地或河滩地的果树，由于土壤中的硼及其盐基易被淋溶流失，容易发生缩果病。石灰质土壤中硼易被钙所固定，果树也常表现缺硼症状。果园土壤含钾量过高，也会引起缺硼症状。早春干旱年份容易患缩果病。

防治方法

基础性防治措施

增施有机肥，种植绿肥，改良土壤，注意果园排灌和保墒。

无公害、绿色食品果园防治技术

(1) 秋季或开花前开沟施入硼砂，每株结果树施 150~200 g，若用硼酸，用量应减少 1/3。

（2）开花前、开花期及落花后各喷 1 次 0.3%~0.5%硼砂液，也可以使用液态有机硼肥“硼尔美”等。

梨铁头病

病因　缺硼引起的生理病害

梨铁头病又名顶腐病、尻腐病。主要为害梨果实，巴梨、黄金梨发病较重。

田间及库房诊断

为害梨果实，幼果期即开始发病，初在果实萼洼周围出现淡褐色、稍浸润的晕环，然后逐步扩大、颜色逐步加深为黑色，中央呈灰褐色。严重时波及果顶的大半部，质地坚硬，木栓化。发病后会因感染其他杂菌，病部可能长出黑色或粉红色的霉，并造成病果腐烂、脱落。巴梨果实发病，萼部出现青绿、坚硬的木栓化病变，干腐；黄金梨病，果顶部不能正常膨大，木栓化，伴有畸形。此类果实往往失去商品价值。

梨铁头病病果（萼部）

病果（肩部）

发病规律

硼是果实生长必需的元素之一，硼的功能是促进植物糖的代谢，抑制有毒酚化物的形成。缺硼时，新生组织因糖供应不足而生长停滞，叶片变厚、变脆，果实新生组织变硬，表现为木栓化或畸形。

缺少有机肥，长期施用化学肥料，硼等中、微量元素缺乏是导致发生梨铁头病的根本原因。梨铁头病多在 6~7 月发病，近成熟时很少发病。发病与砧木种类密切相关，用秋子梨作砧木易发生此病，用豆梨作砧木发病较少；酸性土壤发病重；果实生长期长期干旱后突然降雨容易诱发此病。

防治方法

基础性防治措施

施用有机肥，坚持 2~3 年，就能够减轻或基本上控制铁头病的发生。

无公害、绿色食品果园防治技术

(1) 结合施基肥，每亩梨园施入硼砂 2~3 kg，连续 2~3 年可见效。

(2) 开花前、开花期及落花后各喷 1 次 0.3%~0.5%硼砂液，也可以使用液态有机硼肥“硼尔美”、硅钙镁肥或氨基酸硼液体肥等。

苹果苦痘病

病因　生理病害——钙失调

苹果苦痘病又称苹果苦陷病，是苹果贮藏期间常见的一种生理病害。发病以后病部易被腐生菌侵染，使果实腐败。

田间及库房诊断

病斑多发生于果顶部，病斑以皮孔为中心，初期为颜色较深暗的微凹陷圆斑，红色品种上为暗红色，黄色、绿色品种上为暗绿色，周围有深红色或黄绿色晕圈。后期病斑凹陷，褐色，直径一般为 2~4 mm，大者可达 10 mm 左右。病部皮下果肉变褐，干缩成海绵状，味苦。

苹果苦痘病病果之一

病果之二

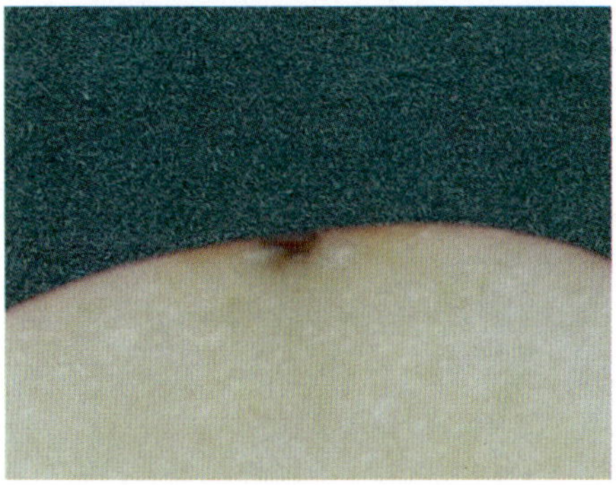

病果剖面

发病规律

该病的发生与果实缺钙及水分供应失调有关。修剪过重、氮肥施用过多、生长过旺、排水不良，均可导致发病。国光、青香蕉等品种发病较重。

防治方法

基础性防治措施

增施有机肥，注意果园的排灌，保持适度的水分供应，合理修剪，保持树势中庸。

无公害、绿色食品果园防治技术

果实发育中后期，每隔 15~20 天喷 1 次 0.4%硝酸钙液，共喷 4~5 次。对于红色品种，为避免抑制着色，可改用 0.3%氯化钙液。气温高于 21℃时喷这 2 种钙液容易发生药害，灼伤叶片。应在黄昏时喷布，既可避免日灼，又有利于叶片吸收。

根据近年试验，在苹果幼果期到采收前，喷施 2~3 次液体钙肥“钙尔美”1500~2000 倍液，可以有效缓解苦痘病。

苹果痘斑病

病因　钙失调生理病害

苹果痘斑病是一种营养失调的生理病害，果实接近成熟时表现发病，贮藏期继续发展为害。重病果上痘斑累累，严重影响外观，贮运期间病果易被腐生菌感染而腐烂。

田间及库房诊断

病斑围绕果实皮孔发生和发展，初期斑点疏密不等，直径约为 1 mm，斑

苹果痘斑病病果之一

病果之二

点部位果皮变为褐色至暗褐色，其周围出现紫红色晕圈，晕圈直径约 0.5 cm 左右。其后，皮孔附近组织凹陷，形成直径为 1~2 mm 的暗褐色痘斑。削去果皮，可见痘斑下深达 1 mm 左右的果肉变褐，呈海绵状。每个病果上的痘斑数，因病情轻重而异，从数个到数百个，以阳面和果顶部较多，重病果病斑众多，互相愈合，病斑部位的果皮颜色加深至暗红或暗绿色，外观极为难看。深层果肉也发生病变，最后表皮坏死、变褐、凹陷，失去商品性。

苹果痘斑病后期病果

此病常与苦痘病混合发生。

发病规律

管理粗放的果园重于精细管理的果园；偏施氮肥的果园重于合理施肥的果园；落叶早的果园重于保叶好的果园；树冠外围果实重于内膛果实；修剪过重、枝条旺长的树重于长势中庸的树；秦冠、国光、金冠等品种发病较重，富士也有发病。

陈策等在陕西凤县观察后认为是由于缺钙所致，因为根外喷硝酸钙有减轻发病的作用。

M.A.Perring (1968) 的研究报告提出以 100 g 鲜重果实含钙 3.1 mg 为是否发生缺钙病的临界值。谌有光等 1983~1984 年在陕西渭北果区测定，主栽苹果品种钙含量的范围是 3.7~6.4 mg/100 g 鲜重 (不分果皮和果肉)，说明陕西渭北发生的苹果痘斑病的病因并非单纯是果实中缺钙引起的。著名果树营养学家 C.B.Shiel 指出，与缺钙有关的果实病害不能只归咎于果实钙含量，主要与果实中氮/钙的比例有关。我们对陕西渭北果区的秦冠、金冠、国光等品种进行叶分析，发现痘斑病病情越重，其果肉的氮/钙比值越大，与上述论断是吻合的。

综上所述，我们认为苹果痘斑病是氮/钙比例失调所致的、与钙营养有关的生理病害。

防治方法

基础性防治措施

科学施肥，推广果树营养诊断技术，根据土壤和叶片中各元素余缺情况进行配方施肥。增施有机肥，不要偏施氮肥。

无公害、绿色食品果园防治技术

(1) 采用根外喷钙的方法，提高果实中钙含量，进而降低氮/钙比值。喷钙应在套袋以前和8~9月进行，可用0.3%硝酸钙液。

(2) 苹果幼果期和果实成熟前，喷施2~3遍液体钙肥“钙尔美”1500~2000倍液。

(3) 防治好早期落叶病，特别注意加强后期防治，8月下旬开始喷波尔多液（1∶2∶160倍式）1~2次。

七、果实贮藏期病害

苹果、梨褐腐病

病原菌 *Monilia fructigena* (Aderh. et Ruhl.) Honey [*M. fructigena* Pers.]

苹果、梨褐腐病是果实生长后期和贮藏运输期间一种常见的病害，造成果实腐烂。除为害苹果、梨外，也能为害核桃等果实。

田间及库房诊断

被害果实果面初现浅褐色小斑，病斑迅速扩展，约经8~10天病果的果肉松软，可使整个果实腐烂，病果略有弹性，扔向地面，不易破碎。病斑扩大腐烂过程中，遇到潮湿的环境，形成很多突起的、呈同心轮纹排列的灰褐色或灰白色绒球状物。树上的病果常提早脱落，也有少量残留于树上，失水干缩成僵果，表面具有特异的蓝黑色斑块。贮运期间以10月下旬至11月气温较高时发病较多。病果及已被侵染但尚未发病，或表面带有病菌而未入侵的果实，在贮运期遇高温、高湿条件，加上挤压碰伤，病害很快传播蔓延。贮运期间发病的果实，果面一般不产生灰白色绒球状物。

苹果褐腐病病果

病原菌鉴定

在田间或库内取果面有同心轮纹排列的灰褐色或灰白色绒球状物的病果，或取未产生绒球状物的病果，放在底部有水的广口玻璃容器内，病果架放在水面以上，上盖玻璃板，放在比较温暖的室内，3~5天后即可诱发生成绒球状物。用解剖针挑取少量绒球状物（分生孢子座），移置于载玻片上的蒸馏水滴中，加盖盖玻片，镜检。可见分枝的分生孢子梗，顶端串生念珠状分生孢子，无色，单胞，椭圆形至柠檬形。18~23 μm × 0~15 μm。

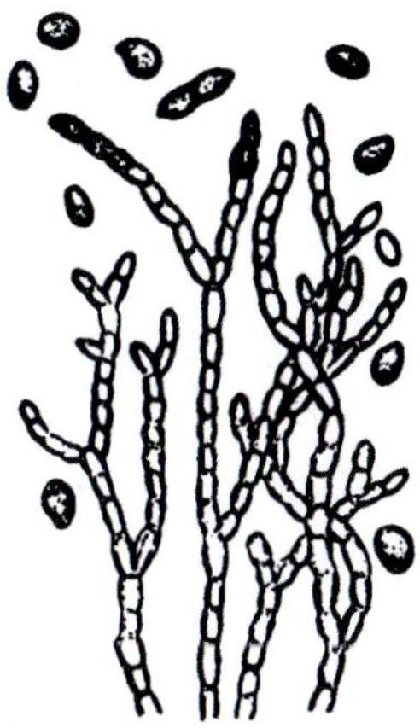

分生孢子梗和分生孢子

苹果褐腐病病菌

发病规律

病菌主要以菌丝和孢子在病僵果上越冬，第 2 年形成孢子借风雨传播。潜育期为 5~10 天。褐腐病病菌对温度的适应性很强，适宜发育温度为 25℃，但在 0℃条件下仍能活动扩展，因此在生长季节或贮运期均可发病，但高温条件病情发展较快。湿度也是决定病菌侵染的重要因素之一，高湿不但有利于病菌的生长、繁殖和孢子的萌发，也使果实组织充水而柔嫩，以致丧失抗病性。所以高温高湿和接近成熟期的果实是病害流行的必要条件。褐腐病主要为害果实，病菌主要通过各种伤口（裂口、虫伤、刺伤、碰压伤等）侵入，也可经皮孔侵入果实，好果与病果接触也可传染。9~10 月上旬果实近成熟时为发病盛期，秋雨多时常引起病害流行成灾。

防治方法

基础性防治措施

（1）及时清除树上和树下的病果、落果和僵果。秋末或早春土壤翻耕，减少病原。

（2）合理修剪，改善果园通风透光能力。

（3）搞好果园的排灌，降低果园湿度，抑制发病。

（4）果实充分成熟后适时采收，提高贮存性能。采收过程中轻采轻放，尽量避免造成伤口。严格剔除各种病果、虫果、伤果，并进行分级包装，做到轻装、快运，避免挤压和碰伤果实。贮藏库收购果品时要拒收已染病的果实，贮藏前剔除各种病伤果，管理好贮藏库，库温保持在 0~1℃，相对湿度控制在 90%左右，注意通气，抑制病害流行。

无公害食品果园防治技术

9 月上、中旬和摘袋后果实采收前，喷布 70%丙森锌（安泰生）可湿性粉剂 800 倍液，或 50%代森锰锌可湿性粉剂 1000 倍液（还有 80%大生 M-45 可湿性粉剂 1000 倍液、68.75%易保 1200 倍液、80%喷克可湿性粉剂 800 倍液)，或 50%苯菌灵 (苯来特) 可湿性粉剂 1500 倍液等保护果实。

有机食品、绿色食品果园防治技术

(1) 果实套袋。

(2) 非套袋果园于 9 月上、中旬喷 1 次波尔多液（1∶2∶200 倍式)，晚熟品种 10 月上旬再喷 1 次。

苹果、梨青霉病

病原菌 *Penicillium expansum* (Link) Thom

青霉病是苹果、梨贮藏期间的一种常见病害。

田间及库房诊断

病部黄白色，湿腐，病部中间有蓝绿色霉状物，病果腐烂时果肉有霉味。

病原菌鉴定

载玻片上滴 1 滴蒸馏水，以解剖针挑病果上少许蓝绿色霉状物，移蘸于蒸馏水滴中，加盖盖玻片，镜检。分生孢子梗直立，呈树状分支，其尖端着生念珠状分生孢子，分生孢子单胞，无色，扁圆形或近圆形，2.9~3.4 μm × 1.9~2.4 μm。

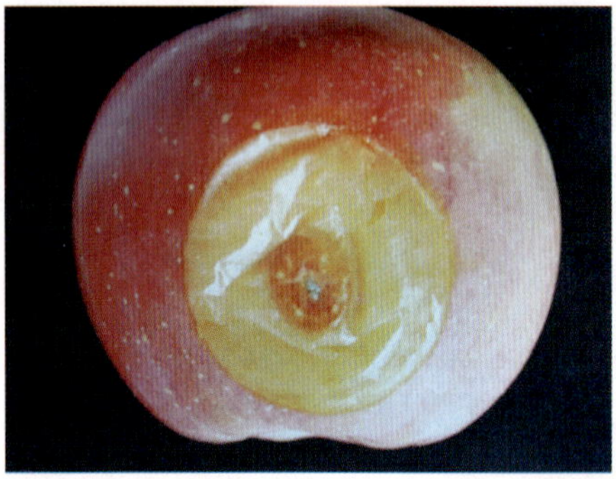

苹果青霉病初期为害状

后期为害状

发病规律

果实采收、运输、入库过程中造成的刺伤、碰压伤及果实生长期遭遇的虫伤等伤口是病菌侵入的主要孔口。致病的青霉菌存在于环境中，当分生孢子散落在上述伤口时，迅速萌发，侵染果肉。贮藏期间若库温控制不好，会迅速发展蔓延，造成严重损失，尤其是果实入库初期和开春气温回暖后。即使库温控制在接近 0℃，病害也会缓慢发展，所以切勿大意。

防治方法

基础性防治措施

(1) 果实生长期间控制病虫为害，尽量避免造成伤口。

(2) 轻采、轻放、轻运，尽可能不造成刺伤、碰压伤等伤口。初选时要严格挑出带伤果实。

(3) 及时入库、封库。定期检查库内果实，及时挑拣并取出病果。

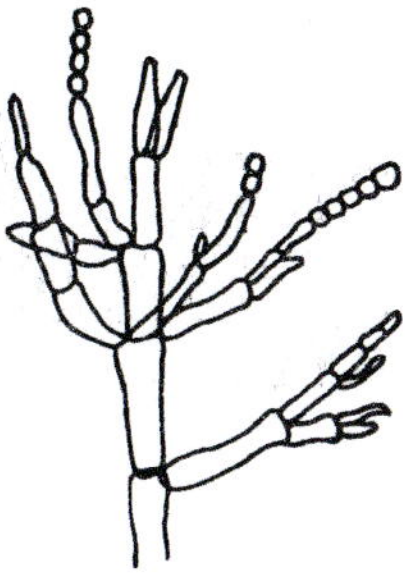

分生孢子梗和分生孢子

苹果青霉病病菌 (仿魏景超)

苹果虎皮病

病因　生理病害

苹果虎皮病又称褐烫病，是果实贮藏期间一种常见的生理病害。

田间及库房诊断

典型的苹果虎皮病的病果果面呈现不规则微凹陷的斑块，皮下细胞变色，但不深入果肉。严重时病部表皮可成片撕下，皮下细胞变褐坏死，果肉松软，有时带有酒糟味。有的病果发病开始即明显变褐，稍凹陷并有轻微突起，病果略干缩，较坚实，果皮不易剥离。病部多发生在果实阴面未着色部位，严重时扩展至全果。病果失去芳香味，易腐烂变质。

发病规律

苹果虎皮病是由于苹果果蜡中的α-法尼烯氧化后产生的共轭三烯伤害果

苹果虎皮病病果

病果皮下果肉变褐

皮细胞或形成不透性的膜，抑制细胞气体交换而造成的伤害。这种伤害往往出现在贮藏后期的果实，这是因为初采下的果皮果蜡中天然抗氧物质含量较高，有害的共轭三烯含量达不到使果皮细胞受到伤害的水平，随着贮藏时间的延长、贮藏环境的恶化、果实生命活力的衰退，果蜡中天然抗氧化物质减少，有害的共轭三烯积累，症状渐趋明显、加重。

影响虎皮病发病的因素是多方面的。采前的因素主要有：果园偏施氮肥和磷肥；采收过早，成熟度不足，着色不良；果实成熟期遇雨天而延迟成熟及着色，雨后仓促采收。海拔低的地区发病比海拔高的地区重，果实钙含量低时容易发病。采后的因素主要有：贮藏后期库温偏高，在土窑洞（土窖）贮藏条件下，春节后随着气温回升，很易出现窑温回升而无法控制的情况，从而导致虎皮病的发生；贮藏库通风不良也是导致虎皮病发生的原因，即使现代化的冷库甚至气调库也难免，库内堆垛过高、果箱放置未注意预留风道、贮藏后期不注意定期换气都可能导致发病。目前普遍推广的富士品种比较容易感病，套袋富士更易发病。

如上所述，虎皮病的发生与众多因素有关。如何预测当年该病的发生趋势，以便在贮存前或贮存中采取必要的措施，是果实贮存单位迫切关心的问题。目前国内外研究人员进行了多方面研究，并取得了一定的进展。其中RFC值测定法较简单、准确。此法的依据是果皮中α-法尼烯和共轭三烯含量的比值（RFC值）可以反映苹果果皮抗氧化能力大小，因此可用测得的RFC值来预测虎皮病的发生。通过试验建立了反映RFC值与贮藏苹果虎皮病发生之间关系的回归方程式（负相关系数为0.96），据此可做出虎皮病发生预测。但具体用到某一个果库还需做大量细致工作才能实用化。

防治方法

基础性防治措施

（1）鉴于苹果虎皮病与果实未充分成熟而提前采收有关，为减轻发病，应适时采收，以减少采后损失。

（2）加强果库管理，控制库温、防止贮存后期库温升高，注意果库通风。定期检测库内乙烯浓度，超过规定指标要排放乙烯，或用药物吸附，现在比较先进的贮藏库有自动脱乙烯装置。

无公害食品果园防治技术

（1）由于药剂防治的弊病，目前世界上许多国家研究人员认为采用非化学方法是防治该病的方向。其中低氧气调贮藏更受关注，因为虎皮病的发生与α-法尼烯的氧化产物有关，降低库内氧含量就可以减缓虎皮病的发生。美

国研究报告提出 O_2 含量为 1%合适，加拿大研究报告认为 O_2 含量为 0.7%合适，但是不同品种耐低氧的能力不同，而且低氧条件下适配的 CO_2 含量也很重要，所以必须通过试验确定相关的技术指标后方可推广。

（2）如果要用药剂处理果实，在果实入库贮藏前用 0.1%二苯胺浸洗果实是比较有效的预防措施，也可以用 0.25%~0.35%乙氧基喹浸洗果实，或用 50%虎皮灵乳油加清水稀释 125~250 倍浸果，晾干后入库贮存。在小规模贮藏时也可用含二苯胺（每纸含 1.5~2 mg）或乙氧基喹（每纸含 2 mg）的药纸包果，或用 0.2%~0.4%虎皮灵浸果，晾干后贮藏，或用含“虎皮灵”1000 mg/kg 的包装纸包果后贮藏。应该指出的是，这些处理必须在果实采后、入库贮藏前进行才能取得预期效果。

对于二苯胺在苹果果实上允许的残留量，不同国家和组织有较大差异。美国规定苹果果实中二苯胺残留量≤5 mg/kg，欧盟规定苹果果实中二苯胺残留量≤10 mg/kg，加拿大规定苹果果实中二苯胺残留量≤2 mg/kg，日本规定苹果果实中二苯胺残留量≤5 mg/kg。

苹果软虎皮病

病因　生理病害

田间及库房诊断

多发生在采收后不久，病果果面形成不规则状光滑的浅色斑纹，发生于果实胴部着色部位，一般不会扩展到萼洼或梗洼部位。与贮藏后期发生的典型虎皮病不同的是，软虎皮病能为害皮下组织，造成深层果肉的褐变。病部

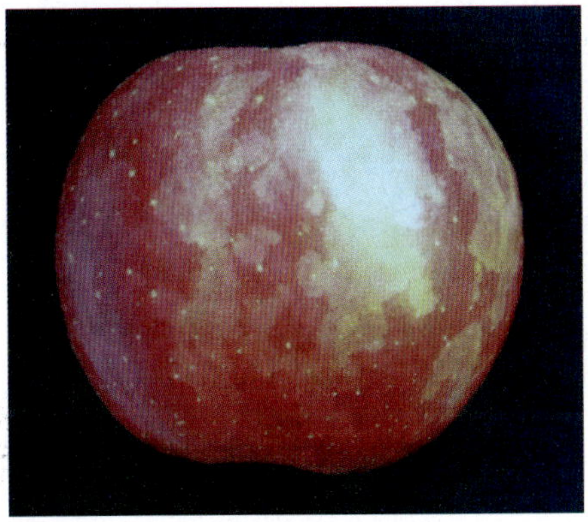

苹果软虎皮病病果

病果皮下的果肉开始褐变

苹果软虎皮病的另一种表现

很薄的表皮透明，极易破损。

病因

目前对致病原因说法尚不一致，有认为是低温伤害、乙醇的积累而诱致发病，也有人怀疑与脂肪酸的代谢有关。

防治方法

基础性防治措施

适时采收，采后尽快入库冷藏。

苹果果肉褐变

果肉褐变是苹果贮藏期间一类常见的生理病害，起因复杂，有单因子的，也有多因子复合作用的结果，但多数与贮藏条件有关。下面介绍几种气调贮藏条件下常见的、由于某些贮藏环境条件控制不好所引起的果肉褐变。

1. 高 CO_2 伤害引起的果肉褐变

库房诊断

发病初期果实外观无异样，但横切果实，在剖面上可见不规则分布的褐变块，褐变组织坚实、湿润，尝之味先甜后略苦。继续发展，褐变组织会扩展连片，使大部分果肉褐变，果面亦显现片状褐变，病部粗糙，微凹陷，失去商品性。

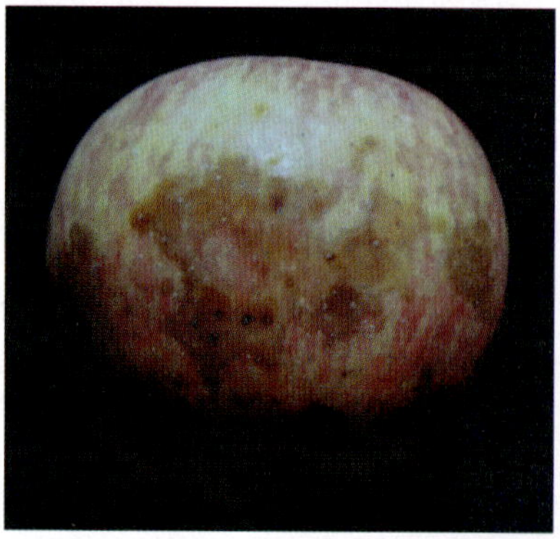

高 CO_2 伤害引起的果肉褐变

病果　　剖面

病因

贮藏库内 CO_2 浓度过高，进而导致果实内 CO_2 含量偏高，使果肉组织受到伤害。以富士为例，当库内 CO_2 浓度达到 4%时，就会发生果肉褐变。此类褐变的发生还与库内的 O_2 浓度有关，当 CO_2 浓度一定时，随着 O_2 浓度的降低，褐变加重；相反，当 O_2 浓度一定时，随着 CO_2 浓度的增高，褐变加重。

此类褐变在用塑料袋小包装简易气调贮藏富士苹果时 (放置于土窑洞或室内) 极易发生，原因是塑料袋气体交换性能不好，扎口太严，苹果在贮藏中呼吸作用释放出的 CO_2 经过积累，含量过高，造成 CO_2 中毒所致。

预防措施

(1) 气调库必须严格控制气体成分。气调贮藏富士苹果防止果肉褐变的最佳气体指标是：CO_2 2%，O_2 5%。

(2) 塑料袋小包装简易气调贮藏苹果时 (尤其是富士品种)，要选用气体交换性能好的厚度为 0.04~0.07 mm 的聚乙烯薄膜袋或聚乙烯硅窗袋。用聚乙烯薄膜袋贮果时封口处应垫以粗纸卷成的纸筒。

(3) 无论是气调库或塑料袋小包装简易气调贮藏，均要定期抽样检查，发现问题及时查找原因，并采取相应补救措施。

2. 低 O_2 伤害引起的果肉褐变

库房诊断

果面出现深褐色水浸状斑点，进而果肉也呈现块状褐变，甚至延及果心，与上述高 CO_2 伤害引起的果肉褐变不同的是，剖开病果，果肉组织散发着强烈的酒精味。

病因

库内 O_2 浓度低于 1.5% 时就有可能发生果肉褐变，在这种低氧状态下，乙醇在果实内积累，因而散发出酒精味。与高 CO_2 伤害引起的果肉褐变相比，低 O_2 伤害引起的果肉褐变比较少见。

预防措施

严格控制库内气体成分，O_2 浓度不应低于 2%。

3. 低温伤害引起的果肉褐变

库房诊断

发病初期果肉出现分散的浅褐色小斑块，斑块之间有明显的界限，褐变组织湿润，果心部分基本正常，果实外表正常。严重时果心周围组织也变褐，并扩展到全果，果皮变色，水浸状。

此病症状的特点是：在病害尚未十分严重时，果皮以下有1层狭窄的正常组织，果实剖面可见明显的正常组织环。褐变果肉无苦味。

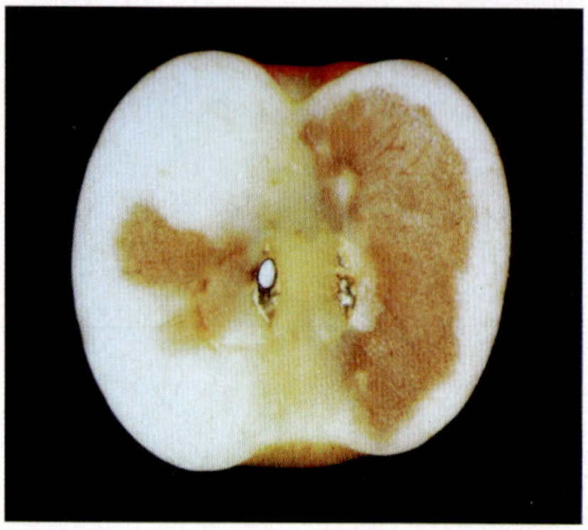
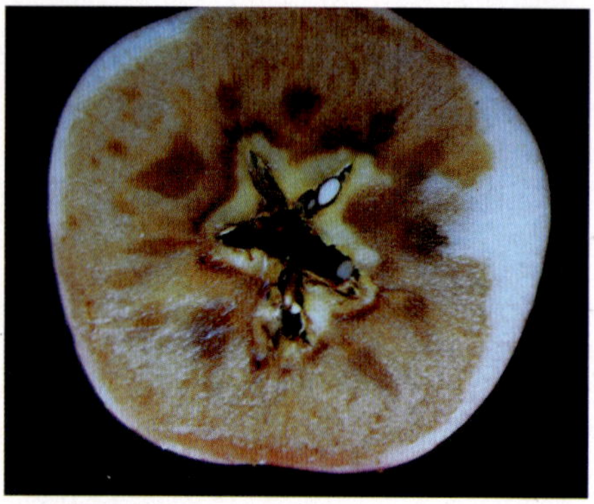

低温伤害引起的果肉褐变

病果剖面之一　　病果剖面之二

病因

贮藏库温度控制不严是导致此病的根本原因。富士苹果对贮藏温度较敏感，气调贮藏的温度应控制在0~1℃，较长时间低于0℃就可能发生低温伤害。是否发生褐变还与很多因素有关，诸如含氮量高的果实、钙和磷含量低的果实、含水量高的果实、早采的果实、成熟期遇到阴雨天的果实、产自高海拔冷凉地区的果实、大型果等较易发病。贮藏环境湿度过大，或CO_2含量高也会促使发生此病。

预防措施

严格控制库内温度，变幅不宜超过0.5℃。针对上列相关因素，有意识地选择不易发病的地域和不易发病的品种果实进行气调贮藏。

苹果、梨氨中毒

库房诊断

氨中毒症状从果实皮孔开始，围绕皮孔的果皮先变褐、微凹陷，逐步扩展成黄豆粒大小，数斑连片为不规则形、大小不等的病斑，边缘深褐色或黑褐色，中部浅褐色。

病因

目前大型气调库和冷库多用氨做制冷剂，氨通过管道输送到库内的蒸发器，靠蒸发器风机的力量，使库内空气流动，蒸发器吸收库内的热量，循环降温。如果库内蒸发器的管道泄漏，就可能使果实发生氨中毒。氨中毒的果实多发生于蒸发器正下方顶层木箱中的表层果实，这是由于漏出的氨液随冷凝水流落到果面所致，而其他部位顶层木箱的表层果实的受害，则是泄漏的氨气伤害的结果。

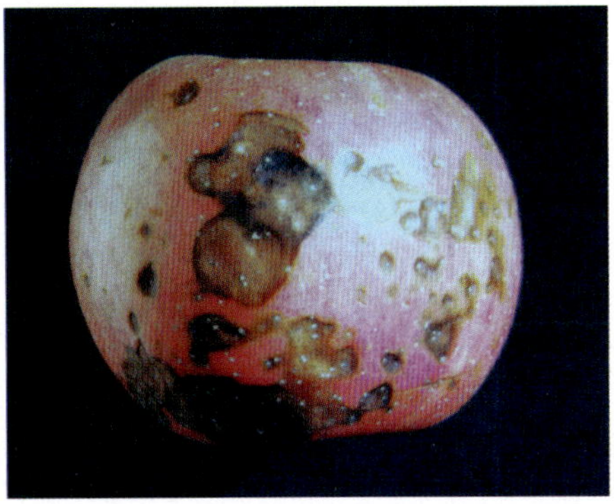
氨中毒被害状

预防措施

首先是查找泄漏点，并立即控制泄漏。当发现有轻度氨中毒症状时，立即检出被害果，或移出有被害果的果箱，用水冲洗，捡出、丢弃受害严重的果实，以免影响好果。

第三章　苹果、梨害虫

一、果实害虫

桃小食心虫

学名 *Carposina sasakii* Matsumura

桃小食心虫简称“桃小”，又叫桃蛀果蛾，是我国北方果区最重要的果实害虫之一，除苹果、梨外，还为害桃、枣、杏、李等果实。上世纪50年代该虫在我国渤海湾苹果老产区为害十分严重，为此，国家组建了“食心虫防治研究协作组”，对其发生规律进行了深入研究，据此提出了当时有效的防治方法。随着科学技术的进步，农药更迭，防治方法更趋合理，加之套袋技术的普遍应用，近年来为害普遍减轻，但是，部分地区由于苹果生产效益下滑，果农放松了防治工作，该虫为害又有上升迹象，应引起警惕。

田间诊断

幼果受害后生长受阻，果面凹凸不平，果形不正，形成“猴头果”。幼虫在果内窜食，一边蛀食，一边排粪，为害严重时形成“豆沙馅”，失去食用价值。

形态特征

成虫体长7 mm左右，身体灰褐色，复眼红褐色，前翅灰白色，中部近前缘有1个近似三角形蓝黑色斑，翅面有7~9簇斜立毛丛，后翅灰色；雌蛾

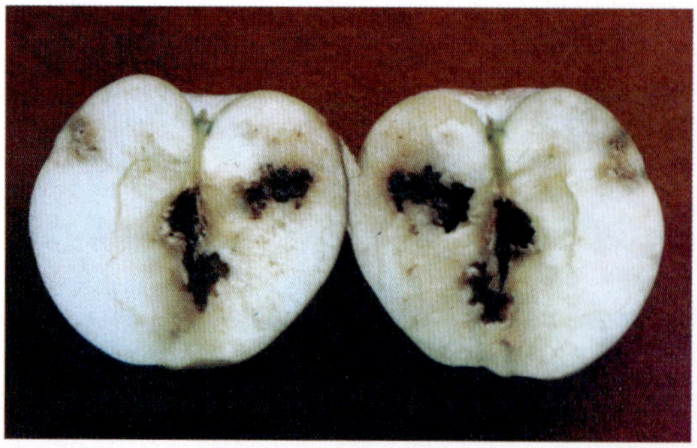

桃小食心虫为害状

蛀果部位

蛀入孔的痕迹

脱果孔

下唇须长、前伸如剑；雄蛾下唇须短、向上弯曲。卵近圆筒形，初产时黄白色，渐变为橙红色至深红色，卵面密生小点，顶部略宽，卵顶周围有 2~3 圈“Y”形刺。老熟幼虫长约 12 mm，肥胖，纺锤形，头褐色，前胸背板深褐色，身体桃红色。蛹长约 7 mm，黄白色，近羽化时灰黑色。

桃小食心虫成虫（左雌，右雄）

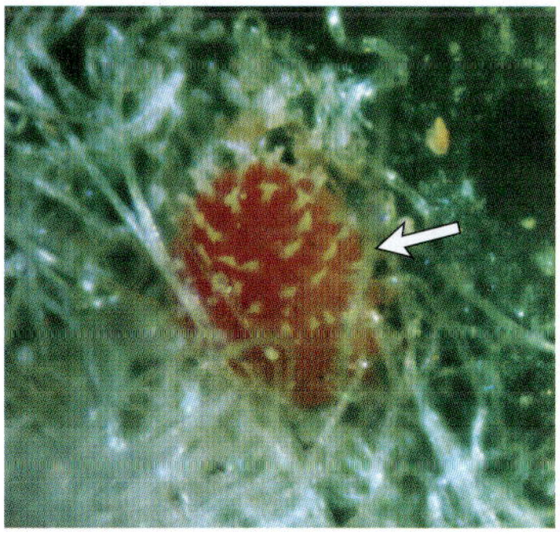

卵

出土的幼虫

入土越冬的幼虫

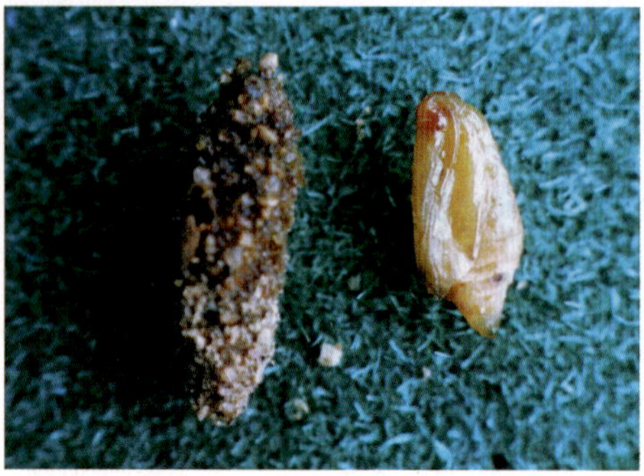

夏茧及蛹

越冬茧

发生规律

1年发生的代数因地域而异，陕西、辽宁、山东、河北、山西的大部1年发生1~2代，甘肃天水1年1代，河南郑州、江苏南京1年可以发生3代。不论1年发生几代，均以老熟幼虫在土内做扁圆形“冬茧”越冬。越冬幼虫开始出土时间因地区和年份而异，陕西中部为5月上、中旬前后，渭北和延安地区在5月中、下旬，分别在5月下旬和6月上旬以后进入连续出土时期。影响出土始期的早晚和出土盛期集中程度的主要气象因素是当年5~6月该地区雨量多少和降雨的频率。5~6月干旱少雨年份，出土始期推迟，出土不集中，越冬代出土期可长达80天以上。出土的不集中会导致此后各虫期推迟，以致出现世代重叠现象。如果这段时间降雨较多，出土始期则提前，出土集中，越冬代出土期缩短到2个月左右，甚至更短。越冬幼虫破茧出土后，在地面爬行一两天，然后在土块、石块或杂草根颈附近结纺锤形“夏茧”，并在其中化蛹，蛹期13~14天，自幼虫出土到成虫羽化需18~20天。陕西中部5月中、下旬越冬代成虫开始羽化，渭北地区则在5月下旬至6月初。但每年均有早晚差异，其主导因素仍是降雨，雨量适宜、土壤湿润，成虫的羽化则顺利，出现的时间也会较早。

成虫白天藏在叶背等隐蔽处，还有杂草丛中、土石块下等，夜间活动并交尾。成虫有弱趋光性，对蓝色光敏感。对糖醋液等饵物则无趋性，雄蛾对合成性激素反应敏感。成虫多将卵产在果实萼洼部位，少量产在梗洼和叶片上。始见卵的时间也因年而异，一般来说，陕西中部在5月底至6月初，渭北和延安地区在6月上旬末至中旬。卵期7天左右。幼虫孵出后在果面爬行短时间后蛀入果内。幼虫在果内蛀食20余天后老熟，由里向外咬一火柴棍粗的脱果孔脱出。从7月上、中旬开始，即有幼虫开始脱果，脱果盛期的早晚与幼虫出土的早迟及整齐度有关。脱果早的幼虫在土表做夏茧化蛹，7月中、下旬开始出现第 1 代成虫，产卵后造成第 2 次为害。脱果晚的幼虫（陕西中部大约以 7 月 20 日前后为界限）入土做冬茧越冬。第 2 代幼虫在果实采收前大部分脱果，少部分可随果实进入堆果场、果库，甚至在消费者食用时也会发现。

越冬茧的水平分布一般在树冠垂直投影范围内，越向根颈密度越大，根颈周围 1 m 范围内约占总数的 60%以上。耕作粗放、树盘内多石块、杂草、或有间作物的果园，则树冠投影外围所占的比例增大。山地果园的梯田壁、土石缝内也会有相当数量的越冬茧。

越冬茧多数分布在 3~12 cm 深的土层中，其中 80%集中在 3~6 cm 的表土中。

幼虫出土除要求土壤湿润外，还要求一定的气温和土温。当日平均气温 19℃以上，10 cm 土温达 20℃左右时，若遇降雨，即会有大量幼虫出土。成虫活动交尾的适宜温度是 19~24℃，相对湿度为 80%~90%。因此，冷凉、干燥的高海拔地区发生世代少、为害轻。成虫产卵的适宜温度为 25℃左右，气温超过 30℃，相对湿度低于 70%，对成虫交尾和产卵均不利。所以在高温、干旱的夏季，即使果园内有成虫，但由于不能正常交尾，或者交尾后不能顺利产卵，或者产卵量减少，为害随之减轻。

不同苹果品种间受害程度的差异明显，金冠、元帅系受害重于国光、秦冠等。其原因与成虫产卵的选择性有关，该虫喜欢在萼洼深、茸毛多的果实萼洼产卵，金冠、元帅属此。果实的硬度及内含物也影响产卵的选择性。

桃小食心虫的天敌有 10 多种，其中桃小食心虫甲腹茧蜂 *Chelonus* sp.和中国齿腿姬蜂 *Pristomerus chiensis* Ashmead 为重要种类。前者以幼虫在桃小食心虫越冬幼虫体内过冬，1 年发生 2 代；后者寄生于桃小食心虫幼虫体外，以蛹在茧中越冬，1 年发生 4 代。另外，幼虫白僵菌的染病率也较高。

预测预报

1. 越冬幼虫出土时期的预测预报

在具有代表性的果园，选择上年受害较重的树 5 株为调查树，开春后拾净树盘范围内的杂草、土块、石块，4 月下旬每株树以树干为圆心，在半径为 1 m 的圆内，同心轮纹状错落放置小瓦片 50 片，从 5 月初开始，每天早、中、晚各翻查 1 次瓦片，发现出土幼虫取出，记数后填入表。为了避免翻查时重复或遗漏，在瓦片的一面点红漆做标记。

当发现第 1 头出土幼虫时，应发出越冬幼虫出土的第 1 号预报，并做好地面防治的准备；当连续 3 天发现出土幼虫时，即可发出预测预报，开始

测报方法之一

测报方法之二

桃小食心虫越冬幼虫出土调查表

		月　日			月　日		
		早	中	晚	早	中	晚
出土幼虫数	1						
	2						
	3						
	4						
	5						
合计							

地面防治。

2. 成虫发生时期的预测预报

在具有代表性的果园内选择5株树，5月上旬每树在距地面1.5 m处悬挂1个桃小食心虫水盆性诱捕器，水盆内放清水，并加少许洗衣粉，水面以上1 cm处悬吊1枚性激素诱芯。挂盆后逐日早晨检查1次，发现落水该虫成虫（全部为雄成虫）捞出，记数并填入表。

性引诱水盆（碗）

当发现诱到第 1 头成虫时，表明已到地面防治的最后期限，刻不容缓。此时也是开展田间查卵的适宜时间。

桃小食心虫成虫诱捕记录

日期	月 日						月 日						→
盆号	1	2	3	4	5	计	1	2	3	4	5	计	→
虫数													→

3. 成虫产卵情况的预测预报

选择具有代表性的、上年受害重的果园，选定 5 株结果较多、上年受害重的树，最好是金冠品种。从田间诱到第 1 头成虫开始，每隔 2 天调查 1 次，每次在每树调查树冠上、中、下部的果实 200 个，共计调查 1000 个果，用放大镜仔细检查萼洼及梗洼，若发现卵，以果为单位计为 1 个卵果，按下列公式计算出卵果率［卵果率（%）=卵果数/调查总果数］。将调查结果填入下表。

桃小食心虫卵果调查

日期	月 日						月 日						→
树号	1	2	3	4	5	计	1	2	3	4	5	计	→
调查果	200	200	200	200	200	1000							→
卵果数													→
卵果率													→
累计卵果率													→

目前不少果区经多年防治虫口基数已明显降低，究竟卵果率达到多少时，可以不必连年采用地面防治，仅需采用树上防治措施，请参阅 1988 年国家标准局颁布的防治指标（见下表）。

不同品种不同产量水平下桃小食心虫的防治指标

防治指标（卵果率/%）	适合防治指标的苹果产量/(kg/亩)		防治措施
	国光	金冠	
1.8	800 以下	800 以下	树下不进行防治，树上使用杀灭菊酯等药剂防治
1.5	801~1000	801~1000	
1.3	1001~1200	1001~1200	
1.0	1201~1500	1201~1500	
0.7	1501~2600	1501~2200	
0.5	2601 以上	2200 以上	

防治方法

根据该虫的发生规律和生活习性，应采取地面防治和树上防治相结合的综合防治措施。

基础性防治措施

冬季结合施肥深翻树盘，将表层土壤翻埋于深层。开春以后勤翻耕，勤松土、除草，破坏桃小食心虫在土内栖息的环境条件。

无公害食品果园防治技术

地面防治部分：

越冬幼虫出土初期，每亩用32%辛硫磷微胶囊0.5 kg兑水50 kg喷于树盘，喷药范围应略超出树冠垂直投影范围；水源不便的地方，可将同等量药剂稀释30倍，喷于50kg细土上吸附、拌匀，然后撒到同等面积的树盘上。

树上防治部分：

当测报调查第1代卵果率达到1%~2%时，应及时喷药防治。有效的药剂有：30%杀铃脲悬浮剂2000倍液或25%灭幼脲2000倍液。第1代卵发生期内，隔20~25天连续喷药2次。7月中、下旬以后第2代卵发生期，根据卵果率调查情况，必要时应再喷1次药。

绿色食品（A级）果园防治技术

（1）果实套袋。

（2）越冬幼虫出土初期，每亩用32%辛硫磷微胶囊0.5 kg兑水50 kg喷于树盘。

（3）第1代卵果率达到1%~2%时，喷50%辛硫磷乳油2000倍液或20%氰戊菊酯（速灭杀丁）乳油2000倍液。

有机食品、绿色食品（AA级）果园防治技术

地面防治部分：

（1）越冬幼虫出土初期及第2代幼虫脱果期，树盘范围喷洒白僵菌粉(50亿个孢子/g) 3000倍液。

（2）有灌溉条件、土壤湿度较大的果园，春季桃小食心虫越冬幼虫出土始期，在略大于树冠投影的范围内，施入从国外引进的新线虫 *Neoaplectana feltiae* Agiiotos，每亩施2亿条，杀灭越冬幼虫。另外，我国果树科技人员也从本土分离到几种昆虫病原线虫，如山东的泰山1号、河南的CZ-88，对桃小食心虫的寄生率也较高，可以推广应用。

树上防治部分：

（1）果实套袋。

地面防治

树上防治

(2) 第1代幼虫脱果前，及时摘除虫果，并集中深埋，可减轻第2代幼虫的为害。

(3) 非套袋果园，当测报调查第1代卵果率达到1%~2%时应及时喷药防治。可以选用Bt乳剂（100亿个芽孢/ml）1000倍液或青虫菌6号悬浮剂1000倍液喷雾。由于该虫越冬代成虫发生期很长，第1代卵发生期不集中，上述药剂的有效期多数也仅20天左右，所以第2代卵发生期内应间隔20~25天连续喷药1次。但应注意，上述药剂应轮换使用。7月中、下旬以后，第2代卵发生期，根据卵果率调查情况，必要时应再喷1次药。

苹果小食心虫

学名 *Grapholitha inopinata* Heinrich

苹果小食心虫也叫东北小食心虫，简称“东小”，是为害苹果、梨的另一种重要食心虫。除为害苹果、梨外，还为害沙果、海棠、山楂及山定子的果实。在我国北方果产区均有分布，陕西渭北和陕北苹果产区部分年份发生较重。

田间诊断

该虫的为害与桃小食心虫的区别在于：幼虫蛀果后在果皮下浅层果肉为害，一般不深入果心，被害部位果皮变褐、干裂，形成直径1 cm左右近圆形干疤，干疤上常附有少量细粒虫粪。如果刚蛀入果内的幼虫死亡，入果孔周围果皮变青，形成所谓的“青疔”。

形态特征

成虫体长约4.5 mm，翅展10~11 mm，前翅暗褐色，带有紫色光泽，前缘有7~9组较明显的白色短斜纹，后翅灰褐色。成虫容易与梨小食心虫混淆，该虫成虫自然停息时两翅合拢所形成的夹角比梨小食心虫小。卵扁椭圆形，中央稍隆起，初产时乳白色，近孵化时淡茶褐色。老熟幼虫体长7~9 mm，头部淡黄褐色，前胸背板浅黄色，不明显，腹部各节背面有2条桃红色横纹，前面一条较宽，后面一条较细，行动活泼。蛹长5 mm左右，腹部第2~7节背面各有2排短刺，前排排列不整齐，第8~10节各有1排稍大的刺。

苹果小食心虫成虫

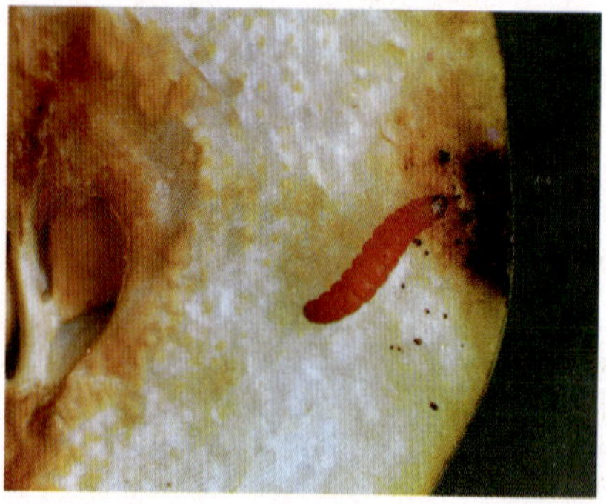

幼虫

为害状

发生规律

辽宁、山东、河北、陕西、甘肃等果区1年发生2代，以老熟幼虫在树皮裂缝、剪锯口、梨潜皮蛾为害的爆皮、吊枝绳以及果筐、果箱等隐蔽处结薄茧越冬。陕西中部5月中、下旬越冬代成虫羽化，渭北和延安地区则推迟到6月上旬。成虫交尾后卵散产于果实胴部。1头雌蛾产卵量约50多粒，卵期7天左右。幼虫孵出后在果面爬行短时间，咬破果皮蛀入。在果内蛀食20余天，老熟后由原蛀孔边缘脱出，沿树干爬至隐蔽部位做茧化蛹。陕西中部7月中、下旬发生第1代成虫，渭北延至7月下旬，延安地区8月上旬。第2代卵期4~5天，卵孵化后造成第2次为害，9月上、中旬果内幼虫老熟，脱果越冬。

成虫羽化时间多在夜间4时至上午9时，多数个体上午8时前静伏，9时至下午2时前后活动、交尾，下午6~7时产卵。成虫对糖醋液有趋性。

防治方法

基础性防治措施

冬季刮树皮，减少越冬虫量。清洁果园，及时捡拾落果。

无公害食品果园防治技术

当卵果率达到1%~2%时，应及时喷药防治，药剂选用参照桃小食心虫。

绿色、有机食品果园防治技术

(1) 发生严重的地区和年份，当年冬季至次年春季苹果树发芽前，细致刮除树皮裂缝等部位的越冬幼虫，集中装入以塑料窗纱封口的瓦罐等容器里，以便寄生蜂飞出，而阻止该虫成虫飞出。

(2) 在田间发现第1代幼虫为害状后，及时摘除被害果，以减轻第2代为害。用糖醋液（糖0.5 kg、醋1 kg、水10 kg）或烂苹果发酵加水4倍调制成的诱蛾液诱杀成虫。

(3) 果实套袋。

(4) 非套袋果园，参照桃小食心虫树上查卵的方法进行虫情测报，当卵果率达到1%~2%时，喷Bt乳剂（100亿个芽孢/ml）1000倍液或青虫菌6号悬浮剂1000倍液，隔15~20天再喷1次。第2代卵发生期亦根据虫情，决定是否需要喷药。

梨小食心虫

学名 *Grapholitha molesta* (Busck)

梨小食心虫是梨树和苹果树的重要害虫。除为害梨、苹果外，还为害桃、李、杏、梅、樱桃、海棠、山楂、榅桲、木瓜、山荆子等。

田间诊断

梨小食心虫为害果

幼虫为害果实多从梗洼、萼洼以及果实与果实相贴处蛀入。前期被害的果实虫道较浅，蛀入孔周围凹陷，变黑腐烂，表面有细粒虫粪，俗称“黑膏药”；后期被害的果实蛀入果孔周围绿色，脱果孔较大，周围附着有虫粪。剖开虫果可见虫道直向果心，幼虫咬食种子，虫道内和种子周围有细粒虫粪。“黑膏药”和直向果心的虫道是鉴别该虫的重要依据。

该虫还可以为害桃、李、杏、苹果、梨、樱桃和榅桲等的嫩梢，这是其他食心虫不具备的特点。幼虫多从新梢顶端第2张、第3张叶片的叶柄基部蛀入，在髓部向下蛀食，被害梢端部凋萎、下垂、蛀入孔外有虫粪。桃、李、杏被害梢蛀入孔向外流胶汁，苹果、梨被害梢一般不流胶。被害梢凋枯时其内的幼虫多已转移。

形态特征

成虫体长6~7 mm，灰色。特征是：前翅前缘有8~10对白色短斜纹，翅中央近外缘1/3处有1个灰白色斑点。卵椭圆形，扁平，中央稍隆起，多产于果面，初产时淡黄色，3~4天后混浊，乳白色，快孵化时银灰色。幼龄幼虫头和前胸背板黑色，体白色；老熟幼虫头褐色，前胸背板黄白色，身体桃红色。蛹黄褐色。

发病规律

陕西、河南、安徽、江苏、山东等地1年发生4~5代，辽宁、河北1年发生3~4代，四川、江西、广西等1年发生6~7代。各地均以老熟幼虫在树

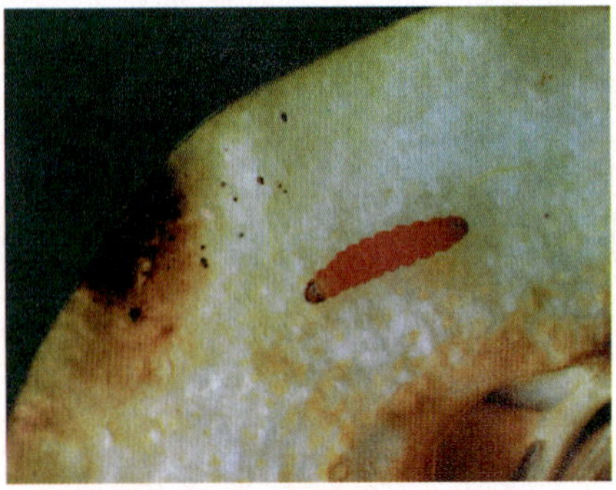
梨小食心虫幼虫

被害梢内的幼虫

蛹

梨小食心虫成虫之一

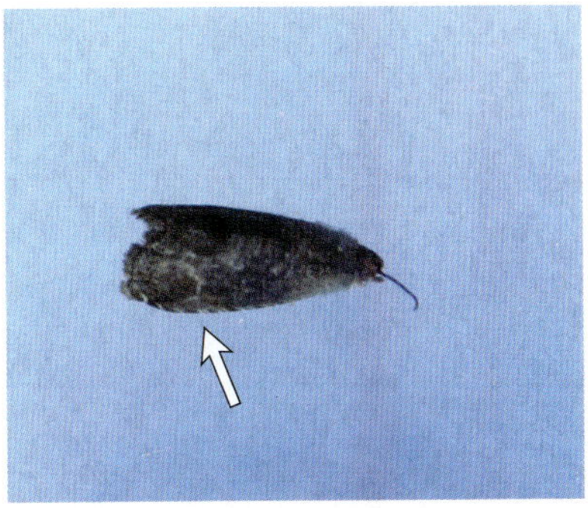

示前翅前缘短斜纹
成虫之一

皮裂缝及树干基部土、石缝等处结茧越冬，还有部分幼虫随采收的果实潜藏于果筐、果库等处越冬。陕西中部3月中、下旬越冬幼虫开始化蛹，4月上、中旬出现越冬代成虫，交尾后多在桃梢上产卵，5月上旬前后卵孵化出现第1代幼虫，蛀入桃嫩梢为害，1头幼虫可以为害2~3个梢，梢内幼虫老熟后爬到枝杈等处化蛹。5月下旬至6月上中旬发生第1代成虫，卵产在桃梢或桃果上，继续为害。6月下旬至7月上旬出现第2代成虫，大部分把卵产在梨果上为害。7月上旬至9月陆续出现第3、4代成虫，孵出的幼虫形成梨受害高峰期。8月底至10月上旬老熟幼虫，陆续脱果越冬。

该虫前2个世代发生比较整齐，第3代、第4代世代重叠现象明显，给防治带来更多困难。后期成虫在接近成熟的梨果上产卵，使入库的果实上常有未孵化的卵，所以贮藏不久虫果又会增加。

成虫多在上午7~9时羽化，白天静伏于枝叶上，日落前后活动、交尾，对性引诱剂和糖醋液有强烈趋性，对黑光灯也有趋性。

成虫产卵对梨品种有一定选择性，喜欢产在皮薄、肉细的果实上，茌梨、鸭梨、酥梨、雪花梨等受害重，洋梨系统的品种受害较轻。

成虫产卵的最适温度为24~29℃，适宜的相对湿度为70%~100%，这样的条件下对卵的孵化也有利，所以温暖潮湿的地区和年份受害较重。

由于该虫的多寄主的特点，所以在桃（或杏）与梨、苹果混栽的果园为害更重，应予避免。

预测预报

利用性引诱剂诱捕器观察成虫发生期是一种简便、准确的预测预报方法。从4月初开始，在园内挂置几个梨小食心虫性诱捕器，通常用简易的水碗诱捕器即可。诱捕器悬挂于树枝上，离地面1.5 m左右，碗内盛水并放少量洗衣粉，在高于水面约 1~2 cm 处挂 1 个梨小食心虫性引诱剂诱芯，每天早晨观察，发现落水的梨小食心虫成虫记数后捞出，注意经常保持水面高度。当出现诱蛾高峰时，后推 3~5 天大约为产卵盛期，再后推 7~10 天（春季）或 3~4 天（夏季）大约为幼虫孵化盛期，以此来指导田间防治。

由于该虫第 3 代开始世代重叠现象明显，田间用性诱捕器可以持续诱到成虫，难以划分世代。为了准确确定喷药适期，应结合进行田间查卵。每隔 2~3 天随机调查 500~1000 个果实，当卵果率达到 1%时就应当及时防治。

防治方法

梨小食心虫的多寄主性和 1 年发生多世代的特点给防治带来困难，因此更应当采取综合防治措施。

基础性防治措施

（1）建园时尽可能避免多树种混栽，不要给该虫提供合适的食物链。在苹果、梨与桃、杏等很接近的果园，要特别注意桃园、杏园的防治，适时剪去被害梢，并集中销毁。

（2）8 月上、中旬在树干上绑诱虫带或束草诱集越冬幼虫，第 2 年果树发芽以前解带处理。

（3）冬季刮老、翘树皮，减少越冬基数。

无公害食品果园防治技术

落花后果园内悬挂性诱捕器监测梨小食心虫成虫发生情况，指导及时用药防治。

在不套袋的果园，为了控制其为害，喷药是需要的。梨幼果果皮坚硬，果肉石细胞多，幼虫难以蛀食，所以梨果受害高峰期一般在 7 月以后（第 3、第 4、第 5 代幼虫），部分早、中熟品种（如早酥、王冠等）第 2 代幼虫也有蛀食的情况。多数品种正常采收期向前推 40 天是集中受害的初期，也是喷药保护梨果的关键时期。一般这个阶段需要喷药 2~3 次，药剂种类参照桃小食心虫。

由于该虫多代性，寄主也很广泛，防治难度较大。为害严重而又不能套袋的果园，为了控制为害，保障正常收益，可考虑选用毒性较低的 20%氰戊菊酯（速灭杀丁）2000~4000 倍液、10%氯菊酯（二氯苯醚菊酯）1000~3000 倍液、10%氯氰菊酯（安绿宝）3000 倍液、2.5%三氟氯氰菊酯（功夫）6000 倍液、20%甲氰菊酯（灭扫利）2000~4000 倍液等或含有以上成分的可靠复配剂。在虫螨并存的果园，应选用 2.5%三氟氯氰菊酯（功夫）、20%甲氰菊酯（灭扫利）等，或含有这 2 种成分的可靠复配剂为宜。

绿色、有机食品果园防治技术

(1) 果实套袋。

(2) 有条件的梨园可以在园内大量散放梨小食心虫性诱剂（迷向块或迷向丝）干扰成虫的交配，达到阻止产卵、减轻为害的目的。但散放的性诱剂的量要足够大才行，不是散放少数性诱剂就可以达到目的的，而且前期往往要喷洒杀虫剂压低虫口基数才能奏效。

苹异银蛾

学名 *Argyresthia assimilis* Moriuti

苹异银蛾是上世纪70至80年代发现的一种为害苹果果实的害虫。国内分布于陕西省的凤县、铜川、旬邑和甘肃省的天水、庆阳、正宁等海拔较高的地方。除为害苹果外，还为害楸树等。

田间诊断

幼虫在果实下部蛀入，蛀果孔似小黑点，周围稍凹陷并有绿色晕圈，孔外有泪珠状果胶，干涸后呈白色蜡粉状。幼虫蛀果后直入果心，并取食种子，排粪于心室内。

形态特征

苹异银蛾为害果

成虫体长4~6 mm，头部淡黄白色。前翅柳叶形，灰褐色，带淡紫色光泽，前缘有黄白色与黑褐色相间的短线，翅端有1个大而显著的黄白斑点，后缘基部有1条淡黄白色宽纵条斑。后翅灰褐色，基部较宽阔。卵椭圆形，长约0.4~0.5 mm，上有蜂窝状刻纹，初产淡红色，后变灰褐色。老熟幼虫体长7~9 mm左右，头褐色，体背面绛红色，腹部淡黄白色，前胸背板淡黄褐色，近中央裂缝处暗褐色，第9腹节背面有2个长形褐色骨片。蛹长椭圆形，长4~5 mm，黄褐色，羽化前显现暗褐色花纹。

发生规律

苹异银蛾1年发生1代，以蛹外被白色梭形丝茧在树盘、堆果场和果库的土表层中越冬。翌年5月底，国光品种幼果拇指大时，成虫开始羽化出土，

苹异银蛾

6月上、中旬为羽化盛期，羽化期较长，8月上旬仍有成虫出现。成虫多在上午羽化出土，喜阴湿环境，无趋化性，趋光性较弱。每头雌成虫产卵50粒左右。产卵盛期在7月上、中旬，散产于果实萼洼处，每果数粒至数十粒。幼虫多在清晨孵出，蛀入果实为害。严重时1果可有数十头幼虫，但只有4~5头能发育到老熟幼虫。幼虫老熟后钻出果实，吐丝下垂入土化蛹。入土、化蛹部位多集中在树盘根颈土壤0~3 cm处。一般树冠下部果实受害重于上部，以金冠、红元帅、大国光等受害较重。

防治方法

基础性防治措施

秋冬季树盘深翻，或人工覆土3~6 cm，能抑制成虫羽化，有减轻为害的作用。

无公害果园防治技术

参照桃小食心虫。

绿色、有机食品果园防治技术

果实套袋。

梨大食心虫

学名 *Nephopteryx pirivorella* Matsumura

梨大食心虫又称梨云翅斑螟、梨斑螟，简称“梨大”，是为害梨芽和果实的一种重要害虫，广泛分布于各梨产区。近年来由于防治工作得力，大部分梨区的为害程度大为减轻，但仍是一个不可轻视的防治对象。

田间诊断

藏有越冬幼虫的梨芽被蛀食一空，蛀孔外粘有虫粪，芽鳞片松散，开春以后被害梨芽的基部有褐色毛绒状物，幼虫在芽鳞基部拉丝，被害幼果蛀入孔外堆有褐色虫粪。鳞片脱落时用竹棍轻敲梨枝，振动后芽鳞片不落者即为被害芽，一般里面还藏有幼虫。幼虫化蛹前先推出虫粪，在蛀入孔周围吐丝，

梨大食心虫被害果

被害芽

做成孔口光滑、扁圆形、银白色的羽化孔，幼虫爬至被害果实的果柄基部吐丝缠绕，然后再钻回果内化蛹，随着时间推移，被害果干缩变黑，悬吊树枝上，经久不落。后期被害果蛀入孔多在萼洼附近，孔口周围发黑、腐烂。

形态特征

成虫体长 10~12 mm，身体暗灰褐色，前翅基部和近外缘处各有 1 组明显的横带，每组横带由 2 条黑褐色线夹 1 条灰白色线组成，2 组横带之间有 1 条黑色短纹。卵扁椭圆形，长径约 1 mm。初产时黄白色，近孵化时暗红色。老熟幼虫体长约 22 mm，头、前胸背板和臀板黑褐色。蛹黄褐色，长约 10~12 mm。

发生规律

该虫在辽宁西部和河北北部 1 年发生 1~2 代，陕西 1 年发生 2 代，黄河故道 1 年发生 2~3 代。以幼龄幼虫在梨芽（80%为花芽）内结灰白色薄茧越冬。陕西中部梨区，越冬幼虫于 3 月中旬（花芽露绿至开绽期）开始出蛰转害健芽，称为“转芽期”。3 月底至 4 月上旬为出蛰转芽高峰，一直延续到 5 月中旬前后结束。之所以拖延这么长的时间，是由于本地区多数年份春季气

梨大食心虫成虫停息状

成虫之二

温不平稳，时冷时暖。越冬幼虫经过转芽为害后，4月中旬（梨果脱萼期）开始陆续转害幼果，称为“转果期”，1头幼虫可为害1~3个果实。转果高峰期在5月上、中旬，此期转果虫数约占整个转果期转果虫数的80%左右，相对来讲比较集中，是喷药防治的有利时机。5月中旬以后果内幼虫陆续化蛹，6月中旬达化蛹盛期。6月初出现越冬代成虫，6月下旬是羽化盛期，7月中旬羽化基本结束。越冬代成虫多在果实萼洼附近产卵，少数产在芽基部、果台、枝杈等部位。卵孵化后多数直接蛀果为害，少数先蛀芽再蛀果。果内幼虫于7月中旬前后开始化蛹，蛹期7~10天，7月下旬开始出现当年第1代成虫，8月中、下旬达高峰期，9月上旬羽化结束。此代成虫在短枝花芽两侧产卵，孵出的幼虫钻入芽内为害，约有20%的个体可以为害2个芽子。9月底幼虫在芽内做茧越冬。

梨大食心虫的天敌种类较多，其中几种寄生蜂的寄生率较高，如常见的黄眶离缘姬蜂〔*Trathala flavo-orbitalis*（Cameron）〕、喜马拉雅聚瘤姬蜂〔*Gregopimpla himalayensis*（Cameron）〕、食心虫扁股小蜂（*Elasmus* sp.）等，在喷药防治时应注意保护利用。

防治方法

基础性防治措施

（1）冬季修剪时注意剪除并集中销毁被害虫芽。春季发芽后，鳞片脱落时用竹棍轻敲梨枝，受振鳞片不落的即为被害芽，应及时掰除。

（2）5月摘除树上悬吊的被害幼果（俗称吊死鬼），集中存放于纱笼内，放在果园里，待寄生蜂飞出时放出去，让其继续寄生。

无公害食品果园防治技术

（1）梨花芽开绽期（3月中、下旬），喷2.5%溴氰菊酯乳油2000倍液，杀灭出蛰转芽幼虫。

（2）5月上、中旬梨果长至拇指大小时为转果为害期，应连续喷2次药，可以选用30%杀铃脲悬浮剂2000倍液，或25%灭幼脲2000倍液，或50%辛硫磷乳油2000倍液等。在为害严重的果园也可以选用20%氰戊菊酯（速灭杀丁）2000~4000倍液，或10%氯菊酯（二氯苯醚菊酯）1000~3000倍液，或10%氯氰菊酯（安绿宝）3000倍液，或2.5%三氟氯氰菊酯（功夫）6000倍液，或20%甲氰菊酯（灭扫利）2000~4000倍液等，或含有以上成分的可靠复配剂，间隔10~15天再喷1次。

（3）对于为害后期果实的当年第1代幼虫，可在防治梨小食心虫的喷药中得到兼治。

果实套袋。

桃蛀螟

学名 *Dichocrocis punctiferalis* Guenee

桃蛀螟又叫桃蠹螟、桃蛀野螟，是一种分布广泛的、杂食性的果实害虫。除为害苹果、梨外，也是桃、石榴的重要害虫，还为害杏、李、梅、栗、柑橘、山楂、葡萄、樱桃等果实。在农作物中为害向日葵、蓖麻、高粱、玉米、棉花等。

田间诊断

蛀食苹果、梨果实后，虫孔周围有颗粒较大的红褐色虫粪，果内虫道较粗，虫体所到部位果肉被吃空，其内充满大粒红褐色虫粪。由于梨果实水分较多，被害果实虫孔周围往往迅速变黑、腐烂。

桃蛀螟为害果

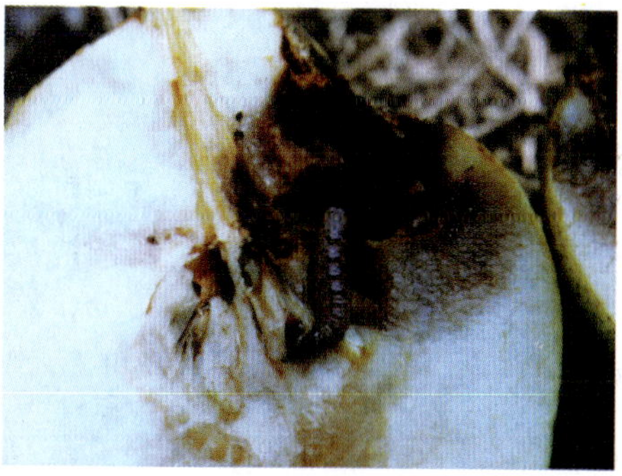

被害果剖面

形态特征

成虫体长 12 mm 左右，橙黄色，前、后翅也为橙黄色，翅面上有很多大小不等的黑色斑点。卵椭圆形，长约 2.5 mm，初产时白色，后变为米黄色。老熟幼虫长 18~25 mm，身体暗红色，每个体节上有多个明显的黑褐色毛瘤。蛹淡黄色至深褐色，长 12~14 mm。

发生规律

该虫在辽宁、河北 1 年发生 2~3 代，山东、河南、陕西中部 1 年发生 3~4 代，以老熟幼虫结茧在树皮裂缝、土石缝以及果园周围的玉米、高粱的茎

桃蛀螟成虫

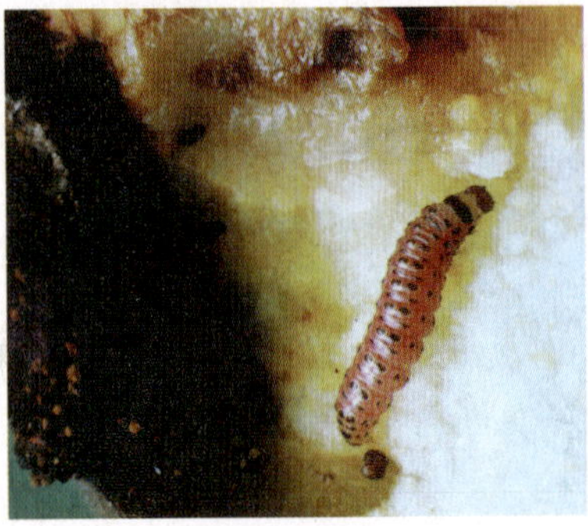

桃蛀螟幼虫

秆和穗、向日葵花盘等处越冬。陕西中部5月中、下旬越冬代成虫羽化，并在杏和早熟桃上产卵、为害。7月上、中旬出现第1代虫，在晚熟桃、石榴及早熟梨上产卵、为害。8月上、中旬出现第2代成虫，在梨、苹果上产卵、为害。9月上、中旬还可以发生第3代成虫，继续为害晚熟梨及苹果等果实。

卵期6~8天，幼虫期15~20天，蛹期7~10天，完成一代约需1个多月。9月下旬幼虫陆续老熟，转移到越冬场所越冬。

成虫白天停息于叶背等阴暗处，夜间活动，对灯光、糖醋液和性引诱剂有强趋性。可以用该虫的性诱捕器进行预测预报，确定有效的防治时机。

防治方法

由于该虫寄主多、发生世代多，给防治工作带来一定的难度，一定要采取综合防治措施。

基础性防治措施

为了减少虫源，提高防治效果，秋冬季要彻底清除果园周围的玉米、高粱秸秆和向日葵花盘等作物残株。刮除老翘皮下的越冬幼虫。

无公害食品果园防治技术

对于早熟梨和苹果品种，7月上、中旬第1代成虫产卵到初孵幼虫蛀果前是喷药防治的关键时期；晚熟梨和苹果品种，则应把防治喷药的重点放在8月上、中旬第2代成虫产卵到初孵幼虫蛀果以前，防治时期的确定可根据性诱捕器诱捕成虫的情况决定。

可以选用30%杀铃脲悬浮剂2000倍液，或25%灭幼脲2000倍液，或50%辛硫磷乳油2000倍液等。在为害严重的果园也可以选用20%氰戊菊酯（速灭杀丁）2000~4000倍液，或10%氯菊酯（二氯苯醚菊酯）1000~3000倍液，或10%氯氰菊酯（安绿宝）3000倍液，或2.5%三氟氯氰菊酯（功夫）

6000 倍液，或 20%甲氰菊酯（灭扫利）2000~4000 倍液等，或含有以上成分的可靠复配剂，每一代中应喷 2 次药，间隔 10~15 天喷 1 次。

绿色、有机食品果园防治技术

（1）成虫发生期可用杀虫灯、糖醋液或性诱捕器诱杀成虫。

（2）果实套袋。

白小食心虫

学名 *Spilonota albicana* Motschulsky

白小食心虫也叫桃白小卷蛾、苹果白蛀蛾，简称“白小”。除为害苹果、梨外，还为害山楂、杏、李、樱桃果实等。近年部分果区该虫为害较重，在虫果率中占有不小比例，究其原因，多系前期防治工作抓得尚好，后期多有放松，尤其是 7、8 月防治不及时，应引以为戒。

田间诊断

幼虫多从果实萼洼处蛀入，在萼筒内蛀食，一般不深入果心，萼洼处堆积以丝缠连的红褐色虫粪，不易散落。也有的幼虫从梗洼附近蛀果，梗洼处也堆积虫粪。少数幼虫从两果相接处蛀果，甚至从果肩部蛀果。

白小食心虫为害状之一

为害状之二

形态特征

成虫体长 6~7 mm，翅展 13~15 mm，灰白色，前翅前缘有 8 条白色钩纹，外缘黑褐色，近外缘角处有 1 个蓝色斑纹，两翅合并使该斑呈半圆形。卵淡黄色至褐色，扁椭圆形。老熟幼虫 10~12 mm，头赤褐色，前胸背板黑色，身体暗紫褐色。蛹黄褐色，长 5~7 mm。

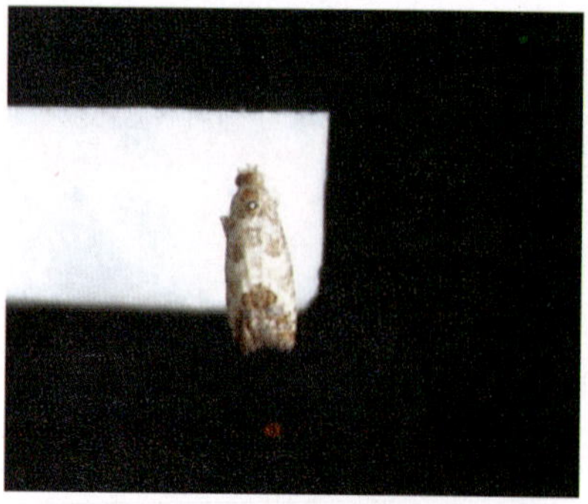

白小食心虫成虫之一

成虫之二

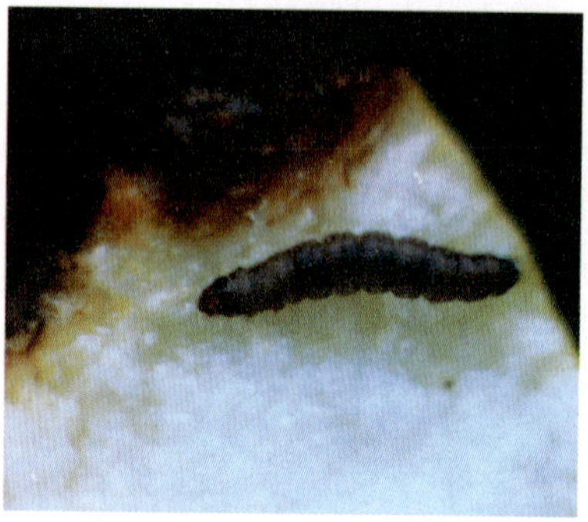

幼虫

发生规律

1年发生2代，以幼虫在树皮裂缝中作茧越冬。4月上、中旬幼虫出蛰，卷叶为害。5月下旬至6月出现越冬代成虫，交尾后在果面上产卵，卵期6天左右。孵化后幼虫蛀果为害，幼果期40~45天。7~9月份陆续发生第1代成虫，产卵后造成第2次为害，此时果实相继接近成熟，其为害明显降低好果率。果实采收前大部分幼虫脱果，潜入树皮裂缝越冬，少数随采收的果实流散到其他地方。

防治方法

参照梨小食心虫。

蠼　螋

属于昆虫纲革翅目圆胸蠼螋科（Anisolabiidae）

本世纪初陕西部分果区套袋苹果园发生了一种新害虫，叫做蠼螋（发音qu sou）。有的果园果实受害率高达30%~40%，造成很大损失，并且有蔓延的趋势。

世界上约有1200多种蠼螋类昆虫，我国约有70多种。杂食性，其中不少种类是捕食害虫的天敌，有些种类是为害蘑菇、花卉的害虫，也有的是居室内的卫生害虫，在果园里很少见其踪迹。该虫过去在我国没有报道，更没有为害套袋果实的记载。

田间诊断

该虫钻进袋内钻蛀快要成熟的果实，在果面上造成许多深达 5~10 mm 的孔洞，严重时能造成落果。

形态特征

成虫身体长 15~23 mm，身体栗黑色，光亮。头部扁宽，复眼较小，没有单眼。触角丝状，16 节，除第 13、14 节（有的个体包括 12 节端半部）为淡黄色外，其余为黑褐色。口器咀嚼式。前胸矩形，中、后胸梯形，后胸后缘向内凹陷呈弧形。前、后翅退化。有胸部足 3 对，除腿节基半部为黑褐色外，其余为淡黄色。腹部末端有 1 对上翘的耳形钳状尾铗，所以俗称"耳铗子虫"，由于它的尾铗会夹人手，当地果农把它叫"火蝎子"。

发生规律

蠼螋类昆虫属于不完全变态昆虫，也就是说一生只有卵、若虫、成虫 3

蠼螋成虫背面

成虫腹面

成虫侧面

被害果

个虫期。该种蝼蛄喜欢生活在较疏松的土壤里，常见于阴暗、潮湿、疏松的粪土堆，隐藏于枯枝落叶和杂草下。生草果园比清耕果园多。该虫以成虫在果园土壤内越冬，4 月中旬前后越冬成虫出土活动，白天躲藏在树叶、土块、杂草等隐蔽的地方，夜间活动。成虫交配后，雌成虫把卵产在土里。

套袋果园果实接近成熟时（7、8 月），蝼蛄爬行上树，从封口处或通气口钻入果袋内，或咬破果袋为害果实。受害较重的果园，1 袋内有 1~2 头，多则有 10 余头。

调查发现，蝼蛄为害的果园，多是密植果园，树冠郁闭，而且杂草较多，高温季节园内高温高湿，尤其是套袋以后，果实所处的袋内小环境阴暗、高温、潮湿，有利于该虫的发生和藏匿。这类果园常施用未腐熟的人粪尿，有的使用鸡粪、牲畜粪以及生活垃圾，还有的果园把餐馆残余物或屠宰厂废弃物当作肥料施入。

防治方法

基础性防治措施

（1）密植果园要疏除部分过多的大枝，疏除离地很近的大枝，把主干抬高到 80~100 cm。清除园内杂草、落叶、树枝等，改进果园通风透光条件，营造不利于蝼蛄生存的环境。

（2）用鸡粪、牲畜粪等作为基肥时，一定要充分腐熟，以免把包括蝼蛄在内的害虫及其虫卵带进果园；不要用人粪尿及生活垃圾、屠宰厂废弃物作为肥料施入土壤，一是会污染环境，二是会给蝼蛄提供孳生和繁殖的场所。

无公害食品果园防治技术

（1）4 月中、下旬越冬成虫出土后，在傍晚将制好的毒饵撒于有该虫发生的果园内树盘里，尤其是主干附近，毒杀成虫。毒饵的制作方法是：将麸皮炒熟，按熟麸皮量的 0.5%加入晶体敌百虫，拌匀，堆闷 10 小时左右后使用。

（2）上年受害严重的果园，果实接近成熟前（7、8 月），对果园地面喷洒辛硫磷微胶囊 200 倍液，或敌百虫 1000 倍液等。

（3）该虫上树为害前，用封果箱的胶带在树干上缠粘 1 圈，阻止蝼蛄爬上树，减轻为害。

吸果蛾类

吸果蛾是吸食果汁的蛾类总称。因其绝大多数种类属于夜蛾科，且在夜间活动、为害，所以又称吸果夜蛾。寄主植物包括苹果、梨、桃、杏、李等落叶果树，以及柑橘等常绿果树，还有番茄等果菜类蔬菜。

田间诊断

由于吸果蛾夜出为害的习性，白天在果园里是很难找见其踪影的，但可以从为害状初步得到确认。被害果面上出现针尖大的刺孔，从刺孔附近剖开果实，可见刺孔周围果肉失水呈海绵状，随后围绕刺孔腐烂，甚至造成落果。发现以上情况后，再在夜间去果园巡查，不难找见其“元凶”。

为害苹果、梨的主要种类有：

鸟嘴壶夜蛾 *Calpa excavata* Butler

壶夜蛾 *Calpa minuticornis* Guenée

羽壶夜蛾 *Calpa capucina* Esper

桥夜蛾 *Anomis mesogona* Walker

枯叶夜蛾 *Adris tyrannus* (Guenee)

鸟嘴壶夜蛾

鸟嘴壶夜蛾幼虫

壶夜蛾

羽壶夜蛾

桥夜蛾

枯叶夜蛾

平嘴壶夜蛾

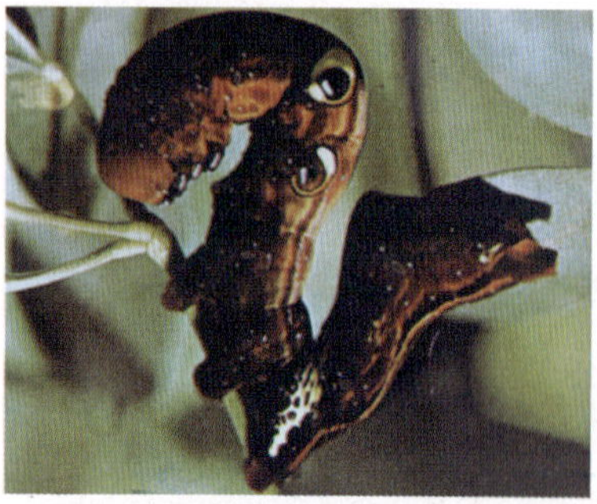

枯叶夜蛾幼虫

旋目夜蛾

毛翅夜蛾

平嘴壶夜蛾 *Oraesia lata* Butler

旋目夜蛾 *Speiredonia retorta* (Linnaeus)

毛翅夜蛾 *Dermaleipa juno* (Dalman)

形态特征

鸟嘴壶夜蛾：成虫体长 23~26 mm，翅展 49~51 mm，头、前胸及足赤橙色，中胸和后胸赤褐色；前翅紫褐色，翅面有不明显的波状纹，翅尖鹰嘴形，后缘中部有一相当深的圆弧形内削；后翅淡褐色，下唇须向下方伸出酷似鸟嘴。

壶夜蛾：成虫体长 18~21 mm，翅展 38~42 mm。头、胸部灰褐色，腹部淡褐色。雄蛾触角丝状。前翅淡灰褐色，外线棕色微红，较直，很显著，从翅尖后方起至后缘弧形内削的内侧。臀角后方的内缘凸出成小钩形。后翅淡褐色，微带青色金属光泽。

羽壶夜蛾：成虫与壶夜蛾很相似，区别是该种夜蛾翅展较宽，雄蛾触角双栉齿状，前翅外线不太直。

桥夜蛾：成虫体长 15~17 mm，翅展 35~38 mm。头、胸部暗红褐色，腹部暗灰褐色。前翅暗红褐色。基线旁有黑点，中室外缘上有 2 个黑点。

枯叶夜蛾：成虫体长约 41 mm，翅展 100 mm 左右。头部和前翅深棕色，腹部和后翅橙黄色，前翅外线褐色，由顶角至后缘凹陷中央有一斜线，黑色，翅脉上有黑点。后翅有明显黑色阔纹，停息时似枯叶。

平嘴壶夜蛾：成虫体长约 25 mm，翅展约 53 mm。体灰褐色。下唇须前端齐平。前翅灰褐色带棕色纹。后翅淡褐色，有界线不明显的棕色斑纹。

旋目夜蛾：成虫体长 19~25 mm，翅展 52~62 mm。前翅暗褐色，肾纹大，倒逗点形，黑褐色，周围绕以较宽的黑圈。

毛翅夜蛾：成虫体长 33~35 mm，翅展 87~89 mm。内线棕褐色，直向外斜，外线亦棕褐色，前后端微向内弯；亚端线棕褐色，自顶角内弯至臀角。后翅黑色，端区土红色，翅中央有粉蓝色纹，弯曲成倒弯钩形。

发生规律

吸果蛾的幼虫寄主多是分布于山区的野生灌木、杂草和一些树木，有：防己 (羽壶夜蛾)、蝙蝠葛、紫堇、唐松草 (平嘴壶夜蛾)、通草、伏牛花、十大功劳 (枯叶夜蛾)、红悬钩、醋栗 (桥夜蛾)、合欢 (旋目夜蛾)、栎 (桥夜蛾)、桦、李、木槿 (毛翅夜蛾)、葡萄 (鸟嘴壶夜蛾) 等。由于吸果蛾幼虫和成虫的食物链的关系，近山果园吸果蛾的为害比较重。

吸果蛾只能为害接近成熟的果实，陕西秦岭北麓果区 5、6 月即有吸果蛾出现，它们为害的顺序大体是杏→李→桃→葡萄→梨→苹果，一直延续到 9、10 月。同一树种中依早、中、晚熟的顺序被害。

在同一类果品中，皮薄、肉细、具芳香味的品种受害重。早、中熟苹果品种较晚熟品种受害重。

成虫夜间活动，从日落后 2 小时左右开始出现，夜间 10 时左右达高峰，直至清晨 4 时左右才陆续飞离。

依据吸果蛾的口器构造和为害特点，吸果蛾可分为一次为害种和二次为害种。一次为害种口器发达、坚硬，可穿刺健果果皮（如枯叶夜蛾、鸟嘴壶夜蛾、壶夜蛾等）；二次为害种口器较软，只能在一次为害种造成的伤口附近为害或吸食烂果，此类吸果蛾能传染病害，加速果实腐败。

防治方法

鉴于吸果蛾的上述发生规律，目前尚无特别有效而且简单易行的防治方法，可针对性地采用以下措施，以减轻损失。

基础性防治措施

近山地区新建果园时应考虑吸果蛾为害问题，避免多树种混栽，给吸果蛾提供完整的食物链，加重为害。

无公害、绿色、有机食品果园防治技术

(1) 果实套袋。为了防止摘袋后被害，可采用单层纸袋，果实成熟时连袋采摘，而不追求果面着色，以嫩黄色的“水晶果”投放市场。

(2) 灯光诱杀。采用黑光灯或黄色灯诱杀，对鸟嘴壶夜蛾、壶夜蛾、羽壶夜蛾等主要种类有效，1 盏灯的有效诱集范围为 35~40 m。

(3) 人工捕杀。在果实近成熟期的夜间进行，重点挑选易受害树种和品种捕杀。

梨实蜂

学名 *Hoplocampa pyricola* Rohwer

梨实蜂是专门为害梨花和幼果的一种害虫，广泛分布于各个梨产区，经常喷药的果园为害不太严重。

田间诊断

成虫在花期出现，产卵于花萼组织里，幼虫在花萼基部环向串食，被害处变黑，花瓣脱落后幼虫继续在花萼部膨胀成的幼果内为害，被害果干枯脱落。除此以外还偶见幼虫蛀食果梗基部的果枝。

形态特征

成虫是体长（从头至翅尖）约 5 mm 的小蜂，头和身体黑色，有光泽，触角丝状，鞭节褐色（雌虫）或黄色（雄虫），两翅平覆于身体之上，前半部黄褐色，后半部黑褐色，所以粗略看去从头至翅末可分为黑、黄褐、黑褐 3 个部分。卵椭圆形，白色至灰白色。老熟幼虫体长约 8 mm，黄白色。蛹白色，外包椭圆形、黑褐色茧。

梨实蜂成虫交尾

成虫

为害状

幼果内的幼虫

发病规律

梨实蜂1年发生1代，以老熟幼虫在土中结茧越冬，且以距树干1 m范围内、10 cm深土层中数量居多。陕西中部梨区3月中、下旬化蛹，4月初成虫羽化，此时正值梨盛花期。成虫白天活动，在花丛中飞翔、停息、取食花蜜，清晨、傍晚、夜间以及阴天藏在花朵里。交尾后产卵于花萼组织里，产卵部位外表留有黑褐色黏液。一般1朵花内只产1粒卵，少数有2~3粒的，1头雌虫可产卵50余粒。卵期5~6天。初孵化幼虫先在花萼基部窜食，落花后蛀食幼果，被害果快要干枯时爬出，转害新果。1头幼虫可连续为害3~5个幼果。幼虫为害期15~20天，5月中旬幼虫老熟，脱果落地，钻入土中结茧越冬。成虫有假死性，遇惊动会掉落，温度较低时更为明显。

防治方法

基础性防治措施

受害严重的果园落叶后深翻园地土壤，把表层土壤深埋到底层。

无公害食品果园防治技术

(1) 受害严重的果园应于梨树发芽后到开花以前，用32%辛硫磷微胶囊

0.5 kg 兑水 50 kg 喷于树盘。

（2）梨花即将开放前喷 20%杀铃脲悬浮剂 2000 倍液。

绿色、有机食品果园防治技术

（1）在成虫发现初期，早晚在树冠下铺布单或塑料布，振落成虫并杀死。

（2）发现被害花朵和幼果时结合疏花疏果及时疏除，以免继续转害好果。

（3）成虫发生初期用 1%苦皮藤素乳油 1000~1500 倍液喷雾。

梨果象

学名 *Rhynchites foverpennis* Fairmaire

梨果象又称梨虎、朝鲜梨象甲，广泛分布于我国东北、华北、华中、华南、华东以及陕西、山西等地。寄主有梨、苹果、山楂、桃、杏等。

田间诊断

成虫食害嫩芽、花丛，并能啃食幼果的果皮，造成不规则的凹坑或深孔，并在坑洼内产乳白色卵，幼虫孵出后在果内蛀食，剖开果实常能找见弯曲、肥胖的幼虫。成虫产卵前往往先咬伤果柄，因而被害果易脱落。

形态特征

成虫体长 12~14 mm，紫红色，有金属光泽，头管粗壮、前伸，从基部到中间较收缩，酷似“象鼻”。鞘翅紫红色，行间刻点小，两侧无皱纹；雌虫触角位于头管中间，雄虫触角着生于头管近端部 1/3 处。卵椭圆形，长约 1.5 mm，乳白色。幼虫，乳白色，体肥胖、弯曲，体表有横皱纹。蛹长 8~9 mm，乳白色至暗褐色。

梨果象为害状

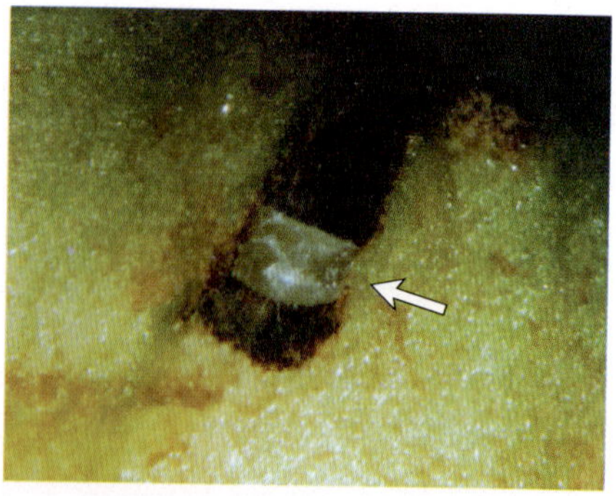

在果实表皮下产的卵

梨果象成虫（左雄，右雌）

成虫侧面

果内幼虫

发生规律

绝大多数个体1年发生1代，以成虫在土内蛹室里越冬；少部分个体2年发生1代，以幼虫越冬。越冬成虫出土期从梨树开花后开始，一直到7月上旬，梨和苹果的幼果期是其为害盛期。成虫害果时先以口器在果面上咬一小孔，然后调转身体，将卵产在孔内，并以粪便封闭孔口。卵期6~7天，孵化后幼虫钻入果实内部蛀食。产上卵的果实经过4~20天从树上脱落，幼虫在果内为害19~30天，最长可达45天，幼虫老熟后脱果入土，并做椭圆形土室，8月中、下旬开始化蛹，9月中、下旬羽化为成虫越冬。

该虫多发生在管理粗放的果园里，树冠上部被害果较多。

成虫有假死性，早晚气温低时遇惊扰会假死、落地；中午气温高时受惊扰，往往下落至半空又飞去。

防治方法

基础性防治措施

加强果园的地面管理，冬前翻耕，有条件的地方实行冬灌。

无公害食品果园防治技术

（1）发生严重的果园，开春后松土、锄草，然后在梨、苹果落花后用32%辛硫磷微胶囊每亩0.5 kg，兑水50 kg，喷洒树盘，间隔20天再喷1次，杀死出土成虫。

（2）幼果受害期，树上喷2.5%溴氰菊酯乳油2000~2500倍液，必要时

10~15天后再喷1次。

绿色、有机食品果园防治技术

(1) 在成虫发生期，早晨或晚间振落、捕杀。

(2) 及时捡拾落果，以减轻次年为害。

茶翅蝽

学名 *Halyomorpha halys* (Stal)

蝽象俗称“臭板蝽”“臭饽饽”，茶翅蝽是为害果树的一种重要的蝽象，分布广，食性杂，寄主有梨、苹果、桃、杏、海棠、山楂等，还为害豆类、甜菜及多种树木。

田间诊断

果园里经常可以见到一些奇形怪状的果实，细细检查可以发现其中一部分果实的果面凹陷部位常有细小的蛀孔，蛀孔周围发青，沿蛀孔切开果实，可以见到蛀孔周围果肉呈海绵状，失水，变褐，则可初步判断为蝽象为害所致。至于是何种蝽象所害，则要抓到成虫才可确定。蝽象的成虫和若虫除刺吸果实外，还能刺吸叶片和枝条。

形态特征

成虫体长约15 mm，体扁平，灰褐色稍带红色，前胸背板前缘有4个横列的茶褐色斑点，小盾片基缘有5个淡黄色小斑。卵短圆筒形，长约1 mm，灰白色，20~30粒聚集成卵块。若虫无翅或仅见翅芽。

茶翅蝽成虫

为害状

茶翅蝽卵块

初孵化若虫

被害苹果

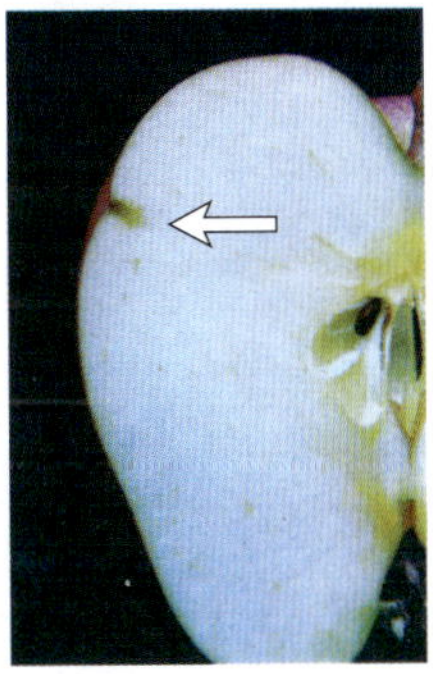

被害果剖面

发生规律

该虫在北京郊区1年发生2代，以成虫在屋檐下、墙缝、背风向阳的隐蔽处、树洞、草堆等处越冬。春季气温回升到10℃以上时陆续出蛰活动，当气温回升到20℃以上时（4月中旬前后）成虫飞向果园和林木取食。5月上、中旬成虫交尾，5月中、下旬产卵，卵期5~6天。5月中旬始见第1代若虫，6月上、中旬为盛期。若虫期共5龄，6月下旬至9月上旬为第1代成虫期，同期产第2代卵，9月上旬开始出现第2代成虫，此代成虫可存活到次年7月上旬，出现了第1、第2代成虫的重叠。

越冬出蛰成虫有趋光性，以后不明显。成虫可进行短距离飞行，初龄若虫群集，3龄以后开始分散。越冬成虫有群居性。果园中的虫源主要来自园外的隐蔽场所和附近的林木，加之遇到喷药会飞离果园，成了防治此类害虫的难点。

防治方法

无公害食品果园防治技术

（1）5月中旬至6月中旬若虫发生期喷20%氰戊菊酯（速灭杀丁、杀灭菊酯）乳油2000倍液杀若虫。

（2）4月中旬和6月下旬对果园外围的林木和绿篱喷80%敌敌畏1000倍液等，阻止向园内迁飞。

绿色、有机食品果园防治技术

（1）人工捕杀。秋末成虫有顺阳光斜射方向飞翔寻觅越冬场所的习性，可在果园内搭设门朝西的小窝棚，外罩1层塑料薄膜，诱集成虫越冬，然后捕杀。也可在初春出蛰期捕杀刚开始活动的成虫。

（2）利用卵粒聚集成块、若虫孵出后围聚在卵壳周围的习性，及时摘下有卵或若虫未分散的叶片，杀灭。

（3）果实套袋，为防止若虫从袋口爬入，套袋时要封严袋口。

黄斑蝽

学名 *Erthesina fullo* (Thunberg)

黄斑蝽又叫黄霜蝽、麻皮蝽，与茶翅蝽相似，也是为害梨、苹果、桃等多种果树、林木、农作物及蔬菜的一种重要的蝽象。

形态特征

成虫体长22 mm左右，身体扁平，灰褐色，背面棕黑色，散布不规则的黄色斑纹，头部狭长，两侧略平行，侧边和中央的纵脊黄色。卵灰白色，12粒聚产在一块。若虫初龄时胸、腹部有许多红、黄、黑相间的横纹，2龄若虫体灰黑色，腹背有6个红黄色斑点。

黄斑蝽成虫

为害状

发生规律

1 年发生 1 代，以成虫在屋檐下、墙缝、树洞、草堆等背风向阳处越冬。果树发芽后出蛰，6 月在叶背产卵，7 月上旬出现若虫，8 月出现成虫，果实采收后逐步进入越冬场所。

防治方法

参阅茶翅蝽。

卵块

梨 蝽

学名 *Urochela luteovaria* Distant

梨蝽又称梨蝽象、花状异蝽、臭板虫等，在老梨区为害较重。

田间诊断

成虫和若虫以针状刺吸口器吸食花、芽、叶、枝和果实，受害梨树树势衰弱、枝条干枯，尤以果实被害形成硬疔乃至"疙瘩梨"影响最大。

形态特征

梨蝽成虫

成虫长椭圆形，体长 11~13.5 mm。身体扁平，背面黑褐色，腹面土黄色或橘黄色，触角黑褐色，第 4、第 5 节基半部黄色。腹部两侧各有 5 个黑斑，其间夹隔黄白色斑，经常露于翅缘。卵椭圆形，20~30 粒聚产成卵块，包藏于白色透明胶状物中。若虫腹部背面中央有长方形黑斑 3 个，并散布许多小红点。

发病规律

1 年发生 1 代，以初龄若虫在树干和主侧枝裂缝、翘皮下越冬。梨树萌动时越冬若虫开始出蛰，先在越冬部位附近取食为害，然后逐渐分散到树梢上为害。6 月间羽化为成虫，为害新梢和果实。8、9 月间成虫交尾产卵于树皮裂缝内，卵期 7~10 天。若虫孵出后经短期为害，然后潜入越冬场所越冬。

成虫和若虫在气温高时有群居习性，常聚集于树枝阴面静止不动,傍晚时再分散到树枝上取食为害。

防治方法

基础性防治措施

(1) 针对该虫以初龄若虫在树干和主侧枝裂缝、翘皮下越冬的习性，冬季刮老翘皮,杀灭越冬若虫。

(2) 夏天白天捕杀聚集于枝条阴面的成虫、若虫。

(3) 6月以后巡查梨园，发现卵块及时消灭。

无公害食品果园防治技术

参照茶翅蝽。

绿色、有机食品果园防治技术

果实套袋。

二、叶螨类（附 瘿螨）

叶螨是一类体躯微小、口器为刺吸式的动物，属于蛛形纲蜱螨目叶螨科。叶螨刺吸叶组织的汁液，破坏叶绿素，使叶片上呈现失绿斑，严重时叶片焦枯，造成提早落叶。我国苹果、梨的叶螨主要有山楂叶螨 *Tetranychus viennensis* Zacher、苹果全爪螨 *Panonychus ulmi* (Koch)、二斑叶螨 *Tetranychus urticae* Koch、李始叶螨 *Eotetranychus pruni* (Oudemans)、果苔螨 *Bryohia rubrioculus* (Schenten) 等。其中尤以前3种分布较广，为害较重。上世纪60~70年代不少结果果园叶螨的为害超过食心虫和食叶害虫。

自上世纪50年代到现今的60年中，我国苹果、梨叶螨的种群数量发生了明显的变化，这种变化与果园病虫害防治方法及药剂种类的变化有明显的相关性，从此也可窥见我国落叶果树病虫害防治技术的进步，并警示果园管理者一定要记取经验教训，合理用药，避免叶螨再度猖獗。

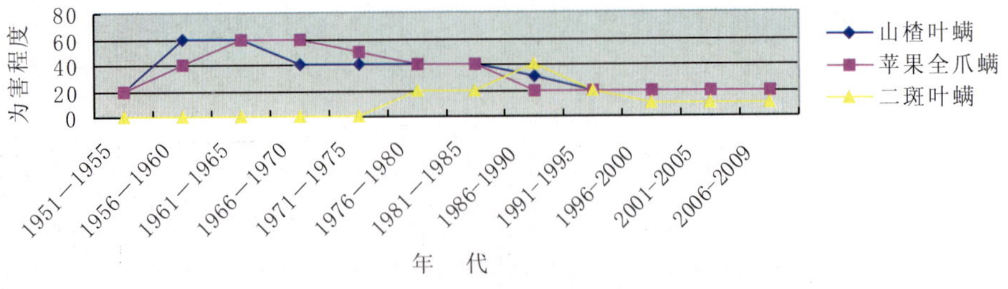

环渤海果区果树叶螨种群的变化

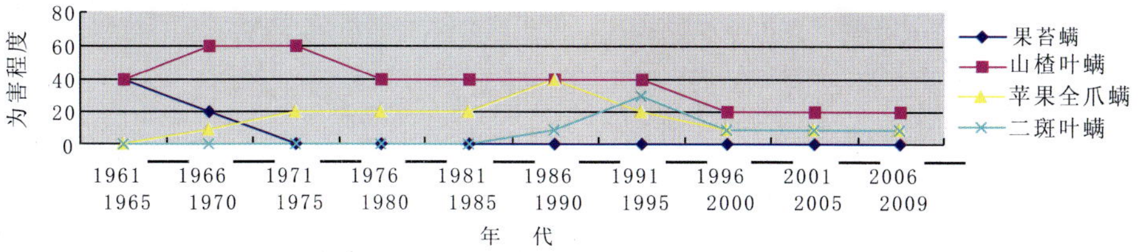

西北黄土高原果区果树叶螨种群的变化

山楂叶螨

学名 *Tetranychus viennensis* Zacher

山楂叶螨是苹果园、梨园为害最普遍的一种叶螨，也是发生历史较久的一种叶螨。

田间诊断

雌成螨红色至暗红色，卵圆形，体背前方稍隆起。卵橙黄色乃至黄白色，圆球形。被害叶片呈现失绿斑，严重时在叶片背面甚至正面吐丝拉网，叶片焦枯，似火烧状。

形态特征

雌成螨体长 0.53 mm，宽 0.32 mm，长圆形，体背有 26 根刚毛，分成 6 排；4 对足，淡黄色，长度比体长短。越冬型雌成螨朱红色，有绢丝光泽；夏型雌成螨红色至暗红色。雄成螨体长 0.45 mm，宽 0.25 mm，从第 3 对足基部起向后方逐渐变细，末端尖削，体背两侧有黑绿色斑纹。卵圆球形，雌螨前期产的卵橙红色，后期产的卵橙黄色至黄白色。幼螨初孵出时圆形，黄白色，取食后渐变为卵圆形，淡绿色，3 对足。若螨 4 对足；前期若螨体背开

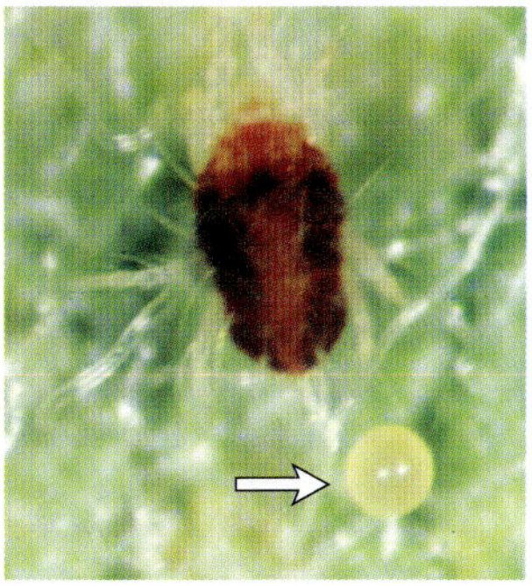

雌成螨和卵

为害状

山楂叶螨

始出现刚毛，两侧露出明显的黑绿色斑纹；后期若螨个体较大，可以区分性别；雌性后期若螨近似雌成螨，卵圆形，翡翠色，背部黑斑极明显；雄性身体末端较细。

发生规律

我国北方苹果产区1年发生6~9代，中部果区可发生10代左右，陕西中部1年发生6~10代。年发生代数的多少受当地当年气温和空气湿度的影响，5~8月高温、干燥年份发生世代多，冷凉、潮湿年份发生代数较少。

以受精的冬型雌成螨在树皮裂缝、老翘皮下越冬，有时也可在根颈周围土壤缝隙内、落叶下、杂草间越冬。苹果花芽萌动后开始出蛰，春季气温上升平稳的地区和年份出蛰较整齐，持续时间较短，高峰明显；春季气温不稳定的地区和年份出蛰不整齐，持续时间长，高峰不明显。一般情况下，苹果显蕾后至开花前是其出蛰盛期，也是防治的关键时期之一。随着气温的升高，发育速度加快，收麦以前是其数量积累阶段；收麦以后因高温干旱季节的来临，群体数量急剧增加，形成发生和为害高峰。8月中、下旬后，天气转凉，雨水增多，导致繁殖速率降低，为害趋向缓和，此时，严重受害果园树体营养状况恶化，促使该螨陆续出现冬型雌成螨，开始越冬。

山楂叶螨行动不太活泼，一般在叶背为害，吐丝拉网，数量多时可扩散到叶面和果实上。近距离传播主要靠吐丝、随风飘移，远距离传播则随苗木或果品运输。

山楂叶螨分布广泛，繁殖力强，1年多代，对不良环境条件的适应力强，这是其可能大发生的内因。但是否大发生，与一定的气候条件和外部干扰有关，高温干旱的气候是促使其大发生的重要气候因素。日平均气温为16.1~25.3℃时，完成1代需23.3天，而在24.2~29.5℃时，完成1代只需10.4天。在平均气温为24~26℃的6、7、8月，每月可繁殖2~3代。因此高温干旱的7、8月是果树受害最重的时期。

研究结果表明，山楂叶螨在不同苹果品种上的生长发育和繁殖速度有差距，所以在田间表现为红星类苹果受害最重，秦冠受害较轻。

不合理使用农药是重要的外来干扰因素，主要会带来以下3种不良后果：

（1）杀伤天敌。果园内有多种捕食叶螨的天敌，如深点食螨瓢虫、束管食螨瓢虫、陕西食螨瓢虫、小黑花蝽、塔六点蓟马、中华草蛉、晋草蛉、丽草蛉、隐翅甲、拟长毛钝绥螨、东方钝绥螨、普通盲走螨等，在自然条件下，益害之间通常可以保持一种动态平衡，不合理地使用化学农药会杀死这些天敌，破坏这种生态平衡，造成叶螨猖獗为害。

(2) 使用某些农药后会对叶螨的生理、生殖和行为产生影响，从而导致叶螨的猖獗。例如某些种类的拟除虫菊酯类农药会刺激叶螨的繁殖，促使雌性比例增高，延长成螨的寿命，推迟滞育的进程，增加滞育卵的数量。或者，由于喷了这些药剂，驱赶了叶螨，使叶螨被动分散，转移到叶螨较少的部位，反而改善了叶螨的营养条件，有利于叶螨的生存和繁殖。

(3) 长期反复地使用同一种或同一类型的农药，可以促使叶螨抗性种群的形成。我国不少果区在上世纪 70~80 年代已发现，山楂叶螨对有机磷及有机氯的老品种农药，如内吸磷、对硫磷、乐果、三硫磷、敌敌畏及三氯杀螨醇等产生了不同程度的抗性。

预测预报

1. 越冬雌成螨出蛰上芽为害期预报

在果园内按对角线 5 点取样法选定 5 个点，每点附近选定 1 株长势中庸的富士品种树为调查树。从苹果树芽萌动开始，每隔 2 日调查 1 次，每次每树在树冠东、南、西、北以及内膛等 5 个方位的外围偏内部位，各随机调查 4 个短枝顶芽，每株调查树查 20 个芽，5 株树合计 100 个芽，统计上芽的越冬雌成螨数。调查工作到开花时结束，将结果填入下表。

山楂叶螨越冬雌成螨出蛰上芽为害表

调查树		调查日期				
		月 日	月 日	月 日	月 日	月 日
1	东					
	西					
	南					
	北					
	中					
2	东					
	⋮					
合计上芽螨数						
平均每芽螨数						

每芽平均有越冬雌成螨 2 头时，即应进行防治。

2. 发生量预测预报

在具有代表性的果园内采用对角线取样法，选定 5 个调查点，每点附近选定 1 株长势中庸的富士品种树为调查树。从 5 月上旬开始每隔 2~4 日调查

1次。每次调查在每株调查树树冠的东、南、西、北、中5个方位各随机采枝条中部叶片2张，每树10张叶片，用放大镜或立体显微镜调查统计山楂叶螨活动态（幼、若、成螨）数量和各种天敌活动虫态（幼虫、若虫、成虫）数量，将调查结果填入下表。

山楂叶螨发生量调查表

树号	方位	活动态螨			天敌(注明虫态)				
		成螨	若螨	幼螨	瓢虫	草蛉	蓟马		
1	东								
	西								
	南								
	北								
	中								
2	东								
	⋮								
合计									
平均每叶活动螨及天敌数									
害益比									

调查日期　　年　月　日

统计平均每叶活动态螨数及益害比例。6月以前平均每叶活动态螨数达3~5头时即应发出预报，需要进行药剂防治；6月以后平均每叶活动态螨数达7~8头时才需要进行药剂防治。不过，害益比大于1:50时可暂时不进行药剂防治。

防治方法

基础性防治措施

注意防治其他病虫害时做到合理用药，防患于未然。不用对天敌杀伤力强的广谱农药，要慎用有机磷农药及不能兼治叶螨的拟除虫菊酯类农药，以避免杀伤天敌。要严密监测，及时防治，控制为害。

对于叶螨防治，喷药质量的好坏与防治效果关系极为密切，尤其在螨量大时更为要紧，遗漏少许即可酿成后患。喷药必须细致周到，树冠上下内外、叶片正反面均应喷到。

无公害食品果园防治技术

(1) 开花前后喷5%噻螨酮（尼索朗）乳油1500~2000倍液。

(2) 套袋以前（陕西中部在5月上、中旬，渭北和陕北地区在6月上、中旬）喷24%螺螨酯（螨危）悬浮剂4000~6000倍液，或20%四螨嗪（螨死净）3000倍液，或20%哒螨灵（扫螨净）4000倍液。

(3) 必要时套袋以后再喷1次24%螺螨酯（螨危）悬浮剂4000倍液。

绿色食品（A级）果园防治技术

开花前后可以选用在温度较低的情况下可以发挥药效的5%噻螨酮（尼索朗）2000倍液。

套袋前后喷20%双甲脒乳油1000倍液，或24%螺螨酯（螨危）悬浮剂5000倍液。

有机食品、绿色食品（AA级）果园防治技术

(1) 在越冬数量很大时，苹果、梨树发芽前喷1次3~5°Bé石硫合剂，芽萌动初期喷95%矿物油乳剂300倍液。

(2) 苹果、梨树显蕾后至开花前喷1次0.5°Bé石硫合剂或50%硫悬浮剂200倍液，落花后喷10%浏阳霉素1000倍液。

(3) 套袋以后如果仍未控制为害，可喷0.05°Bé石硫合剂，这是一种有效、廉价的选择。只要喷洒周到，可以彻底杀死树上的成螨、若螨及幼螨，只是石硫合剂不杀卵，为此，间隔1周连续再喷1次，即可达到理想的效果。

苹果全爪螨

学名 *Panonychus ulmi* (Koch)

苹果全爪螨又叫苹果叶螨、苹果红蜘蛛。广泛分布于辽宁、山东、河北等渤海湾果区，我国西北苹果产区过去只是个别果园、个别年份发生较重，近年来陕西中部和渭北局部地区常与山楂叶螨混合发生，有些果园已成优势种，而且这种势头还在扩大，应高度重视，及时控制为害。该螨在美国、欧洲、日本等地为害也十分严重。

田间诊断

苹果全爪螨为害叶片，出现黄褐色失绿斑点，受害严重时叶片灰白，硬、脆，但无吐丝拉网现象，一般不落叶。春季为害嫩芽，幼叶干黄、焦枯，严重影响展叶和开花。

形态特征

雌成螨0.3~0.4 mm，体卵圆形，深红色，比山楂叶螨稍小；体背隆起，

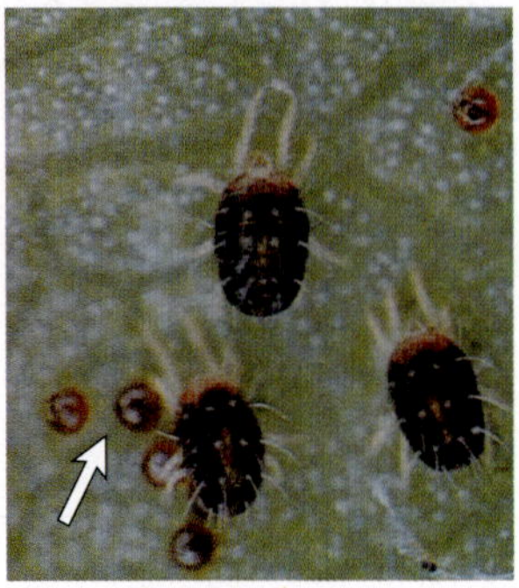

雌成螨和卵

苹果全爪螨

为害状

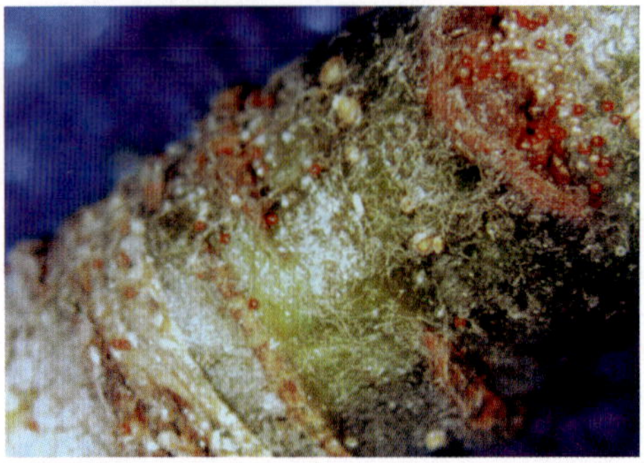

越冬卵

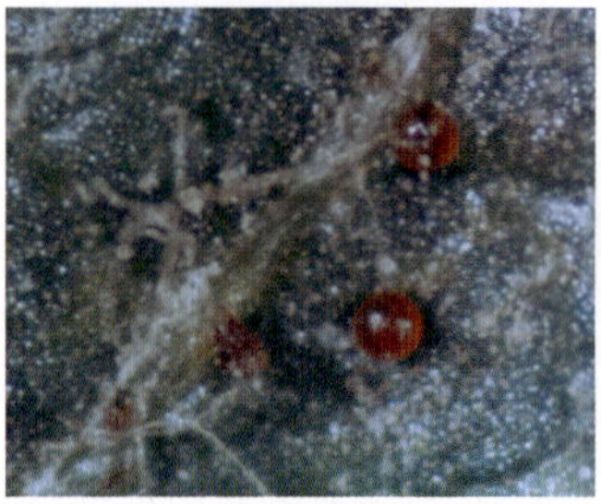

卵

有 13 对着生在极明显的白色瘤状突起上的刚毛。卵葱头形，顶部中央有 1 根细毛；夏卵橘红色，冬卵深红色。从冬卵孵出的幼螨淡红色，取食后为暗红色；从夏卵孵出的幼螨淡黄色，渐变为深红色或深绿色。若螨体色接近成螨。

发生规律

以卵在短果枝、果台和 2 年生以上小枝上越冬，年发生代数因地而异，辽宁 6~7 代，山东、河北 7~9 代。苹果开花以前卵孵化。卵孵化的进程受气温影响，气温高且平稳，卵孵化集中；气温低、且变幅大时，卵孵化较晚，延续时间长，且高峰不集中。

幼螨、若螨主要在叶背为害，静止期多在叶背基部的主、侧脉两侧固着。雌成螨活跃，活动于叶片正反面。一般不拉丝结网，

在为害严重、群体密度过大、寄主营养状况不良时也可吐丝下垂，随风飘移扩散。

影响苹果全爪螨猖獗的因素与山楂叶螨相似，所不同的是苹果全爪螨生活力更强，更容易产生抗药性，因此防治难度更大。

预测预报

1. 越冬卵孵化期预测预报

选择具有代表性的果园，在其中选定生长势中庸、越冬卵较多的树 5 株作为调查树，在每株树的树冠外围 4 个方位及内膛各选定 1 个小枝，从每小枝上截取有 50~100 粒越冬卵的长约 5 cm 枝段，并精确统计越冬卵数，剪口用白漆封闭，5 个枝段固定于 1 块 10 cm×10 cm 的白色小木板上，周围涂凡士林，宽约 1 cm，将小木板固定在该调查树主干上。刮风或下雨后要注意检查凡士林环粘着力是否下降，必要时应加涂凡士林。从苹果树芽萌动初期(渤海湾果区在 4 月上、中旬、西部黄土高原果区 3 月上、中旬) 开始每天早晨进行调查，计数粘在凡士林环上的初孵幼螨数，然后用小针剔除，以免下次调查重复，结果填入下表，统计越冬卵累计孵化率。当累计卵孵化率达 50%时发出预报，要求及时喷药防治。

苹果全爪螨越冬卵孵化进度调查

树号	总卵数	孵化卵数			
		月　月	月　月	月　月	月　日
1					
2					
3					
4					
5					
合计					
累计卵孵化率					

2. 发生量预测预报

参照山楂叶螨。

防治方法

基本上可参照山楂叶螨。

无公害食品果园防治技术

鉴于该螨以卵越冬，消灭越冬卵是防治该螨的关键。春季苹果、梨芽萌动后至开花前，气温一般比较低，而且波动较大，此时用 5%噻螨酮 (尼索朗) 乳油 2000 倍液，杀卵和幼、若螨效果不错，落花后则改用 24%螺螨酯 (螨危) 悬浮剂 4000~6000 倍液，或 20%四螨嗪 (螨死净) 3000 倍液等。

绿色食品 (A 级) 果园防治技术

参照山楂叶螨。

有机食品、绿色食品（AA 级）果园防治技术

参照山楂叶螨。

果苔螨

学名 *Bryobia rubrioculus* (Scheuten)

果苔螨即原称的苜蓿红蜘蛛，是管理较粗放的苹果、梨园里的一种害螨。大多数经常使用化学农药的果园已很难见到其踪迹。

田间诊断

叶片受害呈现失绿斑点，严重时叶色苍白，但一般不造成落叶。冬春季在果树的枝条阴面、枝杈、果台、叶痕、剪锯口等处可以看到密密麻麻、暗红色的越冬卵。

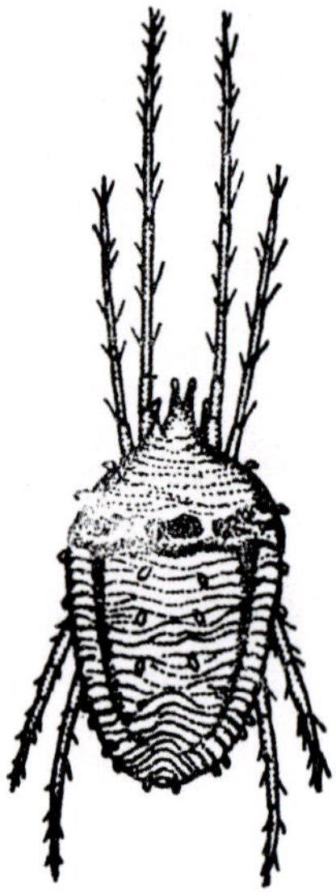

果苔螨

形态特征

雌成螨椭圆形，长 0.5~0.6 mm，宽 0.45 mm，体扁平，体前端有 4 个叶突，其上各有 1 根扇状刚毛，体侧缘至后缘有明显的沟，沟外侧扁平，略上翘，并有波状横皱，像饺子边，体背有横向波状皱纹，着生 16 对扇状刚毛，第 1 对足超过体长。卵圆球形，越冬卵暗红色，夏卵红色。

发生规律

以卵在枝条阴面、枝杈、果台、叶痕、剪锯口等处越冬，陕西中部 1 年发生 4~6 代。苹果树发芽时越冬卵开始孵化，初花时达孵化盛期。西北地区春季气温常不稳定，时暖时冷，导致越冬卵孵化进程不集中，延续很长时间，给防治带来困难。4 月下旬出现越冬代雌成螨，5 月中旬为害趋重，全年为害的高峰在 6、7 月。越冬卵出现的早晚受寄主营养状况影响，寄主营养状况差时 5、6 月即会出现越冬卵，寄主营养状况正常时，10 月以后才出现越冬卵。该螨习性活跃，爬行迅速，喜在光滑的叶面为害，不吐丝拉网。未发现雄螨，雌成螨营孤雌生殖。

防治方法

参照山楂叶螨和苹果全爪螨的防治。

二斑叶螨

学名 *Tetranychus urticae* Koch

二斑叶螨是一种分布于温带和亚热带的重要叶螨，是欧美和日本等国家落叶果树和常绿果树的大敌，近10多年来我国北方落叶果树区相继发生严重为害的情况，梨、苹果、桃等多种果树均受害。受害树提前落叶，当年果实发育不良，严重者造成秋季发二次叶，甚至开二次花，削弱树势，影响次年的产量。陕西自20世纪90年代中期首先在中部的眉县、周至、礼泉等地发现，近来严重为害的情况有所缓和，但仍要注意严加防范。

田间诊断

为害初期该螨多聚集在叶背主脉两侧，所以受害叶片初为叶脉两侧失绿，以后逐步全叶焦枯。虫口密度大时，叶面上结薄层白色丝网，或在新梢顶端群聚成“虫球”。

形态特征

雌成螨卵圆形，长0.42~0.52 mm，宽0.30~0.32 mm，身体乳黄色或黄绿色，越冬型为橙黄色；体背两侧各有1块明显的黑斑。雄成螨略小，长0.36~0.41 mm，宽0.19~0.22 mm，体末尖削，体色与雌成螨相近，体背也有1对黑斑。卵圆球形，初产时白色，近孵化时乳黄色。该螨的形态特点是：体色不同于多数害螨的红色，而为黄白色或黄绿色，因此果农称之为“白蜘蛛”。

发生规律

二斑叶螨以受精的越冬型雌成螨在果树根颈部、翘皮、裂缝、杂草根部、

雌成螨和卵

雄成螨

二斑叶螨

二斑叶螨若螨（雌）

若螨（雄）

越冬雌成螨

初期被害叶

为害状

受害落叶状

落叶下越冬。次年3月上旬，在地上越冬的雌成螨开始出蛰，集中在宿根杂草——泥糊菜、荠菜、苦菜等——上活动，出蛰盛期在3月下旬，4月上、中旬陆续上树为害。在树上越冬的雌成螨于3月下旬开始出蛰，盛期在4月上、中旬，出蛰后直接上树为害。4月中旬开始发生第1代卵，盛期在4月下旬。5月上旬出现第1代成螨，以后世代重叠现象明显。全年发生10代以上。进入9月由于气温降低，繁殖速度减缓，加之寄主营养条件恶化，开始出现越冬型雌成螨。10月后陆续潜入越冬场所。

二斑叶螨的发生具有以下特点：

(1) 寄主范围广，食性杂。除为害多种果树外，还为害农作物、蔬菜、花卉、药用植物、林木和杂草。

(2) 生长速度快，繁殖能力强，竞争取代能力强。它的生长发育速度比山楂叶螨和苹果全爪螨快，年发生代数也多。二斑叶螨在与山楂叶螨及苹果全爪螨混合发生的情况下，其竞争能力处优势，因此不需太长的时间可能会逐步取代竞争对手而成为优势种。

(3) 抗药力强。二斑叶螨对防治其他叶螨有效的多种杀螨剂具有抗药性，更增加了防治的难度。

(4) 多发生于果树栽培历史较久、历年使用化学农药较多的果园。

(5) 受害果园多为密植栽培，周边多有绿篱、树木，果园内杂草较多，果园内外多种有蔬菜、玉米、棉花等作物，果园生态环境比较复杂。

(6) 多发生在交通比较方便的地区。

预测预报

1. 越冬雌成螨出蛰期预测预报

在具有代表性、上年发生重的果园，按对角线取样法选定5个调查点，每点附近选根颈部有萌蘖的富士品种树2株，每树只保留1根萌蘖，其余剪除。萌蘖萌芽前（各地时间不同，约在2月下旬至3月上、中旬）开始进行调查，到开花时结束。每天调查1次，每次调查用放大镜仔细检查各萌蘖的所有新叶和茎干上的二斑叶螨出蛰越冬雌成螨，发现后记数，用针剔除。结果填入下表。

连续3日发现有出蛰雌成螨时发出预报，进行喷药防治。

二斑叶螨越冬雌成螨出蛰调查

树号	出蛰越冬雌成螨数				
	月　日	月　日	月　日	月　日	月　日
1					
⋮					
10					
合计					

2. 第一代卵孵化期预测预报

参考苹果全爪螨。

3. 发生量预测预报

参考山楂叶螨。

防治方法

基础性防治措施

(1) 严密监控虫情。在尚未发现该螨为害的地区，应定期普查。同时严防外来苗木、果品等传带该螨侵入未发生地区，避免从已发生该螨的地区调入苗木。如果苗圃附近曾有二斑叶螨为害，起苗前务必周到地喷 1 次杀螨剂，如噻螨酮 (尼索朗)、四螨嗪 (螨死净)、螺螨酯 (螨危) 等。

(2) 果园病虫防治应做到有的放矢，合理用药，保护天敌。尽量避免因滥用农药、杀伤天敌而导致叶螨猖獗为害。不用或少用对天敌杀伤力强的广谱有机磷农药和不具杀螨作用的菊酯类农药。

(3) 除尽杂草，园内尽量不间作蔬菜及豆科作物。不要用棉槐、刺槐等做果园绿篱，已经栽植且暂时不便去除的，喷药时要同时喷洒。

(4) 果实成熟前在主干部位束草诱集越冬螨，冬季解下集中烧毁。冬季挖开根颈周围 20 cm 的土层，检出并集中烧毁须根杂草和覆草。

绿色食品 (A 级) 果园防治技术

参照山楂叶螨。

有机食品、绿色食品 (AA 级) 果园防治技术

参照山楂叶螨。

梨潜叶壁虱

学名 *Eriophyes pyri* (Pagenstecher)

梨潜叶壁虱也叫梨叶肿壁虱、梨瘿螨，是一种瘿螨。为害梨树叶片，严重时会引起叶片脱落。梨树的叶柄、果柄及幼果也会受害。苗圃内的梨苗也易受害。

田间诊断

为害梨树嫩叶而造成许多淡绿色小疱疹，其颜色逐渐变为红色、褐色，最后变为黑色。根据这样的害状可以确认。

形态特征

该种瘿螨身体蠕虫形，个体很小，只有借助显微镜才可以观察到。雌螨

梨潜叶壁虱为害叶 (背面)

为害叶 (正面)

体长 1.4~1.9 mm，雄螨约 1.6 mm。淡黄色，腹部有腹环 80~90 个，每节腹环上均有椭圆形微瘤。

发生规律

1 年发生多代，以成螨在梨树芽鳞片上越冬。梨树展叶后出蛰，成螨从叶片气孔侵入，并引致疱疹状叶肿。侵入叶内的成螨在叶组织内产卵，卵期约 7 天，孵出的幼螨在叶内扩大为害。9~10 月成螨脱出叶片潜入芽鳞内越冬。

防治方法

无公害、绿色、有机食品果园防治技术

抓住越冬成螨出蛰前或出蛰期喷药防治，不让其侵入叶内，喷药的关键时间在梨树萌动前至芽萌动初期 (芽膨大，有少量露白时)。可喷布 3°Bé 石硫合剂，50%硫悬浮剂 200 倍液，含油量为 95%的机油乳剂 200 倍液。开花以前还可以再喷布 1 次 0.5°Bé 石硫合剂。

三、刺吸口器害虫

苹果绵蚜

学名 *Eriosoma lanigerum* Hausm

苹果绵蚜分布于世界 70 多个国家和地区，原产于北美，后传至欧洲和亚洲的日本、朝鲜，再从朝鲜传入我国，分布于辽宁的大连和复县以南地区，山东的烟台、青岛和蓬莱等地，云南的昆明、禄丰、剑川等地，西藏的拉萨罗布林卡、波密县、亚东县等地。近年来在河南、江苏、河北、陕西、天津等地苹果产区为害已十分普遍。寄主植物以苹果为主，还有山楂、海棠、沙果、花红、山荆子、梨属、洋梨、栒子属、美洲榆等。

田间诊断

该虫集中于枝干上的剪锯口、病虫伤口、裂皮缝、新梢叶腋、短果枝、果柄、果实的梗洼和萼洼以及根部为害，被害部位附着蚜虫和寄主组织受刺激形成的肿瘤，其上覆盖着大量的白色絮状物，十分容易识别。挖开受害植株浅层根部也可见该虫为害根系形成的根瘤。受害后树体发育不良，长势衰弱，产量降低。叶柄变黑、叶片粘附蚜虫分泌物，影响光合作用，甚至造成提早落叶，果实受害发育受阻，品质下降。受害严重时甚至危及树体的存亡。

苹果绵蚜为害状之一

为害状之二

为害状之三

锯口缝隙里的苹果绵蚜

形态特征

无翅孤雌蚜卵圆形，长 1.7~2.1 mm，宽 0.93~1.3 mm，黄褐色至红褐色，

白色絮状物下面的苹果绵蚜群体

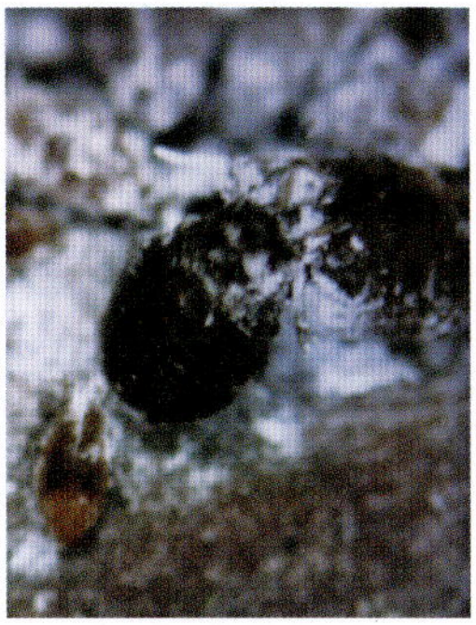

胎生雌蚜

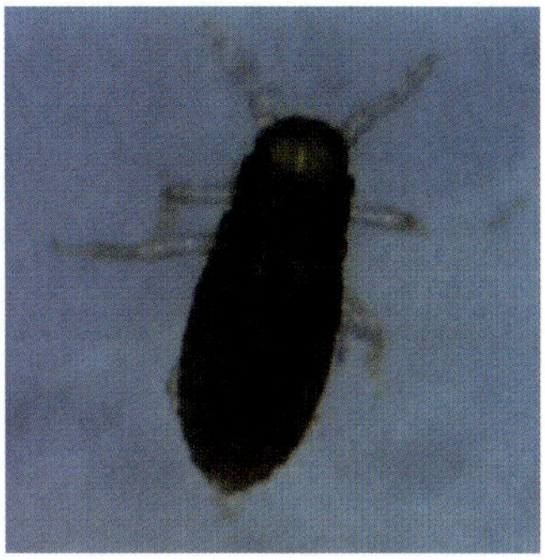

若蚜

身体背面有大量白色蜡毛；复眼由3个小眼组成；触角6节，粗短；口器粗，长达后足基节；腹管黑色，半环形，周围有短毛11~16根；尾片小于尾板，馒头状。有翅孤雌蚜椭圆形，长1.8~2.3 mm，宽0.90~0.97 mm，头胸部黑色，腹部橄榄绿色，体被白粉；翅透明，前翅中脉有1个分枝，后翅有3根翅脉。

发生规律

该虫在我国仅以孤雌生殖方式繁育后代，属不全周期生活史型。在辽宁大连1年发生13~14代，山东青岛17~18代，西藏拉萨发生7~23代，以1~2龄若虫在枝干伤口、粗皮裂缝、剪锯口及浅层根部越冬。春季气温达7.5℃~8℃时（当地3月下旬至4月中旬），越冬若虫开始活动，气温达11℃左右时，越冬若虫转移到嫩梢上为害、生长发育，并进行孤雌生殖。年均气温在16℃左右时，种群数量大。大连5月至7月上旬为繁殖盛期，此后由于气温高和天敌的抑制，数量减少，直至9月中旬至10月由于气温合适，加之寄生蜂数量减少，又形成第2个数量高峰，一直到11月随着气温下降而逐渐进入越冬状态。

全年发生2次有翅孤雌蚜，第1次在5月下旬至6月下旬，第2次在8月下旬至10月中旬。其中以第2次发生量大，其后代全为胎生有性雌、雄蚜，但自然死亡率极高，所以田间并未发现越冬卵。

蚜虫的自身爬行和有翅蚜的飞翔可起近距离扩散作用。果园作业人员的携带是近距离传播的又一途径。该虫的远程传播途径主要是苗木和接穗的调运，另外果实及其包装物也是重要的虫载体。

苹果绵蚜的重要天敌是日光蜂 *Aphelinus mali* Halderman，20世纪50年代我国从国外引进日光蜂控制苹果绵蚜，曾取得很好的效果。

另外，在云南该虫的捕食性天敌有七星瓢虫 *Coccinella septempunctata*、

二双斑唇瓢虫 *Chilocorus bijugus*、大草蛉 *Chrysopa septempunctata*、黑带食蚜蝇 *Syrphus balteatus*、异色瓢虫 *Leis axyridis*、黑条长瓢虫 *Macronaemia hauseri*、黄缘小巧瓢虫 *Oenopia sauzeti*、六斑月瓢虫 *Menochilus sexmaculata*、白条菌瓢虫 *Halyzia hauseri*、多异瓢虫 *Adonia variegata*、十一星瓢虫 *Coccinella undecimpunctatahe* 等。在西藏苹果绵蚜的天敌有土纹食蚜蝇 *Erifalomyia fenarx*、三条突额食蚜蝇 *Mesembrius flewipes*、灰背羽毛食蚜蝇 *Eisfales cerealis* 等。

防治方法

基础性防治措施

(1) 不要从发生地调运苗木、接穗及其他繁殖材料，杜绝通过果品运输渠道扩散蔓延。

(2) 休眠期仔细刮除枝干粗、老、翘皮，然后用麻袋片磨刷枝干，杀灭越冬若虫。

无公害食品果园防治技术

(1) 树盘内撒施辛硫磷颗粒剂，或喷 40.7%氯吡硫磷 (毒死蜱、乐斯本) 300 倍液，喷撒后浅耙入土。

(2) 春季 (4~5 月) 和秋季 (8~9 月) 连续交替使用 70%吡虫啉 (艾美乐) 水分散剂 6000 倍液或 5%吡虫啉 (蚜虱净) 乳油 3000 倍液，或 40%蚜灭多乳油 1000~1500 倍液，或 40.7%氯吡硫磷 (毒死蜱、乐斯本) 1500~2000 倍液喷雾，共喷 3~4 次。

绿色食品、有机食品果园防治技术

苹果、梨发芽前喷 95%的机油乳剂 100 倍液。

绣线菊蚜

学名 *Aphis citricola* van der Goot

绣线菊蚜又叫苹果蚜、苹果黄蚜，俗称“腻虫”“油汉”。分布广泛，寄主植物除苹果、梨外，还有沙果、海棠、木瓜、山楂、山荆子及绣线菊科植物。

田间诊断

为害新梢和嫩叶，被害叶片向下方弯曲或稍横卷，密布黄绿色的蚜虫和白色的蜕皮，严重时影响新梢生长，叶片早落。

绣线菊蚜为害苹果梢

梨被害梢

绣线菊蚜

雌蚜

形态特征

无翅胎生雌蚜长卵圆形，体长 1.4~1.8 mm，黄色至黄绿色，头淡黑色，复眼、口器黑色，触角比身体短，尾片、腹管黑色，尾片有毛 9~13 根；有翅胎生雌蚜体形稍长，翅透明，翅脉黑色、明显，触角 6 节，第 3 节感觉圈 5~10 个，第 4 节 0~4 个；产卵雌蚜，后足胫节明显膨大，有多个伪感觉圈。卵椭圆形，漆黑色。

发生规律

1 年发生 10 多代，以卵在枝条裂缝、芽苞附近越冬。苹果树发芽时卵孵化，约经 20 天左右孵化结束，5~6 月春梢抽发期为害最重，6~7 月出现有翅蚜，扩散为害，10~11 月产生有性蚜，交尾后产卵越冬。

自然情况下蚜虫的天敌种类丰富，数量多，主要有多种瓢虫、草蛉、食蚜蝇、蚜茧蜂、蚜小蜂等。一般情况下果园附近油菜、小麦收割后，其上的天敌会迁飞到果园，苹果、梨树上蚜虫的天敌数量剧增，随之蚜虫数量骤减，为害趋轻。近年不少地方该虫为害严重，药剂防治不易奏效，与滥用农药，该虫对药剂产生抗性有关。蚜虫数量很多时会转移到老叶和幼果上为害，成为近年来部分果区果实套袋前不得不认真对待的问题。

防治方法

基础性防治措施

注意合理用药，苹果和梨树开花以后到油菜、小麦收割前后不喷对天敌杀伤力大的广谱农药，尽量发挥天敌的作用。

无公害食品果园防治技术

如果蚜虫量很大，为了保证苹果、梨树正常生长和果实套袋，发芽以后到开花以前，以及套袋以前可适当进行喷药防治。可选用70%吡虫啉（艾美乐）水分散剂6000倍液，或5%吡虫啉（蚜虱净）乳油2000~3000倍等。

绿色食品、有机食品果园防治技术

果树发芽前结合防治螨类和蚧类，喷95%的机油乳剂100倍液，杀灭越冬卵。

苹果瘤蚜

学名 *Myzus malisuctus* Matsumura

苹果瘤蚜是为害苹果、梨的又一种重要的蚜虫，分布十分广泛，寄主植物还有沙果、海棠及山荆子等。

苹果瘤蚜为害状

田间诊断

被害叶片向背面纵卷成筒状，叶片正面皱缩，叶色发红以至干枯；枝条节间缩短，并逐渐干枯，影响枝条的生长和花芽的形成。

形态特征

虫体绿褐色或红褐色，头部背面无颗粒，腹管有深锯齿，近基部膨大，生殖板后端凸出。

发生规律

1年发生10多代，以卵在当年生枝条的芽缝里、芽腋基部及剪锯口等部位越冬。苹果、梨树发芽时卵孵化，比绣线菊蚜稍早。5月下旬至6月中旬发生有翅蚜，迁飞扩散为害，苹果、梨秋梢亦会被害，出现纵卷害状。10月下旬产生有性蚜，交尾、产卵越冬。

苹果瘤蚜在果园内往往是呈零星分布，先在局部植株上为害，再逐渐扩散蔓延，所以应及时挑治，控制蔓延。苹果瘤蚜为害叶片形成的卷筒很紧，蚜虫隐蔽其中，防治比较困难，因此应掌握在发生初期喷药，才能获得理想的防治效果。

防治方法

参阅绣线菊蚜。

梨二叉蚜

学名 *Schizaphis piricola* (Mats.)

梨二叉蚜也叫梨蚜、梨腻虫,是为害梨树的一种常见蚜虫。

田间诊断

初期先在叶片主脉附近为害,被害叶片向正面纵卷呈筒状，以后叶片皱缩、变脆，严重时引起落叶。

形态特征

无翅胎生蚜长约2 mm，绿色，体被有白色蜡粉；有翅胎生蚜略小，灰绿色。卵椭圆形。若蚜与无翅胎生蚜相似，体较小，绿色。

发生规律

1年发生10多代，以卵在梨树芽腋间或小枝裂缝处越冬。梨树发芽时越冬卵孵化为暗绿色的无翅“干母”，群集在刚萌动的梨芽上为害。梨树开花展叶时，行胎生繁殖，数量激增，为害嫩叶，开花以后是受害最重的时期。5月中、下旬被害叶片开始干枯，由于营养条件的恶化，除了徒长枝上嫩叶及根颈处发出的萌蘖枝

梨二叉蚜为害状

尚有部分受害外，已很少见其踪迹，此时该虫的有翅蚜飞离梨园，转移到一种杂草——狗尾草——上越夏。9~10月间又在狗尾草上形成有翅蚜飞回梨树上继续为害、繁殖，10月底至11月产生有性蚜，交尾后产卵越冬。

防治方法

无公害食品果园防治技术

蚜虫为害初期尚未卷叶时，选用70%吡虫啉（艾美乐）水分散剂8000倍液，或10%吡虫啉（蚜虱净）可湿性粉剂3000倍液，或20%氰戊菊酯（速灭杀丁、杀灭菊酯）乳油3000倍液，或50%抗蚜威（辟蚜雾）可湿粉2500倍液等。

此种蚜虫为害时间集中而短暂，为害严重，能否控制其为害的关键是及时防治，切不可等到见有明显受害状后再筹划防治，放“马后炮”，不但费时费力多花钱，而且往往也难以挽回受害损失。

绿色食品、有机食品果园防治技术

梨树发芽前结合防治叶螨或介壳虫，喷布含油量为95%的机油乳剂100倍液，可以兼杀蚜虫的越冬卵。

梨圆尾蚜

学名 *Sappaphis* sp.

梨圆尾蚜又叫梨吹粉蚜,是梨树开花前后为害的一种分布很广、常见的蚜虫。

田间诊断

在叶背为害，被害嫩叶变为紫红色，随叶片生长，被害部位组织肿胀、肥厚，形成虫苞，里面充满体被白色蜡粉的蚜虫和大量粉白色球状分泌物，严重时树冠下地面落满蚜虫的白色分泌物，后期被害叶枯死、脱落。

形态特征

无翅雌蚜卵圆形，长2.5 mm，宽1.7 mm，全体赤褐色，体被白色蜡粉。有翅雌蚜椭圆形，长2.5 mm，宽1 mm，头和胸部黑色，腹部淡色。

发病规律

1年发生10多代，以卵在梨树芽腋间或小枝裂缝里越冬。梨树发芽后稍晚时间，越冬卵孵化为无翅“干母”，在梨树嫩芽上为害。梨树开花、展叶时胎生繁殖大量若蚜，落花后在卷曲嫩叶背面的叶缘为害，形成众多的叶片肿

梨圆尾蚜为害状之一

为害状之二

胀。5月中、下旬被害叶片干枯，由于气温增高，加之寄主叶片老化或受害叶片干枯造成的营养条件恶化，产生大量有翅蚜迁飞到越夏寄主（1种茅草）上，10月下旬又迁回梨树，为害短时间，产生有性蚜，交尾产卵后越冬。

为害状之三

防治方法

参照梨二叉蚜。

梨黄粉蚜

学名 *Aphanostigma jakusuiensin* (Kishida)

梨黄粉蚜也叫梨黄粉虫，仅为害梨。

田间诊断

喜欢群集于梨果萼洼处，后期萼洼处变黑腐烂，果农们俗称为“黑屁子”。被害部与健部交界处龟裂，被害果易腐烂、脱落。虫量多时也会分散蔓延到果面。虫体聚集部位有成堆的“黄粉”，周围有褐色晕环。“黄粉”就是该虫的成蚜、卵及若蚜。擦去“黄粉”，可见果实表面凹陷的黄斑，渐变为黑疤。

梨黄粉蚜为害状之一

为害状之二

梨黄粉蚜及其卵

形态特征

成蚜倒卵圆形，长 0.7~0.8 mm，鲜黄色，无翅，无腹管。卵椭圆形，长 0.2~0.4 mm，黄色。若蚜体形与成蚜相似，但较小，淡黄色。

发生规律

1 年发生 8~10 代，以卵在梨树枝干翘皮、果台和潜皮蛾为害的翘皮下及枝干上的残附物内越冬。次年春季梨树开花时越冬卵孵化为若蚜，先在翘皮下刺吸汁液，然后变为成蚜产卵繁殖。卵孵化为若蚜后，6 月上、中旬转移至果实上，多群集于果实萼洼处为害、繁殖，也有部分聚集在梗洼和两果相接处，然后蔓延到果面上，果实接近成熟期受害最重。8~9 月出现有性蚜，交尾后转移到树干翘皮等处产卵越冬。成蚜活动能力差,喜在背阴处栖息为害。温暖、干燥的气候环境有利于发生。品种间受害程度有差异，一般萼片宿留的品种受害重，萼片脱落的品种受害轻。老树受害重，幼树受害轻。发生重的年份采收时梨果上常带有梨黄粉蚜，若不及时处理，在储藏、运输、销售等环节还会继续为害，引起梨果腐烂，造成损失。套袋的环境有利于该虫的繁殖，所以有该虫为害的果园，套袋以前应喷药控制该虫，袋口要扎紧，防止该虫钻入。

防治方法

基础性防治措施

冬春季刮除老翘皮，清除树体上的枯枝、残叶及病果，杀灭越冬卵。

无公害食品果园防治技术

果实套袋以前细致喷1次药。可以选用70%吡虫啉（艾美乐）水分散剂6000~8000倍液，或20%氰戊菊酯（速灭杀丁）乳油3000倍液，或5%顺式氰戊菊酯（来福灵）乳油4000倍液等。

绿色食品、有机食品果园防治技术

梨树萌动前，喷95%机油乳剂100倍液1次，杀卵。

梨木虱

学名 *Psylla chinensis* Yang et Li

梨木虱是梨园常见且为害十分严重的一种害虫。叶片是最常见的受害部位，新梢和叶柄也会受害，套袋果园果实受害常常较重，是果农十分头痛的问题，有的果农甚至套袋以后又解开袋子，喷药后再把袋子套上。

田间诊断

若虫常聚集于叶背主脉两侧为害，使叶片沿主脉向背面弯曲，呈匙状，叶片皱缩，甚至枯黄、变黑、脱落。幼龄若虫将叶片沿叶缘卷曲成筒状。受害部位虫体分泌的黏液在秋季湿度大时会引起煤污病，污染叶和果面，造成落叶，枝条和果实发育不良。

梨木虱初期为害状——叶缘卷曲

叶背虫体

形态特征

成虫体长 4~5 mm，黄绿色，胸部背面有 4 条红黄色或黄色的纵条纹，翅长椭圆形。卵长圆形，淡黄白色至黄色,两端钝圆，其中略粗的一端下方有 1 个刺状突出，固着于寄主组织里。初孵化若虫长椭圆形，扁平，淡绿色至淡黄色；3 龄以后翅芽膨大呈扇形，身体扁平。复眼均为鲜红色。

梨木虱成虫

卵

初孵化若虫

成熟若虫

发病规律

1 年发生 4~5 代,以成虫在树皮裂缝、杂草、落叶层中越冬。3 月上、中旬成虫开始活动、交尾，产卵于芽基部、短果枝叶痕等部位。4 月上旬卵开始孵化，初孵化若虫聚集于新梢、叶柄等处为害，也有把卵直接产于刚展开的幼叶上，呈线形排列。以后各代成虫多将卵产于叶柄、叶脉或叶缘锯齿间，孵出的若虫为害叶片。幼果的果柄、萼部及果面都可能有卵附着。套袋前如果不彻底杀灭，带入袋内的虫子由于袋内温度高、湿度大，繁殖速度更快，为害更重。果袋封口不紧也可能是梨木虱钻进果袋为害果实的另一个途径。10 月上、中旬出现最后一代成虫，并越冬。一般情况下干旱年份发生严重，大雨对其有冲刷作用，可以减轻为害。

防治方法

基础性防治措施

秋冬季清扫果园，刮老树皮，清除残枝、落叶、杂草，减少越冬成虫。

无公害食品果园防治技术

药剂防治应掌握一个“早”字。关键时间有 2 个：一个是落花 70%~80% 时，此时大部分卵已孵化，喷药后效果很好；另一个是套袋以前。

可以选用 24%螺虫乙酯（亩旺特）悬浮液 4000~5000 倍液，或 70%吡虫啉（艾美乐）水分散剂 6000~8000 倍液，或 5%吡虫啉（蚜虱净）乳油 2000 倍液等。

“亩旺特”是一种低毒的新药，试验结果表明防治梨木虱效果非常好，药后 7 天防治效果接近 95%，药后 15 天上升到 97.5%，远远高于目前生产上常用的吡虫啉类药剂，是防治梨木虱的非常有效的新药。“亩旺特”药效发挥比较缓慢，药后 3~5 天开始看到明显效果，要有耐心，但一旦起作用后，药效持久，只要在上述 2 个关键时期及时喷药，套袋以后树上很少能看见梨木虱的为害，与喷其他药剂形成明显的对比。

绿色食品（A 级）果园防治技术

落花 70%~80%和套袋前可喷 24%螺虫乙酯（亩旺特）悬浮液 4000~5000 倍液，或氯氰菊酯（安绿宝）10%乳油 2000 倍液，或氰戊菊酯（速灭杀丁）20%乳油 3000 倍液。

有机食品、绿色食品（AA 级）果园防治技术

落花 70%~80%和套袋前，各喷 1~2 次苦参碱 0.6%水剂 800 倍液，或茴蒿素 0.65%水剂 600 倍液。

梨圆蚧

学名 *Diaspidiotus perniciosus* (Comstock)

梨圆蚧又称梨笠圆盾蚧，分布广泛，寄主植物包括果树、林木计 150 余种，梨、苹果、枣、桃、李、杏、梅、核桃、樱桃、葡萄、柿、山楂等均被为害。

田间诊断

被害枝条可见大量密集的灰白色小点，生长衰弱以至干枯；果实被害的症状多集中于萼洼周围，介壳周围出现1圈红色晕圈，介壳脱落后红色晕圈仍存在，果实失水干缩；叶片被害后叶色灰黄，甚至引起落叶。

形态特征

雌成虫身体背面覆盖近圆形介壳，直径约1.8 mm，灰白色或灰褐色，介壳中央的突起壳点呈脐状，黄色或黄褐色，周围呈同心轮纹状，虫体扁椭圆形，橙黄色，口器丝状，眼和足退化。雄成虫介壳长椭圆形，较雌成虫介壳小，壳点位于介壳的一端；虫体橙黄色，有翅1对，复眼暗紫红色，口器退化，触角念珠状，交尾器剑状。初龄若虫椭圆形，无介壳，3对足，行动迅速；2龄以后开始形态分化，可区分性别。雌若虫介壳圆形，蜕3次皮变为雌成虫，雄若虫介壳长椭圆形，蜕2次皮变为雄成虫。

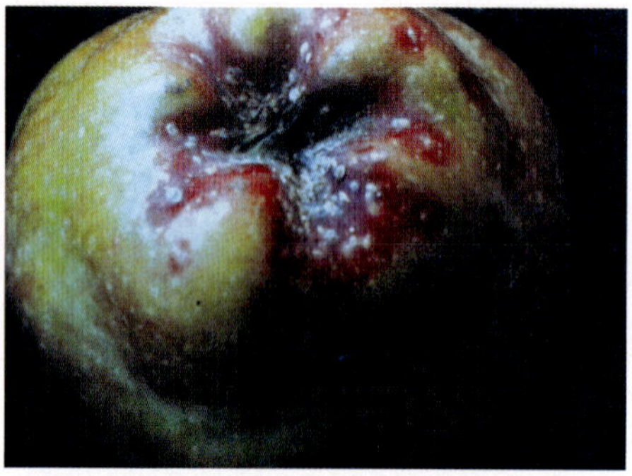

梨圆蚧为害果

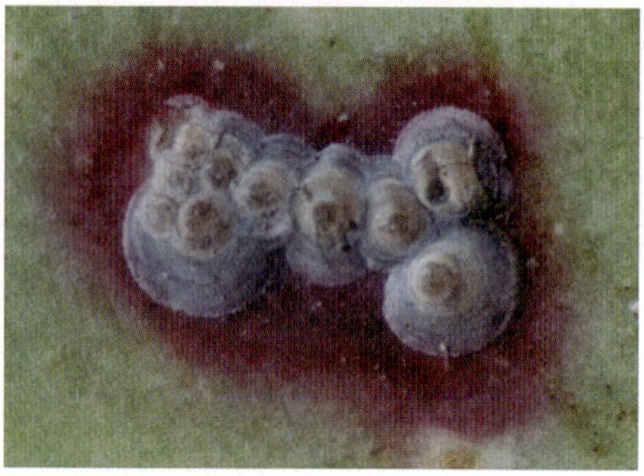

雌成虫介壳

若虫

发生规律

该虫在陕西中部1年发生3代，以2龄若虫在枝干上越冬，次年春季果树萌动后继续为害，4月上旬以后根据若虫介壳形状可以区分雌雄。4月中旬雄虫开始化蛹，5月出现雄成虫，交尾后即死去。交尾后的雌成虫于6月上、中旬在介壳下胎生若虫，小若虫先在母体介壳下静伏，然后爬出介壳，转移到嫩枝、果实、叶片，将口器插入组织内，几小时后虫体背面出现白色絮状蜡质物，逐步形成介壳。雄虫多固着于叶背主脉两侧，雌虫多在枝条或果实上为害。第1代若虫在6月上旬至7月上旬出现，第2代若虫发生于7月下旬至9月上旬，第3代若虫9月上旬至11月上旬。

近距离的传播靠初孵若虫的爬行，远距离的传播则靠苗木、接穗和果品的运输，后者是该虫传播扩散的主要途径。

自然界梨圆蚧的天敌种类丰富，主要有：红点唇瓢虫 *Chilocorus kuwanae* Silvestri、肾斑唇瓢虫 *Chilocorus renipustulatus* (Scriba)、跳小蜂 *Arrhenophagus* sp.、短缘毛蚧小蜂 *Aphytis proclia* Walk 等，对抑制该虫的发生有重要作用。不合理的喷药往往大量杀伤这些天敌，导致该虫的猖獗。

防治方法

基础性防治措施

注意保护天敌，充分发挥自然界天敌对该虫的抑制作用。5月中旬至7月中旬是2种寄生蜂的羽化期，尽量不使用广谱杀虫剂。

无公害食品果园防治技术

如果虫量很大，可在6月上、中旬喷24%螺虫乙酯（亩旺特）悬浮液4000~5000倍液，或70%吡虫啉（艾美乐）水分散剂6000~8000倍液等。

绿色食品（A级）果园防治技术

果树萌芽后至开花前，以及6月上、中旬第2代若虫孵化爬出时，喷24%螺虫乙酯（亩旺特）悬浮液4000~5000倍液，或洗衣粉200倍液。

有机食品、绿色食品（AA级）果园防治技术

（1）果树萌芽前，虫量较多的果园喷机油乳剂100倍液。

（2）落花后和套袋前各喷1~2次苦参碱0.6%水剂800倍液，或茴蒿素0.65%水剂600倍液。

草履蚧

学名 *Drosicha corpulenta* (Kuwana)

草履蚧又叫草鞋蚧，草履硕蚧，以其雌虫形似鞋底状而得名。寄主植物有苹果、梨、桃、枣、核桃、栗、柿等。虫体吮吸树体组织的汁液，削弱树势。

田间诊断

春季苹果树枝干上爬附着鞋底状、黄褐色或赤褐色的介壳虫，这是草履蚧的雌虫，由于它无翅，只能靠爬行上树，加之独特的形状，所以容易识别。

形态特征

雌成虫长约10 mm，鞋底状，无翅，身体黄褐或赤褐色，体被细毛和白色蜡粉，口器、触角和足黑色。雄成虫淡红色，有翅1对，淡黑色，腹部末端有4个突起。若虫体形与雌成虫相似，但个体较小。卵椭圆形，黑褐色。

草履蚧雌成虫

雄成虫

发生规律

1年1代，以卵和初孵化若虫在树干基部土壤里越冬。2月下旬至3月上旬若虫出土、上树为害嫩枝和嫩芽，虫体上分泌白色蜡粉，蜕3次皮后变为成虫。5月上、中旬出现雄成虫。雌雄成虫交尾后，雌成虫于6月中、下旬下树入土，先分泌白色蜡质卵囊，产卵于囊中，每囊有卵百余粒。雌成虫产卵后死于土中。

防治方法

基础性防治措施

秋冬季结合深翻施肥，挖除树干周围的卵囊，集中烧毁。

无公害食品果园防治技术

如果虫量很大，必须进行化学防治时，可在苹果树发芽后至开花前（若虫发生期），选用24%螺虫乙酯（亩旺特）悬浮液4000~5000倍液，或70%吡虫啉（艾美乐）水分散剂6000~8000倍液等。

绿色食品（A级）果园防治技术

早春（2月上、中旬），树干基部涂10~15 cm宽的药带。用废黄油和废机油各半，加热熔化后加入少量溴氰菊酯等药剂，可毒杀上树若虫。苹果树发芽后至开花前（若虫发生期），可以喷24%螺虫乙酯（亩旺特）悬浮液4000~

5000 倍液。

有机食品、绿色食品（AA 级）果园防治技术

虫量大时落花后和套袋前，各喷 1~2 次苦参碱 0.6%水剂 800 倍液或茴蒿素 0.65%水剂 600 倍液。

康氏粉蚧

学名 *Pseudococcus comstocki* (Kuwana)

康氏粉蚧分布很广，寄主包括苹果、梨等落叶果树，柑橘等常绿果树，以及瓜类、番茄等蔬菜等。过去在落叶果树上为害仅限于部分地区的一些老果园，自推广果实套袋以来，由于果实所处的微环境的变化，不少套袋果园该虫为害加重，引起了关注。

田间诊断

被害果实萼洼或梗洼聚集许多身披白色棉絮状蜡粉的介壳虫，后期被害部位发黑、腐烂，虫量多时会分散到果面为害，红色果实着色后被害部位不能正常着色，使红色果面上分散有许多不规则的淡黄色斑块。

形态特征

雌成虫长 3~5 mm，扁椭圆形，身体粉红色，体表被白色粉状蜡质物，周边有 17 对白色蜡丝，身体前部的稍短，后部的稍长，最末 1 对特长。雄成虫长约 1 mm，有翅 1 对，身体紫褐色。卵椭圆形，长约 0.3 mm，浅橙黄色，数十粒集中成块，包藏在白色絮状卵囊内。

康氏粉蚧成虫

若虫

康氏粉蚧为害果

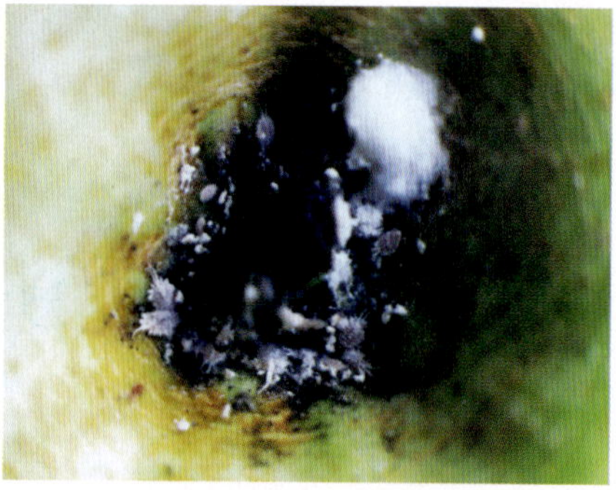

为害果萼部的蚜群体

发生规律

该虫在我国北方果区1年发生2~3代，以卵在枝干粗皮、缝隙中越冬，次年果树发芽后，越冬卵开始孵化，河北昌黎第1代若虫盛发期在5月中、下旬，第2代在7月中、下旬，第3代在8月下旬。

康氏粉蚧的天敌有多种寄生蜂，其中粉蚧短角跳小蜂 *Pseudaphycus malinus* Gahan 等对控制群体数量有重要作用。

防治方法

基础性防治措施

合理用药，注意保护利用天敌。冬季刮树皮，消灭越冬卵。

无公害食品果园防治技术

如果数量很大必须进行化学防治时，可在苹果树开花后至果实套袋前喷1~2次24%螺虫乙酯（亩旺特）悬浮液4000~5000倍液，或70%吡虫啉（艾美乐）水分散剂6000~8000倍液等。

绿色、有机食品果园防治技术

(1) 果树萌芽前，虫量较多的果园喷机油乳剂100倍液。

(2) 套袋果园，育果袋使用1次后就应销毁，不要重复使用，因为经过1次使用，袋内会有许多残存的病菌和害虫，包括康氏粉蚧等，重复使用会给第2年带来许多麻烦。

朝鲜球坚蚧

学名 *Didesmococcus koreanus* Borchs

朝鲜球坚蚧是一种常见的介壳虫，除为害苹果、梨外，更多见于为害桃、李、杏等核果类果树。

田间诊断

枝条上附着许多紫褐色、钢盔状虫体，被害枝条长势衰弱，严重时枝条枯死。

形态特征

雌成虫交尾后膨大为球形，直径约4.5 mm，亮黑色，腹面边缘肥厚，有4条白色蜡带，产卵后背面失去光泽，介壳表面有2列凹陷小点刻。雄成虫体长约2 mm，赤褐色，有翅1对，腹末外生殖器两侧各有1条白色蜡质长毛，介壳长扁圆形。卵椭圆形，长约0.3 mm，橙黄色。

朝鲜球坚蚧

若虫

发生规律

1年发生1代，以2龄若虫在枝条上的裂缝、粗翘皮、伤口边缘等处越冬，次年果树发芽时，越冬若虫从蜡壳下爬出，选择合适部位，固着在枝条上吸食、为害，虫体逐渐膨大，并分化出雌、雄性，4月上、中旬雄成虫羽化，与雌成虫交尾后死去，4月下旬至5月上旬雌成虫产卵于腹下，随后雌成虫死去，干缩成空壳，壳内充满卵粒，5月中、下旬卵孵化，初孵若虫爬出母介壳，分散到枝条上为害。9~10月蜕皮变为2龄若虫，在蜕皮壳下越冬。

黑缘红瓢虫 *Chilocorus rubidus* Hope 是该虫的重要天敌，其幼虫、成虫均能捕食，它也在被害枝条上化蛹，切勿“敌友不分”，统统消灭之。

防治方法

基础性防治措施

合理用药，保护利用天敌。秋季树干上绑诱虫带或草带，诱杀越冬若虫。用麻袋片等粗糙物抹杀枝条上越冬若虫。

无公害食品果园防治技术

如果数量很大，必须进行化学防治时，可在5月下旬至6月上旬、初孵若虫爬出母介壳、分散到枝条上为害时，喷24%螺虫乙酯（亩旺特）悬浮液4000~5000倍液，或70%吡虫啉（艾美乐）水分散剂6000倍液。

绿色食品、有机食品果园防治技术

（1）果树发芽前喷5°Bé石硫合剂，或机油乳剂100倍液。

（2）5月中、下旬卵孵化，若虫爬出介壳后，喷苦参碱0.6%水剂800倍液，或茴蒿素0.65%水剂600倍液1~2次。

长绵粉蚧

学名：*Phenacoccus pergandei* Cockerell

该虫是柿树的常见害虫，近年来部分苹果、梨产区发现有该虫的为害，并有蔓延趋势。该虫的成虫和若虫在枝芽和叶片上固着为害，刺吸树体汁液，使枝条输导组织受损，叶片光合作用受到抑制，直接影响树体正常生长和结果；如果寄生于果实萼洼，可使受害果实畸形。

田间诊断

最明显的特点是叶片和枝条上的虫体后部背附有白色、长条形、绒状卵袋，酷似一摊虫粪，其内充满米黄色的卵粒。

长绵粉蚧

形态特征

雄成虫体长2~2.2 mm，淡黄色，有1对前翅，后翅退化，腹部末端两侧各有1对细长的蜡丝。雌成虫体长2.8~3.4 mm，无翅，体背介壳椭圆形，略扁平，紫褐色，表面被覆1层白色绒状蜡粉，体后部背附白色绒状卵袋，其内充满长卵圆形、米黄色的卵。每卵袋有卵65~825粒，平均643粒。

长绵粉蚧卵囊里的卵和若虫

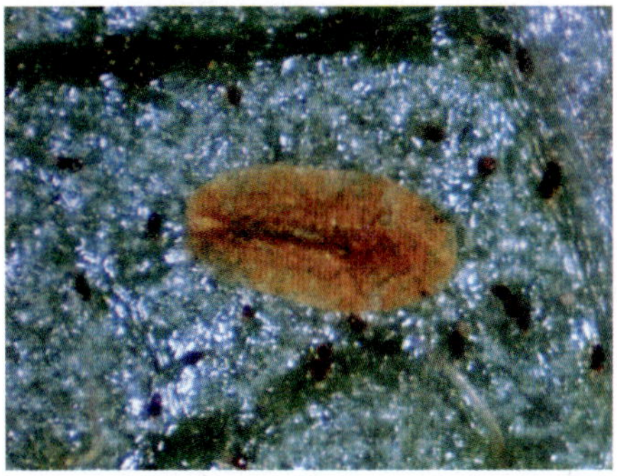

若虫

发生规律

1年发生1代。以3龄若虫群集在主干、主枝阴面粗糙树皮缝隙处，结白色茧越冬。越冬茧长椭圆形，长约2 mm。翌年3月中旬若虫出蛰，爬到1年生枝条芽基处固定为害，虫体上覆盖有1薄层白色蜡质膜。4月上、中旬雌、雄若虫分化。经过前蛹期和蛹期，4月中、下旬羽化为成虫。4月下旬至5月上旬雌、雄成虫交尾，不久后雄成虫死亡；雌成虫先在虫体后分泌白色绒状卵袋，固着在叶面，产卵于其中。在产卵过程中，雌成虫缓慢向前爬行，并继续在虫体后端分泌白色绒状物，使卵袋不断加长。卵袋前端略高于虫体，并和虫体连成一体；末端平覆于叶面，呈燕尾状。雌成虫主要分布在树体中下部，以叶背面居多，少量寄生在叶正面、幼嫩枝条、果实萼洼等处。5月中、下旬雌成虫产卵结束。卵期20余天，5月中旬至6月上旬卵孵化。若虫孵出后咬破卵袋，在卵袋上形成许多针尖状小孔爬出到嫩叶，在背面叶脉两侧固着并吸食汁液。7~8月高温季节若虫进入滞育、越夏。9月气温降低后，若虫解除滞育，蜕第1次皮变为2龄若虫，继续在叶片上刺吸为害。10月上旬蜕第2次皮变为3龄若虫，继续为害，11月中、下旬陆续转移到枝干上，分泌大量的蜡质覆盖物，进入越冬状态。

防治方法

基础性防治措施

(1) 越冬期人工刮刷老树皮，消灭越冬虫茧内的若虫。

(2) 该虫的天敌主要有黑缘红瓢虫、粉蚧长索跳小蜂、柿粉蚧长索跳小蜂、中华草蛉等。应尽量避免使用化学农药，尤其是在开花期至幼果期要特别注意保护天敌。

无公害食品果园防治技术

如果数量很多，为害很严重，可考虑在苹果、梨开花前越冬若虫出蛰期以及6月下旬至7月，喷布24%螺虫乙酯（亩旺特）悬浮液4000~5000倍液，或70%吡虫啉（艾美乐）水分散粒剂6000~8000倍液等。

绿色、有机食品果园防治技术

果树发芽前喷5°Bé石硫合剂，或机油乳剂100倍液。

梨网蝽

学名 *Stephanitis nashi* Esaki et Takeya

梨网蝽又叫梨花网蝽、梨冠网蝽，为害梨、苹果、海棠、沙果、山楂、桃、李、杏等果树，分布十分普遍，尤其是管理粗放、杂草丛生的果园为害严重。

田间诊断

成虫、若虫群集叶背刺吸汁液，被害叶呈现黄白色斑点，严重时扩大为褐色枯斑，使叶片提早脱落，对树势、产量和品质均有影响。成虫前翅平盖于身体上，翅面有网状花纹。

梨网蝽成虫

形态特征

成虫体长3.5 mm，黑褐色，前胸两侧扩张成扇状，上有网状花纹，前翅平覆于身体上，翅面也有网状花纹。由于两翅重叠翅上的深色花纹构成“X”状。卵长椭圆形，有孔口的一端弯曲，呈“睡瓶”状，长约0.6 mm。若虫腹部两侧有刺状突出。

发生规律

该虫在江苏北部、黄河故道地区1年5代，陕西中部1年4代。以成虫在果园杂草、落叶、土块下、树皮裂缝、翘皮下越冬。陕西中部4月上旬越冬成虫开始出蛰，此时正值苹果树花序伸出期，出蛰盛期在4月下旬，此时为苹果树落花期。成虫出现后，当旬平均气温达15℃以上时即进行取食、交尾、产卵。5月中旬为第1代卵孵化盛期，6月初孵化结束。渭北果区4月下旬越冬成虫开始出蛰，5月上旬为出蛰盛期，5月下旬为第1代卵孵化盛期，

6月上、中旬孵化结束。以后出现世代重叠现象，9月上、中旬成虫开始越冬。

主要天敌是军配盲蝽 *Stethoconus japonicus* Schumacher 。

防治方法

基础性防治措施

(1) 冬季清园，清除杂草，翻耕土壤，减少越冬虫源。

(2) 加强果园管理，合理整形修剪，保持果园通风透光，清除园内杂草。

无公害食品果园防治技术

应抓住2个关键时期：越冬代成虫出蛰后期和第1代若虫孵化末期至出现第1代成虫以前。可供选用的药剂有：70%吡虫啉（艾美乐）水分散剂6000倍液，或5%吡虫啉（蚜虱净）乳油3000倍液等，以及其可靠的复配剂。

绿色食品（A级）果园防治技术

上述关键时期，喷20%氰戊菊酯（速灭杀丁、杀灭菊酯）乳油3000倍液，或10%氯氰菊酯（安绿宝）乳油2000倍液等。

有机食品、绿色食品（AA级）果园防治技术

上述关键时期，喷苦参碱0.6%水剂800倍液，或茴蒿素0.65%水剂600倍液。

葡萄斑叶蝉

学名 *Erythroneura apicalis* (Nawa)

葡萄斑叶蝉又叫葡萄二点叶蝉、葡萄二点浮尘子，寄主植物有葡萄、苹果、梨、桃、樱桃、山楂、桑等。该虫是葡萄园常见的害虫，在苹果上原为次要害虫，上世纪70~80年代由于果园用药种类的变化，陕西中部苹果园曾一度为害成灾，成了一种主要害虫，近年为害大为减轻。

田间诊断

成虫和若虫刺吸叶片汁液，被害叶片出现失绿斑点，严重时叶色苍白，甚至提前脱落。成虫的特征是胸部背面有2个明显的黑斑。

形态特征

成虫体长（至翅端）2.9~3.3 mm，头部淡黄白色，向前突出呈钝三角形，头冠中前部有2个黑圆斑，小盾板淡黄色，亦有2个大黑斑，翅面呈现不规则淡褐色斑纹，浓淡不一。卵长椭圆形，稍弯曲，长约0.6 mm，乳白色至橙黄色。若虫初龄为白色，老龄为黄白色，胸部两侧有黑色翅芽。

葡萄斑叶蝉成虫

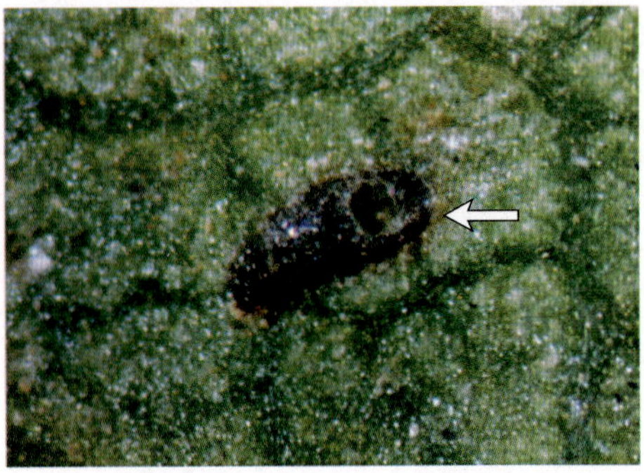

埋藏在叶组织里卵的孵化孔

若虫

发生规律

陕西中部1年发生3代，以成虫在果园土块、石块下以及杂草、落叶下越冬。越冬成虫于3月中、下旬开始活动，先在果园间作的小麦、毛叶苕子和杂草上活动、取食，苹果展叶后为害嫩叶。4月上旬产卵于嫩叶背面，少数产于叶片正面，随着叶片组织老化、叶背绒毛增多，叶片正、反面的表皮下均可产卵，绝大多数卵产于叶脉之间的光滑部位。5月中、下旬为若虫盛发期，5月底初见第1代成虫，6月间为成虫盛发期，6月上旬开始见第2代卵，6月中旬出现第2代若虫，6月下旬第2代成虫羽化，8月下旬出现第3代 (越冬代) 成虫，10月下旬以后成虫陆续进入越冬场所蛰伏。在全年发生过程中，5月中、下旬第1代若虫期和6月的第1代成虫期比较集中，是防治的有利时机，此后世代重叠，多种虫态并存。

树冠郁闭、通风不良、杂草丛生的果园发生重，叶片光滑、毛少的品种受害重。

该虫卵期有1种寄生蜂，有时寄生率高达60%~70%。

防治方法

基础性防治措施

冬季清园，清除杂草；合理修剪，注意通风透光；注意合理用药。

无公害食品果园防治技术

5月中、下旬喷布70%吡虫啉（艾美乐）水分散剂6000倍液，或5%吡虫啉（蚜虱净）乳油3000倍液等。喷波尔多液对该虫为害有一定的驱避作用。

绿色食品（A级）果园防治技术

5月中、下旬喷20%氰戊菊酯（速灭杀丁、杀灭菊酯）乳油3000倍液，或10%氯氰菊酯（安绿宝）乳油2000倍液等。

有机食品、绿色食品（AA级）果园防治技术

为害严重的果园，可以用40%硫酸烟碱800~1000倍液喷雾1~2次。

苹果塔叶蝉

学名 *Pyramidotettix mali* Yang

苹果塔叶蝉又叫黄斑叶蝉，分布于宁夏、山西、陕西、甘肃、内蒙古等地。除为害苹果外，还为害沙果、海棠、葡萄等。

田间诊断

成虫、若虫刺吸叶片汁液，叶片被害后出现失绿小斑点，重者叶色苍白，后期叶色灰黄，并致早落。成虫的特征是：前翅合拢时有2个醒目的黄色圆斑。

形态特征

苹果塔叶蝉成虫

成虫体长（至翅端）3.5~3.8 mm，头部前缘呈角锥状突出，上有1个近三角形的黄色大斑，前胸背板有1个黄色近圆形斑，两侧具褐色宽边，前翅淡褐色，基半部有一黄色半圆形斑，两翅合拢时呈醒目的黄色圆斑，边缘深褐色，足淡黄色。卵长卵形，一端钝圆，一端稍尖，长约0.7~0.8 mm，初产时乳白色，近孵化乳黄色。若虫共5龄，初龄乳白色，逐渐呈暗白色，胸、腹部逐渐出现褐色部分，腹部末端上翘。

发生规律

1年发生1代，以卵在寄主枝条皮层内越冬。次年春季苹果发芽后越冬卵开始孵化，落花时为卵孵化盛期。3 龄以前的若虫多固定在 1 张叶片为害，4 龄以后活动性增大，可迁移为害。6 月上旬出现成虫，6 月中旬以后是为害盛期。7 月中旬至 8 月中旬为产卵盛期，8 月中旬以后逐渐转移到果园附近的艾蒿、黄蒿等杂草上，8 月底果园里不再见此虫。

成虫、若虫具背光性，多在叶背活动。卵多产于 1~3 年生果枝或营养枝的嫩皮下，芽痕下的隆起处较多，卵斜插在韧皮部，在表皮留有纺锤形裂口，一般单粒、散产。

在树冠郁闭、通风不良、杂草丛生的果园发生较重。叶片绒毛少的品种，如国光受害重，绒毛多者受害轻。

防治方法

参考葡萄斑叶蝉。

四、潜叶害虫

金纹细蛾

学名 *Lithocolletis ringoniella* Matsumura

金纹细蛾是苹果园、梨园里常见的一种潜叶害虫，分布很广，还可以为害桃、李、樱桃、海棠等。自然条件下该虫的天敌种类多、寄生率较高，是一种次要害虫。近年来该虫在我国部分苹果产区猖獗为害，上升为主要害虫。这种情况在日本、欧美一些国家的果园也同样存在。

田间诊断

幼虫潜入叶片上下表皮之间取食，使下表皮与叶肉分离、皱缩，上表皮拱起，叶肉被吃成筛孔状。挑破皱缩的下表皮，可见 1 头淡黄色的小幼虫或黄褐色的蛹。当成虫羽化时，会在下表皮上残留蛹皮。严重时 1 张叶片有数个乃至 10 多个虫斑，虫斑部位保持绿色，虫斑以外部位失绿呈黄褐色，造成叶片提早脱落，粗看似落叶病症状。

金纹细蛾为害状

金纹细蛾成虫

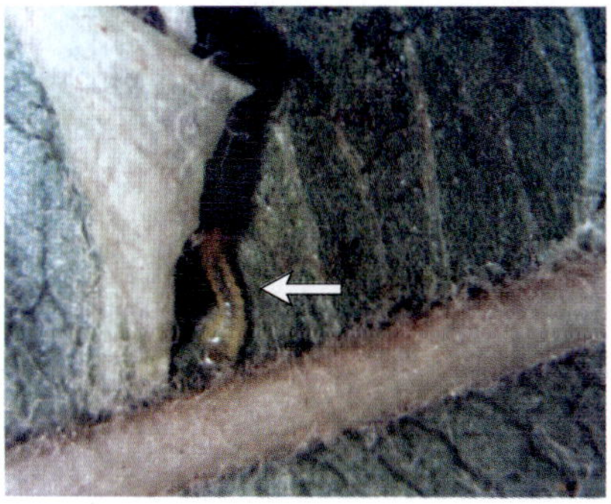

幼虫

叶正面为害状

叶背面为害状

形态特征

成虫体长 2.5 mm，翅展 6.5~8.5 mm，前翅金黄色，从翅基到中部有 2 条平行的银白色纵条，端部有 6 条放射状银白色镶黑边的条纹，缘毛长。卵乳白色，扁椭圆形，长径 0.3 mm。老熟幼虫长约 6 mm，细纺锤形，稍扁，初龄淡黄绿色，老熟时黄色。蛹长约 4 mm，头部两侧有 1 对角状突起，触角比身体长。

发生规律

我国大部分落叶果树产区 1 年发生 5 代，山西忻州地区 1 年发生 5~6 代，山东临沂地区和河南中部 1 年发生 6 代。以蛹在被害的落叶虫斑里越冬。陕西中部 3 月中、下旬越冬代成虫出现，温暖的中午可见成虫围绕树干飞舞、交尾，或停息于树干上，常在树根颈部发出萌蘖的叶片上产卵，待到苹果展叶后再产卵于苹果叶片上。4 月中旬即可见到幼虫潜入叶片为害。5 月下旬至 6 月上旬发生当年第 1 代成虫，第 2 代在 7 月中、下旬，第 3 代在 8 月中旬，第 4 代在 9 月中、下旬。卵期 7~10 天，幼虫期 15~20 天，蛹期 6~10 天。

在陕西金纹细蛾的寄生蜂有 8 种，主要种类是金纹细蛾跳小蜂 *Ageniaspis testaceipes* (Rats)、金纹细蛾姬小蜂 *Sympiesis soriceicornis* (Nees)、金纹细蛾绒茧蜂 *Apanteles* sp.。这几种寄生蜂均以蛹在金纹细蛾为害的虫斑内越冬，发生代数和发生期基本与金纹细蛾同步。在很少使用化学农药或合理用药的果园里，金纹细蛾及其寄生蜂的数量均不多，维持一种低水平下的动态平衡；而大量使用化学农药，尤其是经常使用对天敌杀伤力很强的广谱农药的地方，寄生蜂被杀伤，破坏了天敌和害虫之间的平衡，是导致该虫暴发成灾的重要原因。另外，上世纪中期以来我国苹果产区大规模密植栽种高感品种富士，为该虫提供了适宜的寄主和生态环境，以及近 10 多年来苹果产区气温持续上升，尤其是连续多年的暖冬，都是导致该虫为害成灾的诱因。

预测预报

成虫发生期的预测预报

在上年受害较重且具有代表性的果园内，采用对角线法确定 5 个观测点，每点附近选定 2 株树，从当地苹果或梨树萌动开始 (各产区时间有先后，早则 3 月上旬，迟则 4 月上旬，依据当地果树的物候期而定)，在树冠外围各悬挂 1 个该虫性诱捕器 (盆)，诱捕器 (盆) 距地面 1.5 m，并在每天早晨检查落入诱捕器 (盆) 的成虫数，计数后剔除或捞出，结果记入下表。并将每日诱蛾合计数绘制成虫消长曲线图，当连续 3 日曲线呈直线上升状态时，预示即将到达成虫发生高峰期，此时应立即发出预测预报，进行喷药防治。

金纹细蛾成虫诱捕记录

调查日期		月 日	月 日	月 日	月 日
盆号	1				
	2				
	⋮				
	10				
合计虫数					

防治方法

基础性防治措施

(1) 果园病虫害综合防治中注意合理用药，不用或少用对天敌杀伤力强的广谱杀虫剂，以保护天敌，避免该虫猖獗。

(2) 清扫落叶并深埋，消灭越冬蛹，减少来年虫源。为保护利用天敌，可将落叶搜集放于纱笼内，以便来年春天寄生蜂飞出。

(3) 剪除树根颈部的多余萌蘖。

无公害、绿色、有机食品果园防治技术

根据预测预报，在当年第 1、第 2 代成虫发生盛期喷 25%灭幼脲 3 号胶悬剂 2000 倍液，或 35%氯虫苯甲酰胺（康宽）水分散粒剂 20000 倍液，只要喷药及时、周到，可以基本控制为害。

旋纹潜叶蛾

学名 *Leucoptera scitella* Zeller

旋纹潜叶蛾广泛分布于我国南北落叶果树产区，寄主植物除苹果、梨外，还有沙果、海棠、山荆子、山楂、木瓜等。在喷药历史较长、且用药不合理的地方常为害成灾。

田间诊断

幼虫潜入叶片在上下表皮之间螺旋形窜食，一边取食，一边排粪，形成同心轮纹状虫斑，很像叶斑病。仔细揭开虫斑的上表皮，可见 1 头极小的乳白色扁平幼虫。严重时 1 张叶片上有 10 多个虫斑，造成叶片提早脱落。

旋纹潜叶蛾为害状之一

为害状之二

形态特征

成虫体长约 3 mm，翅展 6.0~6.5 mm，银白色小蛾，前翅基半部银白色，端半部金黄色，有数条伸向前缘和外缘的黑色短纹，后翅浅褐色，前后翅缘毛长。卵椭圆形，初产时水青色，渐变为灰白色。老熟幼虫体长约 5 mm，扁平，头黄褐色，前胸背板棕褐色，身体乳白色，头部较宽，胴部各节间缢缩呈念珠状。蛹长椭圆形，长 3~4 mm，外包纺锤形内茧，其外覆盖 1 层“工”字形丝幕。

旋纹潜叶蛾成虫

“工”字形丝幕下的茧

发生规律

该虫在河北昌黎 1 年 3 代，陕西中部和山东青岛、烟台 4 代，河南 4~5 代。以蛹在枝干裂缝、落叶上越冬。陕西中部 4 月上旬越冬代成虫羽化，盛期在 4 月中旬，5 月上旬结束。第 1 代成虫发生于 6 月中、下旬。第 2 代成虫 7 月中、下旬。第 3 代成虫 8 月中旬至 9 月上旬。9 月上旬以后陆续出现越冬蛹。

各虫态历期因世代而异，越冬代和第 1 代较长，第 2、第 3 代较短。卵期 9~20 天，幼虫期 12~22 天，前蛹期 1.5~2 天，蛹期 9.5~15 天，成虫寿命 2~3 天。成虫多于上午 8 时至下午 1 时羽化，羽化后不需补充营养即可交尾，稍有趋光性。在叶背产卵，每雌产卵 15 粒左右。卵孵化后幼虫咬破卵壳底部和叶片下表皮直接潜入叶内，叶面初现 0.1 cm 淡白色新月形、椭圆形或短杆状虫斑，随幼虫长大逐渐扩大为圆形或椭圆形虫斑。幼虫老熟后在叶正面虫斑边缘咬破弧形裂缝爬出，吐丝下垂，在树干、叶背、果实萼洼或梗洼等处结茧化蛹。

该虫幼虫期的天敌有白跗姬小蜂 *Pediobius pyrgo* Walker (nawai Ashmead) 和潜叶蛾姬小蜂 *Pediobius mitsukurii* Ashmead 等。寄生蜂以蛹在潜叶蛾蛹中越冬，每年 4~5 代，5 月寄生蜂的越冬代成虫相继羽化。在喷药较少的果园里，寄生率可高达 80%以上，是抑制该虫发生的重要天敌。蛹期还有 1 种姬蜂 *Cirrospilus* sp.，寄生率常达 30%~50%。

防治方法

基础性防治措施

(1) 果园病虫害综合防治中注意合理用药，尽量不用对天敌杀伤力强的广谱杀虫剂，以保护天敌，避免该虫猖獗。

(2) 8月下旬在树干和大枝基部绑诱虫带，或束草诱集越冬虫蛹，然后集中处理。

(3) 发生严重时，应在休眠期刮除枝干老翘皮上的越冬茧，清除落叶。为保护寄生蜂，搜集越冬蛹，放在纱笼内，待第2年成虫羽化飞出。

无公害、绿色、有机食品果园防治技术

越冬代和当年第1代成虫发生盛期至幼虫蛀入初期，初发现新月形虫斑时（陕西中部约在4月中、下旬及6月中、下旬）喷25%灭幼脲3号胶悬剂2000倍液，或35%氯虫苯甲酰胺（康宽）水分散粒剂20000倍液。

银纹潜叶蛾

学名 *Lyonetia prunifoliella* Hubner

银纹潜叶蛾是为害苹果幼树新梢、嫩叶的一种常见害虫。寄主植物除苹果外还有海棠、沙果、山荆子等。

田间诊断

幼虫在叶内潜食，初期虫道线状，由细至粗，最后达到叶缘时变为大块

银纹潜叶蛾为被害状之一

为害状之二

枯斑，虫斑的背面有细粒黑褐色虫粪。虫道里的幼虫淡绿色。常可在被害叶下面的第2、第3张叶片的背面找见用丝悬空的淡绿色的茧，老熟幼虫在其中化蛹，成虫羽化后仍可见悬空的白色茧壳。

形态特征

成虫体长3~4 mm，分夏型和冬型。夏型成虫前翅银白色，端部围绕着橙黄色斑块，有数条放射状黑纹，先端有黑点；冬型成虫前翅基半部有波浪状黑斑，端部橙黄色斑块不明显。卵球形，乳白色。幼虫淡绿色，老熟时体长4.6~6.0 mm。蛹长约5 mm，圆锥形，头部有1对肉质角状突起。

银纹潜叶蛾成虫

叶背的茧

发生规律

1年发生4~5代，以冬型成虫在果园杂草、落叶和土缝等处越冬。陕西中部5月中、下旬越冬成虫在新梢嫩叶背面产卵，6月上、中旬幼虫老熟，脱出作茧、化蛹，6月中、下旬见第1代成虫，以后世代重叠，9月下旬开始出现冬型成虫。

防治方法

基础性防治措施

冬季清园，进行深翻，消灭越冬成虫。一般情况下不需要进行专门的防治。

无公害、绿色、有机食品果园防治技术

发生严重时，可于越冬代成虫发生初期喷25%灭幼脲3号胶悬剂2000倍液，或35%氯虫苯甲酰胺（康宽）水分散粒剂20000倍液。

五、卷叶害虫

苹果小卷叶蛾

学名 *Adoxophyes orana* Fischer von Roelerstamm

苹果小卷叶蛾又叫棉褐带卷蛾、远东褐带卷叶蛾、茶小卷蛾等，是苹果园、梨园内一种常见的卷叶蛾。除为害苹果、梨外，寄主还有桃、杏、李、樱桃等，也是棉花、茶树的重要害虫。

田间诊断

幼虫除卷食叶片外，还舐食果面，在果面上咬食成许多大大小小的坑洼。幼虫浅绿色或翠绿色，身体细长，极活跃，触之能进能退。

形态特征

成虫体长 6~8 mm，翅展 16~20 mm。头、胸及前翅黄褐色，前翅自前缘到后缘有 2 条深褐色斜纹，两前翅闭合时斜纹呈“V”字形。卵椭圆形，淡黄色，数十粒排列成鱼鳞状。老熟幼虫体长 13~15 mm，头壳淡黄色，前胸背板不明显，胴部浅绿色或翠绿色。蛹 9~11 mm，腹部第 2~7 节背面各有 2 排刺突，上排较粗，下排细如线，如下页图箭头所指。

苹果小卷叶蛾成虫

幼虫

发生规律

陕西 1 年发生 2~4 代，其中中部 1 年 4 代，秦岭北麓和渭北果区 1 年 3 代，延安和榆林 1 年 2 代。宁夏、甘肃 1 年发生 2 代，辽宁、河北 1 年 3 代，山东 1 年 3~4 代，河南及黄河故道果区 1 年 4 代。以初龄幼虫在树皮裂缝、剪锯口周围以及老翘皮下做白色小茧越冬。苹果树萌动时开始出蛰，出蛰盛

苹果小卷叶蛾幼虫和为害状

果实被害状

蛹

期在金冠、秦冠等品种盛花期前后。出蛰幼虫先食害幼芽、嫩叶及花蕾，稍大后卷叶为害。老熟幼虫在卷叶内化蛹，蛹期6~9天。陕西中部5月上、中旬出现越冬代成虫，秦岭北麓和渭北地区越冬代成虫发生期在5月下旬至6月中旬。卵期7~10天，幼虫孵出后造成第2次为害，此时虫态比较整齐，此后世代重叠。

成虫对灯光、糖醋液的趋性较强。雄蛾对人工合成性激素有强烈趋性，可用于测报与防治。

苹果小卷叶蛾的天敌种类很多。卵期有拟澳赤眼蜂 *Trichogramma confusum* Vigianni、松毛虫赤眼蜂 *Trichogramma dendrolimi* Mats.等。幼虫期寄生蜂有卷叶蛾革腹茧蜂 *Ascogaster* sp.等。另外还有捕食性天敌如蠋敌 *Arma custos* (Fabricius) 和多种捕食性蜘蛛等。幼虫常染颗粒体病毒病。

预测预报

1. 越冬幼虫出蛰期的预测预报

方法1：在具有代表性且上年受害较重的果园内，按对角线法确定5个观测点，每点附近选定2株主栽品种树，共10株调查树，品种应一致。每树在有越冬虫茧的剪锯口或翘皮裂缝处标记虫茧20个。从苹果树芽萌动开始，每隔1日调查1次所有标记虫茧，以空茧表示出蛰幼虫数，结果记入表中。并按“越冬幼虫出蛰率(%)=出蛰幼虫数/调查总虫茧数”的公式，计算当日越冬幼虫出蛰率和累计出蛰率。

方法2：按同上方法选定10株调查树，每株在树冠中部各固定20个花芽，挂牌标记。从苹果树芽萌动开始，每隔 1 日调查 1 次所有标记花芽，检查上芽的出蛰幼虫，发现出蛰幼虫计数后剔除，以芽为单位计数有虫芽数，结果记入表中。并按“有虫芽率 (%) =有虫芽数/调查总芽数”的公式，计算当日有虫芽率和累计有虫芽率。

苹果小卷叶蛾越冬幼虫出蛰率调查

树号	越冬茧数	出蛰幼虫数									
		月	日	月	日	月	日	月	日	月	日
1	20										
⋮											
10	20										
合计出蛰虫数											
出蛰率/%											
累计出蛰虫数											
累计出蛰率/%											

苹果小卷叶蛾越冬幼虫虫芽率调查

树号	调查芽数	有虫芽数								
		月	日	月	日	月	日	月	日	…
1	20									
⋮	⋮									
10	20									
合计有虫芽数										
有虫芽率/%										
累计有虫芽数										
累计有虫芽率/%										

上述 2 项调查进行到越冬幼虫出蛰完毕结束。当累计出蛰率达 30%且累计虫芽率达 5%时发出预测预报，应立即进行防治。

2. 成虫发生期的预测预报

同上方法选定 10 株调查树，从田间发现幼虫化蛹开始 (各产区时间有先后，早则 5 月上旬，迟则 6 月上旬前后) 挂性激素诱捕盆 (碗)，诱捕盆 (碗) 挂在树冠外围，距地面 1.5 m。每天早晨检查落入诱捕盆 (碗) 的成虫数，计数后捞出，结果记入表。并用每日诱蛾合计数绘制成虫消长柱形图，从而判断成虫发生高峰期，向后推 7~10 天为卵孵化盛期。掌握在越冬代成虫高峰期发出预测预报，7~10天后进行防治。

苹果小卷叶蛾成虫诱捕记录

调查日期		月　日	月　日	月　日	月　日
盆号	1				
	2				
	⋮				
	10				
合计数					

防治方法

基础性防治措施

注意保护利用天敌，合理用药，避免因用药不当导致该虫及其他害虫和害螨的猖獗。

无公害食品果园防治技术

(1) 早春用50%敌敌畏乳油200倍液涂抹剪锯口和枝杈等部位，杀灭越冬幼虫。

(2) 该虫越冬代幼虫出蛰盛期和以后各代卵孵化盛期至幼虫卷叶以前，喷20%甲氰菊酯（灭扫利）乳油2000~3000倍液等，以及其质量可靠的复配剂。

绿色食品（A级）果园防治技术

根据测报，在该虫越冬代幼虫出蛰盛期和以后各代卵孵化盛期至幼虫卷叶以前，喷20%氰戊菊酯（速灭杀丁）乳油2000~3000倍液，或2.5%溴氰菊酯（敌杀死）2000倍液。

有机食品、绿色食品（AA级）果园防治技术

(1) 越冬幼虫出蛰后(苹果树开花前后)及第1代小幼虫阶段(约在当地小麦收割前)，喷生物农药Bt乳剂(100亿个芽孢/ml) 1000倍液，或青虫菌6号悬浮剂1000倍液。也可以喷25%灭幼脲3号悬浮剂1000倍液。

(2) 释放赤眼蜂，利用蓖麻蚕卵或人造卵饲养、繁殖拟澳赤眼蜂或松毛虫赤眼蜂，在该虫第1、第2代卵期释放，每次每亩释放量1.8万~2.0万头，每代释放3~4次，每隔5天释放1次。应选择晴天释放。

(3) 幼虫为害初期尚未卷叶时，使用0.06%茴蒿素400~500倍液，或1%苦皮藤素乳油1000~1500倍液等植物源杀虫剂喷雾防治。

(4) 利用苹果小卷叶蛾颗粒体病毒(APGV)防治幼虫。在卵孵化期和2~3龄幼虫期，每亩喷洒2.44~4.44 g患APGV病的虫尸体，防治效果可达80%~

90%。患病尸体获得的方法是：在室温 20℃，相对湿度 70%，每天光照 16.5 小时条件下，用人工饲料饲养苹果小卷叶蛾，从而搜集卵块，将病毒接种在卵壳上，孵出的幼虫即可患病，将患病幼虫尸体捣碎，其粗提液即可使用。

（5）各代成虫发生期用性激素诱捕器、诱虫灯、糖醋液等诱杀成虫。

苹果卷叶蛾

学名 *Choristoneura longicellana* (Walsingham)

苹果卷叶蛾又叫苹果大卷叶蛾、黄色卷蛾。寄主植物除苹果、梨外，还有山楂、樱桃、杏等。分布于我国东北、华北、华中和西北，是为害果树的一种常见的卷叶蛾。

田间诊断

老熟幼虫黄绿色，头部后面的背板明显，黄褐色，其后缘黑褐色，虫体较苹果小卷叶蛾幼虫大，行动也较敏捷。为害状与苹果小卷叶蛾相似，除卷食叶片外，也舐食果面，不过由于虫体较大，舐食果面造成的虫疤也较大，呈大块片状坑洼。

形态特征

雌成虫体长 10~13 mm，翅展 24~30 mm，土黄色，前翅前缘中部斜向后缘的中带明显，深褐色，两翅闭合时中带呈“V”形，翅面上有网纹。雄成虫身体较小，前翅前缘有明显的前缘褶。卵椭圆形，深黄色，排列成鱼鳞状卵块，比苹果小卷叶蛾稍大，色稍深。老熟幼虫体长 23~25 mm，头、前胸背板黄褐色，其后缘黑褐色，明显，胴部黄绿色。蛹长 10~13 mm，腹部第 2 至第 7 节背面有两横排明显的、大小相近的刺突。

苹果卷叶蛾成虫之一

成虫之二（左雌，右雄）

苹果卷叶蛾幼虫

幼虫及其为害状

发生规律

该虫在辽宁、河北及陕西秦岭北麓和渭北地区 1 年发生 2 代，陕西中部渭河滩地 1 年发生 3 代。以幼龄幼虫在树皮裂缝、翘皮下结白色薄茧越冬。苹果、梨树芽萌动后出蛰为害。越冬代成虫发生期在 6 月上、中旬，少量延迟到 6 月下旬。6 月中、下旬第 1 代幼虫开始为害。第 1 代成虫于 7 月下旬至 8 月下旬出现。年发生 3 代的渭河滩地，5 月中旬至 6 月发生越冬代成虫，7 月上旬至 8 月下旬出现第 1 代成虫，9 月中、下旬出现第 2 代成虫。10 月以后幼虫越冬。

成虫对灯光和糖醋液有明显趋性。

防治方法

参照苹果小卷叶蛾。

黄斑卷叶蛾

学名 *Acleris fimbriana* (Thnuberg)

黄斑卷叶蛾又叫黄斑长翅卷蛾，分布于我国北部和中部果产区，尤以西北较常见，是苹果树的重要卷叶蛾之一，多见于苹果幼树，此外还为害桃、李、杏、山荆子、海棠、杜梨等。

田间诊断

幼虫主要为害叶片，很少为害果实。多在枝条上部卷叶为害，常吐丝缀连几张叶片，在其中咬食叶肉，或者将叶片沿主脉向正面纵折，藏于其间为害和化蛹。老熟幼虫身体黄绿色，头黄褐色，身体呈梭形，中部较粗，两头

黄斑卷叶蛾成虫（左夏型，右冬型）

幼虫及其为害状

较细，不太活泼。

形态特征

成虫体长 7~9 mm，翅展 17~20 mm；分夏型和冬型：夏型成虫前翅金黄色，翅面有银白色突起的鳞毛丛；冬型成虫前翅暗褐色。卵椭圆形，扁平，单粒散产，初产时淡黄白色，以后出现红圈，渐变为暗红色，近孵化时为褐色。老熟幼虫体长 18~22 mm，头和前胸背板黄褐色，胴部黄绿色。蛹长 9~11 mm，黑褐色，头顶有 1 个向背面弯曲的角状突起。

蛹

发生规律

我国东北、华北果区 1 年发生 3~4 代。陕西秦岭北麓和渭北地区 1 年 3 代，渭河滩地 1 年 4 代。以越冬代成虫（冬型）在园内杂草、落叶层中越冬。次年苹果树芽萌动时越冬成虫开始活动，不久即在树干、枝条及芽两侧产卵，幼虫孵出后为害嫩叶。陕西秦岭北麓第 1 代成虫发生期在 5 月中、下旬至 6 月中旬，第 2 代成虫在 7 月中、下旬，第 3 代成虫（冬型）在 9 月下旬开始发生。渭河滩地 1~4 代成虫发生期分别是：5 月中、下旬，7 月中、下旬，8 月中、下旬及 9 月下旬至 10 月上旬。

除越冬代成虫外，以后各代成虫多在叶片正面产卵，尤以枝条中、上部的叶片较多。第1代卵期20天左右，以后各代卵期4~5天。幼虫有转叶为害习性，喜欢为害枝条中上部的幼嫩叶片。夏型成虫对黑光灯和糖醋液有一定趋性。

防治方法

鉴于该虫与多数卷叶蛾不同的以成虫越冬的特性，在果树休眠期清除园内及其周围的杂草、落叶，破坏其成虫的越冬场所，减少其越冬数量应是重要的防治手段。

生长期防治参照苹果小卷叶蛾。

顶梢卷叶蛾

学名 *Spilonota lechriaspis* Meyrick

顶梢卷叶蛾即顶芽卷叶蛾，又叫芽白小卷蛾、拟白卷叶蛾，广泛分布于我国各地，是苹果树的一种常见卷叶蛾。除苹果、梨外，还为害桃、海棠、花红、李、杏、山楂、枇杷等。

田间诊断

幼虫为害顶梢嫩叶，将数张叶片缠缀在一起，并利用叶背绒毛做成致密的虫袋，藏于其中。被害叶苞冬季不落，十分明显。有时还可为害花蕾、花和幼果。剥开被害叶苞在致密的虫袋内可见污白色的幼虫，头部色深，红褐色至黑色。

顶梢卷叶蛾幼虫

为害状

形态特征

顶梢卷叶蛾成虫

成虫体长 6~7 mm，翅展 12~15 mm，身体和前翅淡灰褐色，翅面有许多深褐色波状横纹，后缘外侧有一"△"形褐色斑，两前翅闭合时组成一褐色"◇"形斑。卵长椭圆形，扁平，长约 0.7 mm，宽约 0.5 mm，乳白色，半透明。老熟幼虫 8~10 mm，头部略带红褐色，前胸背板和胸足漆黑色，胴部污白色。蛹 6~8 mm，腹部末端有钩状刺毛 8 个和齿状突 6 个。

发生规律

辽宁、山东、山西 1 年发生 2 代，北京、江苏、安徽、河南 1 年 3 代。陕西中部 1 年 3 代，渭北地区 1 年 2 代。以 2~3 龄幼虫在被害梢的虫苞内越冬。苹果树发芽时越冬幼虫开始出蛰，转害新芽。陕西中部 5 月上、中旬幼虫老熟，陆续化蛹，越冬代成虫发生期在 5 月下旬至 6 月下旬，产卵于枝条中部叶片上，单粒散产，卵期 4~5 天，幼虫孵出后继续为害顶梢嫩叶。当年第 1 代成虫期在 6 月下旬至 7 月下旬，第 2 代成虫在 7 月下旬至 8 月下旬出现，9 月下旬以后幼虫开始越冬。

成虫在黄昏时开始活动，有弱趋光性。

防治方法

基础性防治措施

冬季修剪时彻底剪除被害梢是最有效的防治措施。藏有越冬幼虫的被害梢顶部叶片干枯不落，极易识别。剪下的虫梢应集中放于距果园较远的地方，待到开花以后再烧毁，以便寄生于越冬幼虫体内的寄生蜂正常羽化，达到保护天敌的目的。

在为害十分严重的时候，可以进行药剂防治。喷药时间应掌握在越冬幼虫出蛰活动初期或各代幼虫为害初期，药剂种类可参考苹果小卷叶蛾一节。一般情况下，防治苹果小卷叶蛾时可以得到兼治。

梨瘿蚊

学名 *Diplosis* sp.

梨瘿蚊俗称梨芽蛆、梨叶蛆，以幼虫为害嫩叶。这几年陕西及周边省区梨树被害越来越严重，有些果园为害株率达 100%，受害叶片高达 50%~80%，严重影响梨树的生长和梨果的产量、品质。

田间诊断

幼虫在卷叶内吸食叶片汁液，被害叶开始出现黄色斑点，随后叶面凹凸不平，沿边缘向上紧卷。同时分泌刺激性物质，使叶肉组织肿胀、变脆，不能展开，以致干枯、脱落。

形态特征

成虫像一种很小的蚊子，体长约 1.2 mm。初龄幼虫乳白色，老熟幼虫由乳白逐渐变为橙黄色，最后变为橘红色，体长 1.8~2.4 mm。

梨瘿蚊之一

梨瘿蚊之二

为害状

幼虫

蛹

发生规律

该虫在陕西中部 1 年发生 2~3 代，以老熟幼虫在树盘表土层或树干翘皮裂缝中越冬。成虫多将卵产在未展开的芽、叶缝隙中，每嫩芽或嫩叶有卵数十粒至上百粒。孵化后幼虫即钻入嫩叶中为害，1 片叶中常有几头到几十头幼虫。老熟幼虫喜潮湿环境，只有遇降雨高温天气才脱出。脱叶后幼虫直接弹落地面、入土，或随雨水沿树干下行到地面入土，或潜入适合的翘皮裂缝中，经 3 天左右结茧化蛹，再经 10 多天羽化为成虫，上树产卵，继续为害。

梨瘿蚊的发生与降雨、土壤湿度关系密切。雨多、潮湿的环境有利于该虫的发生和繁殖，如果天气干旱，幼虫虽然老熟，也不脱叶或结茧化蛹。雨后天晴，成虫常大量羽化飞出。树冠郁闭、管理粗放的梨园发生重。

梨瘿蚊的天敌有瓢虫、草蛉、小花蝽、蜘蛛等，对控制为害有重要作用。

防治方法

基础性防治措施

（1）秋冬季深翻果园。春季刮除粗老翘皮，杀灭越冬虫，减少越冬基数。

（2）4~6 月幼虫为害盛期及时剪除被害卷缩叶片，集中烧毁。

无公害食品果园防治技术

（1）春季梨树发芽后，成虫羽化出土前，树盘喷 25%辛硫磷微胶囊 300 倍液。

（2）各代为害初期，喷 50%辛硫磷乳油 3000 倍液，以及其可靠的复配剂。

绿色食品（A 级）果园防治技术

（1）春季梨树发芽后，成虫羽化出土前，树盘喷 25%辛硫磷微胶囊 300 倍液。

（2）各代为害初期，树上喷 20%氰戊菊酯（速灭杀丁）乳油 2000~3000 倍液等。

有机食品、绿色食品（AA 级）果园防治技术

各代为害初期，喷 0.06%茴蒿素 400~500 倍液，或 1%苦皮藤乳油 1000~15000 倍液等植物源杀虫剂。

六、食叶害虫

梨星毛虫

学名 *Illiberis pruni* Dyar

梨星毛虫又名梨叶斑蛾，俗称饺子虫，是为害苹果、梨、桃等果树花、叶的重要害虫。

田间诊断

早春幼龄幼虫蛀入芽内为害，使芽不能正常开绽，或钻入花苞内为害，流出黏液，不能正常开花、坐果，影响产量。老熟幼虫将叶缘粘合成饺子状，在虫苞内咬食上表皮和叶肉，仅留下表皮，严重时全树叶片仅剩干黄的叶脉。幼虫还能蛀食果实，在果面上钻蛀成小洞。

形态特征

成虫身体和翅黑色，体长 9~12 mm，翅展 22~30 mm，雄性触角短羽状，雌性锯齿状，翅半透明，翅面有黑色鳞毛。卵扁椭圆形，初产时白色，后变为黄白色，数十粒乃至百余粒聚集成块。幼虫身体粗短、肥胖，初龄幼虫淡紫褐色，老熟时乳白色，体背两侧有 10 对圆形黑毛瘤。蛹初为黄白色，近羽化时黑褐色。

梨星毛虫成虫

幼虫

为害状

发生规律

该虫在我国北方大部分地区年发生 1 代，在陕西中部、河南西部年发生 2 代，少部分个体可以发生 3 代。以幼龄幼虫在树皮裂缝、翘皮下越冬，苹果树发芽时幼虫开始出蛰为害。陕西中部 5 月中、下旬至 6 月上旬出现越冬代成虫，渭北地区及延安则在 6 月中、下旬。收麦以后是当年第 1 代幼虫为害期，此时数量多、气温高，短期内即可使全树叶片受害干枯。8 月上、中旬以后出现当年第 1 代成虫，幼虫孵出后进行短期为害即越冬。

在甘肃陇东地区发现有绒茧蜂 *Apanteles* sp.、日本黄茧蜂 *Meteorus japonicus* Ashmead、卷蛾寄蝇 *Blondelia* spp. 等寄生性天敌。

防治方法

基础性防治措施

冬季刮粗皮、翘皮，消灭越冬幼虫。

无公害食品果园防治技术

越冬幼虫出蛰率达50%左右时（大约在花蕾期），收麦后，当年第1代幼虫孵出为害初期、尚未形成虫苞时，喷20%甲氰菊酯（灭扫利）乳油2000~3000倍液等，以及其可靠的复配剂。

绿色食品（A级）果园防治技术

越冬幼虫出蛰中期、套袋以后，当年第1代幼虫孵出为害初期、尚未形成虫苞时，喷1次20%氰戊菊酯（速灭杀丁）乳油2000~3000倍液，或2.5%溴氰菊酯2000倍液。

有机食品、绿色食品（AA级）果园防治技术

（1）面积不大的果园，可于开花后组织劳力摘除受害虫苞，减轻第2代为害。

（2）越冬代幼虫出蛰后（苹果树发芽后至开花前），以及第1代小幼虫阶段、尚未包叶以前（当地小麦刚收割后），喷生物农药Bt乳剂（100亿个芽孢/ml）1000倍液，或青虫菌6号悬浮剂1000倍液。

（3）幼虫为害初期尚未形成虫苞时，使用0.06%茴蒿素400~500倍液，或1%苦皮藤乳油1000~1500倍液等植物源杀虫剂喷雾防治。

黑星麦蛾

学名 *Telphusa chloroderces* Meyrick

黑星麦蛾又称苹果卷叶麦蛾，是管理粗放、较少喷药的苹果、梨幼园里一种常见的食叶害虫，严重时使全树叶片枯焦，造成当年发二次叶。

田间诊断

幼虫为害后营造的虫苞比顶梢卷叶蛾的虫苞大且松散，1个虫苞内有数头乃至10余头幼虫，叶片被害仅剩下表皮和叶脉。幼虫头部褐色，身体自前至尾有黄白色与淡紫褐色相间的纵条，极活跃，遇惊动会迅速进退，并能吐丝下垂。

形态特征

成虫体长 5~6 mm，翅展 16 mm 左右，前翅灰褐色，近外缘 1/4 处有 1 条淡色横带从前缘横贯到后缘，横带中部向外缘方向突出，翅中央还有 2 个不太明显的深褐色斑。卵椭圆球形，淡黄色，散产或数粒成堆。老熟幼虫长 10~11 mm，头褐色，前胸背板黑褐色，胴部背面有多组黄白色与淡紫褐色相间的纵条。蛹 6 mm，腹部第 7 节后缘有并列的暗黄色刺突。

黑星麦蛾成虫

幼虫

发生规律

该虫在陕西、河北 1 年 3 代，河南 1 年发生 4 代，以蛹在杂草、落叶和土块下越冬。陕西中部 4 月中、下旬苹果树发芽以后越冬代成虫羽化，在新梢顶部未伸展开的叶片基部产卵，初孵幼虫在未展开的嫩叶中为害，稍大后即吐丝、卷叶、做巢。5 月下旬幼虫老熟，在叶苞内结茧、化蛹。第 1 代成虫在 6 月上、中旬出现，以后世代重叠。9 月中、下旬至 10 月老熟幼虫落地化蛹越冬。

成虫白天潜伏于土块下等隐蔽部位，黄昏时飞翔。

防治方法

基础性防治措施

果园面积小或发生数量较少时，5 月下旬至 6 月初成虫羽化前摘除被害虫苞，可以减轻下代为害。

无公害、绿色、有机食品果园防治技术

参照梨星毛虫。

苹果巢蛾

学名 *Yponomeuta padrlla* Linnaeus

苹果巢蛾多见于管理粗放的果园和苗圃，在经常喷药的果园几乎绝迹。寄主植物有苹果、海棠、沙果等。

田间诊断

初龄幼虫为害嫩叶和花瓣，大幼虫暴食叶片，仅残存枯黄碎片。吐丝、拉网、营巢是其特点，巢内有许多幼虫群集为害。幼虫身体暗黑色，每节背面各有1对黑色圆斑。

形态特征

成虫白色，有丝质光泽，体长9~10 mm，翅展23 mm左右，胸部背面有5个黑点，前翅有小黑点30~40个，排列成不规则的3行，后翅银灰色。卵椭圆形，30~40粒排列成鱼鳞状卵块。幼虫暗黑色，头、前胸背板和臀板黑色，身体各节背面有2个黑色圆斑，老熟时体长20 mm左右。蛹黄褐色，外被白色薄茧，长约6~11 mm。

苹果巢蛾成虫

为害状

发生规律

1年发生1代，以幼龄幼虫在卵鞘下越夏、越冬。苹果树发芽时开始活动，为害嫩芽，吐丝做网。陕西中部5月中、下旬，网内幼虫结茧化蛹，5月下旬至6月初成虫羽化。陕西渭北6月上、中旬见成虫。成虫夜间飞翔、交尾，多选择1~2年生枝条阴面产卵。

防治方法

基础性防治措施

剪除虫巢，及时烧毁。

无公害、绿色、有机食品果园防治技术

参照梨星毛虫。

淡褐巢蛾

学名 *Swammerdamia pyrella* Villers

淡褐巢蛾是一种常见的为害苹果、梨花芽和叶片的害虫。陕西、甘肃、山西、辽宁等地报导有该虫为害。寄主还有山楂、樱桃等。

田间诊断

苹果树花芽萌动时，幼虫窜入芽内为害，并吐丝缠绕，使花芽不能正常开放，被害花芽流出褐色黏液。为害叶片时在叶片正面拉网，幼虫悬于网上，舐吃叶片上表皮和叶肉，仅剩下表皮。老熟幼虫长约 10 mm，头和尾较中部细，体背中央有 1 条较细的黄色纵带，两侧各有 1 条较宽的枣红色纵带。幼虫活泼，遇惊动能进能退，老熟后在网内做白色茧，梭形，并在其中化蛹。

淡褐巢蛾成虫

幼虫

形态特征

成虫体长 4~5 mm，翅展 13 mm 左右，头和胸部背面有白色鳞毛，前翅灰白色，前缘近顶角有 1 个白斑，后翅淡灰褐色。卵椭圆形，略扁平，长径 1.5 mm，短径 1 mm。老熟幼虫长约 10 mm，头部淡褐色，身体淡黄色，背线黄色，较细，亚背线枣红色，较宽。蛹黄褐色，长约 6 mm，外包梭形灰白色茧。

发生规律

陕西、甘肃、山西 1 年发生 3 代，以幼龄幼虫在树皮裂缝、剪锯口、芽痕、叶痕、果台等处结薄茧越冬。苹果树芽萌动时越冬幼虫出蛰、害芽，展叶后为害叶片。陕西中部4月下旬幼虫开始化蛹，5月上、中旬为化蛹盛期，5月中旬至6月上旬发生越冬代成虫，7月上旬至8月上旬为第1代成虫期，8月下旬至9月下旬为第2代成虫期。10月中、下旬幼虫开始越冬。该虫在辽宁1年也发生3代，但以蛹在杂草、落叶、土缝等处越冬。

成虫有趋光性。

防治方法

春季防治梨星毛虫和卷叶虫时可以兼治该虫。参照梨星毛虫。

舟形毛虫

学名 *Phalera flavescens* (Bremer et Grey)

舟形毛虫又称苹果舟蛾、苹掌舟蛾、苹果天社蛾，是苹果、梨树年生长后期的一种常见的食叶害虫。分布广，食性杂，除苹果、梨外，还为害桃、杏、李、梅、樱桃、海棠、楸子、沙果等。近年在管理较好的果园已很少见。

田间诊断

由1个卵块孵化的幼虫群集在这张叶片上为害，叶片上表皮和叶肉被吃光，仅剩网眼状下表皮。由于食料不足，幼虫稍大后即分散为害，相对集中于1个枝条，严重时可把该枝条的叶片吃光，仅剩叶柄。幼虫紫褐色，静止时头、尾上翘，形似船。幼树受害全树叶片常被吃光，对树的生长发育影响很大。

形态特征

成虫体长约25 mm，翅展约55 mm。前翅淡黄白色，翅基有1个椭圆形暗灰褐色斑块，外缘有6个同样色调的扁圆形斑块，排成一长带。卵球形，直径约1 mm，数十粒至几百粒集中成块，产于叶背，初产时淡绿色，近孵化时灰色。幼虫，初龄时黄绿色，老熟时胴部背面紫褐色，腹面紫红色，头黑色，身体上有黄白色长毛，体长50 mm以上。蛹红褐色，长20~23 mm，末端臀棘为2个二分叉的刺。

发生规律

1年发生1代，以蛹在土内越冬。陕西中部6月上旬始见成虫，渭北果区6月中旬始见成虫，盛期在7月，末期到8月中旬。卵期约7天，8~9月为幼虫为害盛期，10月中、下旬老熟幼虫沿树干下爬或吐丝坠落入土化蛹。

成虫有趋光性，白天静伏于隐蔽处，夜间活动。幼虫受惊吐丝下垂。

舟形毛虫成虫

群集的幼虫和为害状

防治方法

基础性防治措施

(1) 利用幼龄幼虫群居习性，及时摘除被害虫叶，踏死尚未分散之幼虫。利用幼虫受惊坠落的习性，振落、踩踏杀灭。

(2) 秋末深翻树盘范围的土壤，将越冬蛹暴露于地表冻死。

绿色、有机食品果园防治技术

(1) 在受害面积大、为害严重的情况下，可喷生物农药 Bt 乳剂 (100 亿个芽孢/ml) 1000 倍液，或青虫菌 6 号悬浮剂 1000 倍液。

(2) 幼虫为害初期，喷 0.06%茴蒿素 400~500 倍液，或 1%苦皮藤素乳油 1000~1500 倍液等植物源杀虫剂。

苹梢鹰夜蛾

学名 *Hypocala subsatura* Guenee

苹梢鹰夜蛾又称苹果梢夜蛾，在我国北方和南方均有分布，除为害苹果、梨外，还为害柿、栎等。

田间诊断

幼虫为害苹果嫩梢，被害新梢尖端几张叶片仅剩主脉、侧脉和絮状残余。剥开刚被害不久的嫩梢，可见 1 个头部略比胸、腹部小，腹部稍粗胖的幼虫。为害严重时对幼树迅速形成树冠有影响。幼虫还可钻食幼果，也为害苗木。

形态特征

成虫体长 14~20 mm，翅展 34~38 mm。前翅斑纹、颜色变异很大，一般为紫褐色，反面有黄、黑相间斑纹。后翅斑纹无变异，臀角有 2 黄色圆斑，中室有一黄色回形条纹。卵半球形，污白色，卵面有一棕褐色环。老熟幼虫体长 30~35 mm，花纹和颜色变异很大，一般头部黄褐色，身体淡绿，两侧各有 1 条黑色带；有的个体头部黑色，身体褐色，两侧黑带特别明显。蛹长 14~17 mm，红褐色至深褐色，腹末有 4 条并列的刺。

苹梢鹰夜蛾和柿梢鹰夜蛾的成虫和幼虫形态相近，从成虫后翅的斑纹可以区分开（见下图）。2 种幼虫都可以为害苹果、梨、柿树等。

苹梢鹰夜蛾幼虫和为害状

苹梢鹰夜蛾成虫

为害状

柿梢鹰夜蛾成虫

发生规律

此虫在北方果区大部分地方 1 年发生 1 代，少部分个体可发生 2 代，以蛹在果园土内越冬。越冬代成虫于 5 月中旬至 6 月下旬发生，高峰期在 5 月下旬，正值陕西中部收割小麦前夕或初期。此时即可发现小幼虫为害新梢，为害盛期在 6 月上、中旬，幼虫老熟后落地入土。7 月下旬至 9 月上旬还可陆续见到当年第 1 代成虫，但为数不多。第 2 代幼虫为害轻微，与寄主叶片老化有关。

卵多产在新梢顶端第 3~5 张嫩叶背面的毛丛中，单粒散产。

幼虫斑纹和体色的变化之一

变化之二

变化之三

变化之四

（王仁梓图）

该虫在苹果园内是偶发性害虫，陕西中部1965年、1977年、1983年和1984年大发生，以后也有大发生的情况。防治不及时可能造成严重受害，全树新梢无一完整，因此及时的预测和防治是非常必要的。据报道该虫有长距离迁飞习性，北方果区大发生年份的虫源可能来自南方。

成虫有趋光性，1977年作者曾在周至县果园用1盏黑光灯1夜诱集到200多头成虫，据此及时发出大发生预报，凡及时防治的果园，收效显著。

该虫幼虫期的主要天敌有双斑撒寄蝇 *Salmacia bimaculata* Wiedemann 及夜蛾拟瘦姬蜂 *Netelia* (*Netelia*) *ocellaris* (Thomson) 等。

防治方法

基础性防治措施

(1) 每年5、6月在果园附近设置黑光灯监测成虫发生情况，及时指导防治工作。

(2) 5月底至6月初，幼虫为害初期根据害状进行人工捕杀。

无公害、绿色害食品（A级）果园防治技术

由于该虫是偶发性害虫，一旦发生，数量会很大，在短时间内可能使几乎所有嫩梢被害，这对苹果幼园来说影响很大，所以有必要在幼虫为害初期进行适当的药剂防治，5月底至6月初幼虫为害初期，对树冠外围新梢喷布

2.5%溴氰菊酯（敌杀死）3000倍液，或50%辛硫磷1000倍液等。

有机食品、绿色食品（AA级）果园防治技术

（1）幼虫为害初期，喷生物农药Bt乳剂（100亿个芽孢/ml）1000倍液，或青虫菌6号悬浮剂1000倍液。

（2）幼虫为害初期，喷0.06%茴蒿素400~500倍液，或0.2%苦皮藤素倍液等植物源杀虫剂。

燕尾水青蛾

学名 *Actas selene ningpoana* Feleer

燕尾水青蛾又叫大水青蛾、绿尾大蚕蛾，寄主植物有苹果、梨、沙果、海棠、樱桃等果树，还为害部分用材树种。

田间诊断

燕尾水青蛾是一种大型食叶害虫，幼虫翠绿色，身体粗壮，近似六楞形，常把叶片吃光，仅剩叶柄。

燕尾水青蛾成虫

幼虫

形态特征

成虫长28~35 mm，翅展110~120 mm，身体白色，翅粉绿色，前翅三角形，前缘暗紫色，后翅尾角突出呈燕尾状，前、后翅中央各有1个眼状斑。卵鸡蛋形，淡褐色。老熟幼虫体长80~100 mm，翠绿色，身体粗壮六楞状，每节有6个明显的毛瘤，蛹紫黑色，外被黄褐色椭圆形茧。

发生规律

1年发生2代，以蛹在杂草上越冬。5月上旬至6月上旬越冬代成虫羽化并产卵，5 月下旬早期产的卵开始孵化，5 月末至 6 月是第 1 代幼虫为害期；6 月中旬至 7 月上旬化蛹，7 月上、中旬发生第 1 代成虫，8、9 月是第 2 代幼虫为害期。9 月下旬老熟幼虫做茧、化蛹越冬。成虫有趋光性。

防治方法

可采用人工捕杀幼虫和灯光诱杀成虫。一般无需专门喷药防治，在防治其他害虫时可以得到兼治。

桃剑纹夜蛾

学名 *Acronycta incretata* Hampson

桃剑纹夜蛾又称苹果剑纹夜蛾，是果园内一种常见而又零星为害的食叶害虫。寄主植物有苹果、梨、桃、李、杏、梅、樱桃、山楂等果树。

田间诊断

蚕食叶片造成缺刻，也能啃食果面造成不规则的坑洼。幼虫色彩鲜艳，背部橙黄色，两侧黑色，并有多对毛瘤。

桃剑纹夜蛾成虫

幼虫和为害状

形态特征

成虫体长 18~22 mm，身体和前翅灰褐色，翅面有黑色剑纹 3 条，1 条在翅基，2 条在端部，外缘有 1 列黑点，后翅白色，外缘污黑。老熟幼虫体长 40 mm 左右，头黑色，体背有 1 条橙黄色纵带，由胸部延伸到腹末，纵带两侧每节有 1 对黑色毛，其上着生多根黑褐色长刚毛，腹部第 1 节背面有一突起的黑毛丛。蛹长约 20 mm，黄褐至棕褐色，有光泽，1~7 腹节前半部有刻点，腹末有 8 根钩刺。

发生规律

1 年发生 2 代，以蛹在土内越冬。越冬代成虫发生期在 5 月上旬至 6 月上旬，第 1 代成虫于 7、8 月间发生，从 5 月中、下旬到 10 月均可发现田间有幼虫为害。成虫有趋光性。

防治方法

一般情况下为零星发生，不必专门化学防治。

无公害食品果园防治技术

如果发生数量多时可喷 2.5%溴氰菊酯（敌杀死）3000 倍液，或 50%辛硫磷乳剂 1000 倍液等。

舞毒蛾

学名 *Lymantria dispar* (Linnaeus)

舞毒蛾又称秋千毛虫、柿毛虫，是世界著名的杂食性大害虫。食性很广，寄主植物多达 500 多种，接近林区的果园受害较重。果树中苹果、梨、桃、柿、核桃、山楂、李、杏等均可受害。

田间诊断

幼虫为大型毛虫，身体背面有蓝色毛瘤 5 对和红色毛瘤 7 对。蚕食叶片，严重时可将全部叶片吃光，还可啃食果实。

形态特征

成虫雌雄异型。雌性体长 25 mm 左右，翅展 78~93 mm。身体和翅淡褐色，前翅有许多褐色斑纹；雄性体长约 20 mm，翅展 41~54 mm，体翅暗褐，前翅有黑褐色波状纹。卵球形，聚产成块，外覆淡黄色绒毛。老熟幼虫体长 60 mm 左右，头部黄褐色，正面有“八”字形黑纹，前胸节至第 2 腹节背面有 5 对蓝色毛瘤，第 3 至第 9 腹节背面有 7 对红色毛瘤。蛹长 19~34 mm，深褐色，体节上有黄毛丛。

舞毒蛾成虫 (左雌，右雄)

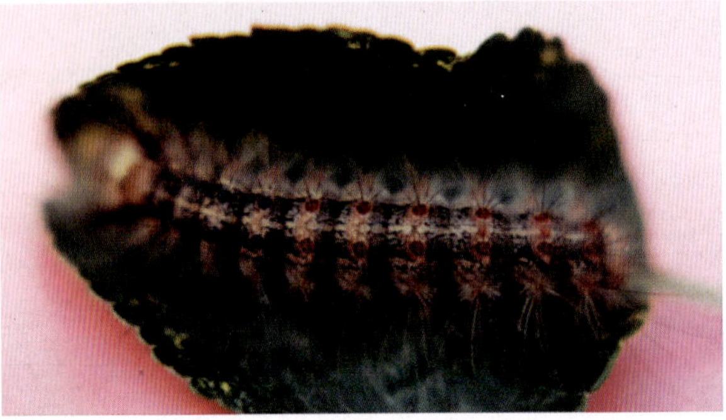

舞毒蛾幼虫

发生规律

1年发生1代，以卵块在树干上、梯田壁、石块等缝隙处越冬。次年4月果树发芽后，卵开始孵化。初孵幼虫先聚集在原卵块上，气温回升时上芽为害。初龄幼虫受惊动后吐丝下垂，随风飘荡。幼虫白天静伏于树皮裂缝等隐蔽处，夜间上树取食。6月底至7月初幼虫老熟，爬到树皮、裂缝、枯枝落叶层等处化蛹，蛹期10~14天。7月下旬至8月上、中旬成虫羽化，最早在6月下旬可见成虫，雄蛾活泼，常成群在林间旋转飞舞，雌蛾活动迟缓。交尾后产卵越冬。每头雌蛾产卵400~1200粒。

由于该虫食性杂、寄主多，靠近山林的果园较易发生。

舞毒蛾的自然天敌种类很多，对控制该虫的发生起重要作用，这也是该虫的发生相对有周期性的原因之一。

防治方法

应重视林区周围果园的监测和防治。

基础性防治措施

(1) 人工杀灭越冬卵块。

(2) 灯光诱杀成虫。

无公害、绿色食品果园防治技术

利用幼虫白天下树隐蔽，傍晚上树为害的习性，用普通粉笔作载体，每支平均吸附溴氰菊酯（敌杀死）药液2 ml，制成毒笔，围绕树干画双环，阻杀幼虫上树。

李枯叶蛾

学名 *Gastropacha quercifolia* Linnaeus

李枯叶蛾分布很广，寄主植物有苹果、梨、桃、李、梅等果树及其他林木。

田间诊断

老熟幼虫是大型毛虫，身体暗褐色。蚕食叶片，严重时可将全树叶片吃光。冬季静伏于枝条上越冬。

形态特征

成虫体长 40~45 mm，翅展 42~81 mm，全体浓茶褐色，前翅中部有 3 条波状线纹，外缘和后缘锯齿状，后翅有 2 条波状线纹，前缘部分橙黄色，停息时伸出于前翅之外，极像枯叶。卵鸡蛋形，灰白色，上有白色带状花纹。老熟幼虫体长 90~100 mm，扁平，暗褐色，中胸和后胸背面各有一黑蓝色横形毛块，腹部各节背面有褐色毛 1 对，第 8 腹节背面有一角状突起。蛹深褐色，长 30 mm 左右，外被暗褐色或暗灰色茧，并附幼虫体毛。

李枯叶蛾成虫之一

成虫之二

幼虫

发生规律

李枯叶蛾在东北、华北 1 年 1 代，宁夏 1~2 代，陕西、河南 2 代，江西 3 代。以幼虫静伏于枝条上越冬。发生 2 代的地区果树发芽后取食芽和叶，5 月上旬至 6 月中旬出现越冬代成虫，交尾后在叶背产卵，6 月初开始第 1 代幼虫为害。第 1 代成虫发生于 8 月上旬至 9 月中旬，幼虫孵出后继续为害一段时间，10 月中、下旬越冬。

成虫均具趋光性，幼虫白天静伏枝条上，夜间取食。

苹果枯叶蛾

学名 *Odonestis pruni* Linnaeus

苹果枯叶蛾的分布和寄主范围与李枯叶蛾相似。

田间诊断

老熟幼虫体长比李枯叶蛾稍短，身体扁平，背面有紫、蓝、橙色相间的花纹，两侧有长毛，蚕食叶片形成大的缺刻，甚至把叶片吃光，仅留叶柄。

形态特征

苹果枯叶蛾成虫

成虫体长 22~26 mm，翅展 45~73 mm，全体橙黄色，前翅内、外横线黑褐色，之间有一白斑，后翅颜色较淡。卵，近圆球形，有白色带状花纹。老熟幼虫体长 56 mm，头部灰色，身体背面有紫、蓝、橙色相间的花纹，中、后胸背面各有一黑褐色横列毛丛，第 8 腹节背面有一瘤状突起。蛹紫褐色，长约 45 mm，外被白色丝茧。

发生规律

苹果枯叶蛾在东北、华北 1 年 1 代，河南、陕西 2 代。以幼虫在枝条上静伏越冬，果树发芽后幼虫为害嫩芽和叶。年发生 2 代地区 5 月中、下旬幼虫缀合叶片做白色丝茧，并在其中化蛹。5 月下旬至 7 月下旬发生越冬代成虫，第 1 代成虫于 7 月中、下旬至 9 月上旬出现，秋季第 2 代幼虫为害一段时期后越冬。

成虫均具趋光性，幼虫白天静伏枝条上，夜间取食。

防治方法

(1) 结合冬季修剪，捕杀越冬幼虫。

(2) 灯光诱杀成虫。

(3) 发生数量多时，春季结合卷叶虫、星毛虫防治可得到兼治。

苹果雕翅蛾

学名 *Anthophila pariana* Clerck

苹果雕翅蛾分布于我国北方果产区。寄主植物除苹果外，还有山楂、桃、李、杏、海棠、山荆子等。

田间诊断

幼虫先为害新梢嫩叶，然后转移到老叶上取食。在叶面吃上表皮及叶肉，仅剩下表皮，并吐丝拉网，使叶片微上卷。也有将2~3片嫩叶缀连成团取食的。严重时叶片枯焦、脱落。幼虫黄色，老熟时长约10 mm。

形态特征

成虫体长5 mm左右。深紫褐色或褐色，前翅褐色（雌蛾）或紫褐色（雄蛾），翅面上有2条较明显和2条不明显的灰白相间的波状横纹，停息时两翅平覆身体上呈三角形。卵扁圆形，直径0.4 mm，初为乳白色，后为乳黄色，卵顶有一紫红色圆环。幼虫黄色，老熟时长约10 mm，从前胸到腹部末节各节背面有1~2排黑色毛瘤。蛹灰黄褐色，长5~6 mm，蛹外有2层纺锤形白色透明的薄茧。

苹果雕翅蛾成虫

茧和蛹壳

发生规律

吉林长春和山西晋中地区1年发生3代，甘肃天水及陕西凤县1年发生3~4代。以成虫或蛹在枯草中、枯枝落叶上、树干裂缝内及树干基部越冬。甘肃天水和陕西凤县3月底至4月初出现越冬成虫和新羽化的成虫，4月上、中旬开始产卵，卵期5~8天，5月上、中旬出现第1代幼虫，幼虫期约20天左右。幼虫多在主脉夹角之间、果实萼洼或梗洼等处化蛹，蛹期8~12天。第

2~4 代幼虫为害期分别在 6 月上、中旬、7 月中旬和 8 月。幼虫活泼，受惊扰时能迅速逃离原处，吐丝下垂、转害新叶。

蛹期有 1 种姬蜂 *Diadema* sp.寄生。

防治方法

基础性防治措施

冬季清园，消灭杂草、落叶、减少越冬虫源。

无公害、绿色食品果园防治技术

发生严重的地区，第 1 代幼虫为害初期 (约在苹果落花后不久)，喷 2.5%溴氰菊酯 (敌杀死) 3000 倍液，或 50%辛硫磷乳剂 1000 倍液等。

山楂粉蝶

学名 *Aporia crataegi* Linnaeus

山楂粉蝶又称山楂绢粉蝶、梅白粉蝶，分布广泛。寄主植物有苹果、梨、山楂、桃、杏、李、樱桃、梅等果树及多种林木。

田间诊断

幼虫为害嫩芽、花和叶，严重时能将叶片吃光。

形态特征

山楂粉蝶成虫交尾

成虫体长 22~26 mm，翅展 64~76 mm，体黑色，触角黑色，端部黄白色，前、后翅白色，翅脉和外缘黑色。卵，上部小、底部膨大，三角瓶形，几十粒排列为 1 卵块。老熟幼虫长 38~45 mm，胴部背面有 3 条黑色纵带，其间相间 2 条橙褐色纵带。蛹橙黄色，有黑色斑点，尾端附着于枝条上，腰部有 1 丝带与附着物相连，酷似电工的“保险带”。

发生规律

1 年发生 1 代，在 3 龄幼虫将树梢顶端的几张叶片以丝缀合而成的虫巢中越冬。3 月中、下旬果树发芽后越冬幼虫出巢，在枝条上吐丝拉网，为害嫩芽、花，并缀叶为害。被害叶片仅剩下表皮，呈油纸状。5 龄幼虫分散为害。幼虫老熟后在枝干、叶片以及杂草、石块等处化蛹，陕西中部和渭北果区 5 月中、下旬成虫羽化，此时正值大葱开花之

山楂粉蝶成虫

蛹

时，交尾后产卵于叶片上，6 月上、中旬卵孵化为幼虫，为害一段时间，于 7 月中、下旬以 3 龄幼虫缀叶做巢越夏、越冬。

山楂粉蝶的天敌主要有菜粉蝶黄绒茧蜂 *Apanteles glomeratus* L.和微红绒茧蜂 *Apanteles rubecula* Mersh，寄生率常达 50%~80%。幼虫还能感染核多角体病毒。

防治方法

基础性防治措施

结合冬季修剪，剪除越冬虫巢，集中销毁。

无公害果园防治技术

果树发芽后和 6 月上、中旬幼虫为害初期喷 2.5%溴氰菊酯（敌杀死）3000 倍液，或 50%辛硫磷乳剂 1000 倍液等。

绿色、有机食品果园防治技术

(1) 园内种植豆科绿肥，或在果园附近种植少量十字花科蔬菜，引诱菜粉蝶为害。因为菜粉蝶和山楂粉蝶有共同的天敌，可以增强天敌的控制作用。

(2) 春季果树发芽后，结合防治卷叶虫、梨星毛虫等喷生物农药 Bt 乳剂 (100 亿个芽孢/ml) 1000 倍液，或青虫菌 6 号悬浮剂 1000 倍液。

梅木蛾

学名 *Odites issikii* Takahashi

梅木蛾也叫五点木蛾、樱桃堆砂蛀蛾、卷边虫，寄主植物除苹果、梨外，还有樱桃、梅、葡萄、李、桃、蔷薇、榆、柳等。陕西、河北、辽宁等省均有发生。上世纪末期陕西个别地方有为害成灾的情况。这是次要害虫上升为主要害虫的又一实例。

田间诊断

初龄幼虫在叶片正面或背面构筑“一”字形隧道，幼虫藏于隧道中，取食隧道两端的叶组织；2、3 龄幼虫在叶缘卷边，虫藏于卷边内，食害卷边两端的叶组织，幼虫切割叶缘附近的一块组织，纵卷成筒状，叶筒一端与叶片连接，叶筒内的幼虫黄绿色，头赤褐色。幼虫老熟后在叶筒内化蛹。

梅木蛾为害状之一

为害状之二

形态特征

成虫体长 6~7 mm，翅展 16~20 mm，身体黄白色，前胸背板端部有一黑斑，翅灰白色，缘毛细长，前翅近基部 1/3 处有 1 对黑斑，与胸部的黑斑构成明显的 5 个大黑点，前翅外缘还有 1 列小黑点。卵长圆形，米黄色至淡黄色，卵面有细密的突起花纹。幼虫头和前胸背板赤褐色，胴部黄绿色；老熟时体长 15 mm 左右。蛹赤褐色，长约 8 mm，头顶有 1 个凹凸不平的球状突起物。

梅木蛾成虫

幼虫

发生规律

陕西中部 1 年发生 3 代，以初龄幼虫在树皮裂缝、翘皮下结薄茧越冬。春季果树发芽后越冬幼虫出蛰为害，5 月中旬开始化蛹，5 月下旬至 6 月底出现越冬代成虫。成虫在叶背主脉两侧产卵，也有产于叶痕或芽痕，少数产于叶面，一般单粒散产。卵期 10 天左右。6 月上旬至 7 月中旬为第 1 代幼虫为害期，7 月上旬至 8 月初为第 1 代成虫发生期；7 月中旬至 9 月中旬为第 2 代幼虫为害期，9 月上旬至 10 月上旬为第 2 代成虫发生期。卵孵化为幼虫后，初龄幼虫为害一段时间，10 月底至 11 月初开始越冬。

幼虫多夜间取食，成虫夜间羽化和交尾，每头雌成虫平均产卵 70 余粒，成虫对黑光灯有趋性。

防治方法

基础性防治措施

(1) 冬季刮老翘皮，杀灭越冬幼虫。

(2) 黑光灯诱杀成虫。

无公害、绿色食品果园防治技术

苹果树发芽后结合防治卷叶虫，喷 2.5%溴氰菊酯（敌杀死）3000 倍液等药剂。如果发生严重，可于 6 月上、中旬第 1 代幼虫为害初期专门进行 1 次药剂防治。

苹果鞘蛾

学名 *Coleophora nigricella* Stephens

苹果鞘蛾又叫苹黑鞘蛾、苹果筒蛾，寄主植物有苹果、梨、海棠、山楂、桃、李、樱桃等，分布于辽宁、河北、山东、山西、陕西等地。

苹果鞘蛾幼虫的鞘

田间诊断

幼龄幼虫潜叶为害，稍大后身体外套麦粒大小的护鞘。

形态特征

成虫体长 4 mm，翅展 13 mm，体、翅灰褐色，前翅柳叶形，翅 1/3 和 2/3 处各有一深色斑，后翅狭长，均有长缘毛。老熟幼虫体长约 8 mm，暗黄色，头和前胸背板黑褐色，护鞘枯黄色。蛹暗褐色，长约 4 mm。

发生规律

1 年 1 代，以藏于护鞘内的幼虫在枝干上越冬，果树发芽后转移到嫩芽或叶片上为害。4 月下旬至 5 月幼虫老熟在护鞘内化蛹，成虫于 5、6 月出现。交尾后产卵于叶片上，初龄幼虫潜叶为害，稍大体外套麦粒状护鞘，取食时头胸从护鞘伸出，先咬破叶下表皮，成一孔洞，以该洞为中心取食周围叶肉，留上、下表皮，形成直径不足 1 cm 的圆形枯斑，严重时 1 张叶片有 10 多个枯斑，造成叶片早落。

防治方法

一般不必进行专门的化学防治。

无公害、绿色食品果园防治技术

数量多时可在幼虫为害初期喷 50%辛硫磷 1500 倍液，或 2.5%溴氰菊酯（敌杀死）2000 倍液等。

刺槐尺蠖

学名 *Napocheima robiniae* Chu (*Meichihuo citiuai* Yang)

刺槐尺蠖又叫刺槐眉尺蠖，因最早发现于陕西眉县而得名，分布于陕西、山西、河南、河北及新疆等地，是一种重要的农林害虫。寄主植物包括林木、果树和农作物等，其中以刺槐、苹果和梨受害最重。此虫是因上世纪 70 年代初期陕西眉县秦岭北麓刺槐林和苹果园严重受害而引起重视的。

田间诊断

幼虫蚕食叶片和幼果，使大面积刺槐林叶片被吃光，当年发二次叶。果树叶片被害残缺不全，幼果被啃食成不规则坑洼，致果实畸形。幼虫头部深黄色，身体淡黄色，自前端至尾端有数条线纹。因为幼虫缺少部分腹足，行动时腹部拱起，呈桥状。

形态特征

雄成虫体长 14~17 mm，翅展 33~42 mm，触角羽状，前翅黄褐色，外横线和内横线黑色弯曲，两线外侧有白色线，两线间为暗褐色。中室上有一长点形黑斑，后翅淡褐色。雌成虫，无翅，体长 13~19 mm，触角丝状，体被暗褐色或淡黑色鳞片。卵圆筒形，暗褐色，高 0.8~0.9 mm，顶部直径 0.5~0.6

mm，数十粒至数百粒聚产在一块。幼虫老熟时长约45 mm；头深黄色，颅侧区有4列倒八字形黑斑，体淡黄色，背线、亚背线、气门上线、气门下线和亚腹线灰褐色或紫褐色，各线边缘为淡黑色。气门线黄白色，腹线淡黄色，气门黑色。蛹棕褐色，纺锤形，外被椭圆形土茧。

刺槐尺蠖成虫（左雌，右雄）

幼虫及其为害状

发生规律

陕西1年发生1代，以蛹在深3~9 cm的土中越冬，尤以根颈部位数量最多。次年2月下旬（刺槐和苹果树尚未发芽）成虫开始羽化，3月中旬至4月上旬为羽化盛期，末期在4月中旬，发蛾期长达50天。成虫于羽化后当晚7时至深夜在树干部位交尾，雌蛾交尾后数小时即开始产卵，一般当日晚把卵产完。雌蛾沿树干爬至1年生枝梢端部的阴面产卵，在苹果树上除产于1年生枝梢端部外，还产在较粗枝条的树皮上。卵发生期基本上与成虫发生期同步。卵期长短随气温而异，10℃条件下（3月上旬）平均31天，16℃条件下（3月下旬）平均15.5天。4月上旬卵开始孵化，中旬为盛期，下旬结束，先后历时20余天。幼虫3龄以前食量较小，4龄以后食量大增。幼龄幼虫有随风飘荡、远距离传播的习性，从刺槐林扩散到附近的农作物和果树主要靠此途径。5月中旬幼虫陆续老熟下树，下旬进入盛期，6月上旬下树结束，前后历时20余天。幼虫钻入土中结茧，经过40余天的前蛹期，化蛹越冬。

刺槐眉尺蠖在自然界的天敌种类很多，捕食性鸟类有长尾兰雀、画眉、杜鹃、麻雀等，捕食性昆虫有黑腹胫步甲 *Calosoma maximovicze* Mor.、青腹胫步甲 *Calosoma inquisitor* L.、中华曲胫步甲 *Campalita chinoso*、齐步甲 *Apotomopterus* sp.、通缘步甲 *Pterostichus* sp. 以及姬蝽、猎蝽等。卵寄生蜂有舟形毛虫黑卵蜂 *Telenomus kolbei* Mayr、黑卵蜂 *Telenomus* sp.、松毛虫赤眼蜂 *Trichogramma dendrolimi* Matsumura、赤眼蜂 *Trichogramma* sp.等。幼虫寄生蜂有绒茧蜂 *Apantales* sp.、屏腹茧蜂 *Acampsis* sp.等。另外，幼虫和蛹常感染

白僵菌。

防治方法

为害苹果树的刺槐尺蠖主要来源于刺槐林，因此防治苹果园的该虫必须从刺槐林入手，辅之以果园的必要防治。

无公害、绿色食品（A级）果园防治技术

（1）用普通粉笔作载体，每支平均吸附溴氰菊酯（敌杀死）原液2 ml，制成毒笔。雌成虫上刺槐树产卵前在树干上画双环，可阻止雌成虫上树产卵。同期在树干基部绑塑料薄膜阻隔带，也可阻止雌成虫上树，并被迫把卵产在阻隔带下方，便于消灭卵块。

（2）必要时可喷50%辛硫磷乳油2000倍液，或2.5%溴氰菊酯（敌杀死）3000倍液等。

有机食品、绿色食品（AA级）果园防治技术

（1）在成虫出土盛期前，对刺槐林地喷洒白僵菌粉（50亿个孢子/g），毒杀出土成虫。

（2）在3龄幼虫以前，对刺槐林喷洒生物农药Bt乳剂（100亿个芽孢/ml）1000倍液，或青虫菌6号悬浮剂1000倍液，毒杀幼虫。

（3）果园里幼龄幼虫期喷生物农药Bt乳剂（100亿个芽孢/ml）1000倍液，或青虫菌6号悬浮剂1000倍液。

桑褶翅尺蠖

学名 *Zamacra excavata* Dyar

桑褶翅尺蠖常与刺槐眉尺蠖同时发生，也是一种既为害刺槐等林木，又为害苹果、梨等果树的杂食性害虫。

桑褶翅尺蠖成虫

田间诊断

幼虫沿叶缘吃害，造成大的缺刻，也可啃食幼果，造成缺损。幼虫黄绿色，背面有3个明显的角状肉突，身体弯曲成“?”形。

形态特征

成虫雌雄性都有翅，雄蛾体长12~16 mm，翅展30~40 mm，触角羽状；

雌蛾体长 15~18 mm，翅展 35~42 mm，触角丝状，翅底色灰褐，上有赤色和白色斑纹，外线及内线黑色，粗而曲折，后翅前缘向内曲。静止时翅折叠如纸扇，竖立于体背。卵扁圆形，褐色，顶部略凹陷，聚产，但排列稀疏。幼虫黄绿色，头黄褐色，后缘有黑斑，腹部第 2、第 3、第 4 节背面各有一角状肉刺突，第 8 腹节背面有 1 对肉刺突，其余各腹节背面均有 1 对黑色短小刺突。蛹红褐色，长约 12~16 mm。

桑褶翅尺蠖幼虫和为害状

发生规律

1 年发生 1 代，以蛹在土内越冬，蛹外有扁椭圆形土茧，多附着于根颈部位的树皮上。各虫态发生时期基本与刺槐尺蠖相同。

防治方法

参照刺槐尺蠖一节。不过该虫雌雄蛾均有翅，阻隔雌成虫上树产卵的方法不适用于该虫。

赤纹毒蛾

学名 *Orgyia gonostigma* (Linnaeus)

赤纹毒蛾是一种果园内常见但一般情况下发生量不大的食叶害虫。

田间诊断

幼虫体色鲜艳，其重要特征是第 1 至第 4 腹节背面各有 1 簇褐色刷状毛丛。

形态特征

成虫雌雄异型，雌性翅退化，身体长卵圆形，被茸毛；雄性前翅红褐色，前缘角有黄色及白色纹，后缘有新月形白斑。幼虫第 1 至第 4 腹节背面各有 1 簇褐色刷状毛，第 8 腹节背面有束状黑毛，第 9 腹节两侧有长毛。

发生规律

1 年发生 2 代，以幼虫在树干翘皮下越冬。果树萌芽后开始上树为害嫩芽和叶片，6 月上旬化蛹，6 月中旬开始出现越冬代成虫。交尾后在叶片、树干等部位产卵，百余粒聚集一起，卵块上覆盖黄色绒毛，幼虫孵出后继续为害，7、8 月出现第 1 代成虫。

赤纹毒蛾成虫

幼虫

防治方法

一般不需要专门喷药防治。应以刮去粗翘皮，杀灭越冬幼虫，摘除有卵叶片，砸死树干上的卵块等人工防治为主。

大蓑蛾

学名 *Clania variegata* Snellem

大蓑蛾又称大窠蓑蛾、大袋蛾、避债蛾，是多种林木和果树的杂食性害虫。

田间诊断

幼虫终生背负着用丝缀连寄主植物残屑构成的护囊，蚕食叶片呈大小不等的孔洞或缺刻，有时还啃食嫩枝、果实等。护囊长度达 40~60 mm，纺锤形，丝质。护囊内的幼虫身体肥大，胸足发达，腹足短小。

大蓑蛾护囊

为害状

形态特征

成虫雌雄异形。雌虫蛆形，体乳白色；雄虫体黑褐色，体长 15~20 mm，胸部有 5 条纵纹，触角双栉齿状。卵初产时乳白色，渐变淡黄色，卵壳柔软、光滑。幼虫幼龄时头黑色或黑褐色，身体黄色，少斑纹，雌性老熟幼虫头部赤褐色，头顶有环状斑，中胸盾片上有 4 组深褐色与淡黄相间的纵纹，腹部的背面黑褐色，各节表面有皱纹。雌蛹头、胸部附属器消失，枣红色；雄蛹，赤褐色。

发生规律

该虫在我国中部和北部 1 年 1 代，个别地方 (如南京、南昌等) 有极少数个体发生 2 代，华南地区 1 年 2 代。以老熟幼虫在挂在树枝上的护囊里越冬，越冬幼虫春季不再取食，陕西、河南等地 5 月上、中旬化蛹，5 月下旬成虫羽化，同时交尾、产卵，卵期 7 天左右，6 月中、下旬幼虫孵出，7、8 月是为害盛期。11 月老熟幼虫在护囊里越冬。

防治方法

基础性防治措施

结合冬季修剪和春季复剪，摘除越冬虫囊，苗木运输前仔细检查，清除虫囊。

无公害、绿色、有机食品果园防治技术

(1) 5 月中旬至 6 月上旬用 20W 黑光灯加 40W 白炽灯诱杀成虫，在黑光灯的上方用纱网放 30~50 头雌成虫，诱杀效果更好。

(2) 发生数量多时，可在 6 月中、下旬至 7 月上旬幼龄幼虫为害初期喷青虫菌 6 号悬浮剂 1000 倍液。

褐墨蓑蛾

学名 *Mahasena hockingi* Moore

褐墨蓑蛾是一种体形和护囊均较小的蓑蛾。幼虫食性很杂，为害多种树木，包括苹果、梨等果树。

田间诊断

幼龄幼虫取食后即在体外附有 3~4 mm 的锥形小护囊，直至幼虫老熟，护囊的长度也仅有 40 mm 左右。

褐墨蓑蛾成虫

为害状

护囊

形态特征

成虫雌雄异形。雌成虫无翅，头小，腹部膨大如囊，尾端尖细，乳白色，略带粉红；雄成虫有翅，棕褐色，体长10~12 mm。触角羽状，翅面覆棕褐色鳞毛。卵椭圆球形，米黄色。幼虫头部赤褐色，前胸背板棕褐色，胸足赤褐色，发达，腹足退化。蛹棕褐色。

发生规律

1年发生1代，以2~3龄幼虫在护囊内越冬。次年3月下旬果树发芽后越冬幼虫开始取食，护囊也随之增大，7月上旬前后幼虫陆续老熟化蛹，7月中旬出现成虫，雄成虫飞离护囊，并与护囊内的雌成虫交尾，产卵，卵期约15天，8月上旬初孵幼虫爬离母护囊，单独取食，10~11月幼虫附着在枝条上越冬。

防治方法

参照大蓑蛾。

金龟类

金龟是为害果树的一类重要害虫，种类多，分布广，食性杂。成虫为害果树的芽、花、叶，有些种类还啃食果实；幼虫吃根，对苗木影响很大。所以是果树生产的大敌。为害苹果、梨树的主要种类有：

苹毛丽金龟 *Proagopertha lucidula* Faldermann

铜绿丽金龟 *Anomala corpulenta* Motsch.

斑喙丽金龟 *Adoretus tenuimaculatus* Waterh.

中华弧丽金龟（四纹丽金龟） *Popillia quadriguttata* (F.)

黑绒金龟（黑玛绒金龟） *Maladera orientalis* (Motsch.)

阔胫赤绒金龟（阔胫玛绒金龟） *Maladera verticalis* Fairmaire

小青花金龟 *Oxycetonia jncunda* Faldermann

金龟吃花蕾

金龟吃花

金龟吃果之一

金龟吃果之二

金龟吃叶

白星花金龟 *Potosia* (Liocola) *brevitarsis* (Lewis)

东北大黑鳃金龟 *Holotrichia diomphalia* Bates

暗黑鳃金龟 *Holotrichia parallela* Motschulsky

棕色鳃金龟 *Holotrichia* (E) *titanis* Reitter

黑皱鳃金龟 *Trematodes tenebrioides* (Pallas)

形态特征

金龟的成虫体形多为卵圆形或长卵圆形。前翅为鞘翅，不完全盖住腹部，触角鳃叶状，前足开掘式。卵椭圆形，乳白色。幼虫头多为黄褐色，胸、腹部乳白色，向腹面弯曲成“C”字形。

现将为害苹果树的主要种类成虫特征介绍如下：

苹毛丽金龟

苹毛丽金龟：体长 11~12 mm。头和前胸背板紫铜色，有光泽，翅鞘古铜色，半透明，可透视后翅折叠成的“V”字形，腹部两侧有黄白色毛丛。

铜绿丽金龟：体长 19 mm 左右。身体背面铜绿色，前胸背板两侧黄褐色。

斑喙丽金龟：体长约 12 mm。体背棕褐色，密被灰褐色细毛，翅鞘上有稀疏成行的灰褐色毛丛，末端有一大一小灰褐色毛丛。

中华弧丽金龟：体长 9~12 mm。头和前胸背板金绿色，翅鞘黄褐色，腹末外露，有 1 对白斑。

铜绿丽金龟

斑喙丽金龟

黑绒金龟：体长 8~10 mm。体背隆起，黑褐色，有天鹅绒状毛，后足胫节细长。

阔胫赤绒金龟：相似于前种，身体红褐色，后足胫节扁平。

小青花金龟：体长 12~14 mm。前胸背板和翅鞘暗绿色或紫铜色，翅鞘上有数块黄白色斑纹。腹部末端有 4 个黄斑块。

白星花金龟：体长 18~24 mm。身体黑铜色，并有绿色和紫色闪光，翅鞘上有 10 余个不规则白斑，体背扁平。

东北大黑鳃金龟：体长 16~21 mm。红棕色至黑褐色，有光泽。翅鞘上有 3~4 条明显的隆起线。前足胫节外侧有 3 个锐齿。

中华弧丽金龟

黑绒金龟

阔胫赤绒金龟

小青花金龟

白星花金龟

东北大黑鳃金龟

暗黑腮金龟

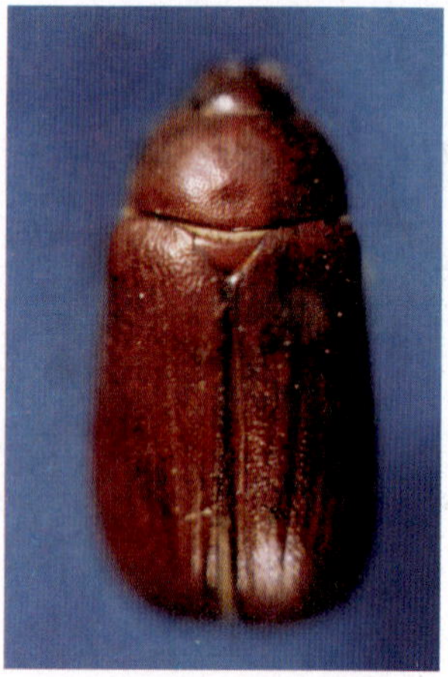

棕色腮金龟

暗黑鳃金龟：体长 16~21 mm。与前种相似，黑褐色，无光泽。翅鞘上隆起线不明显。前足胫节外侧的齿较钝。

棕色鳃金龟：体长 22~24 mm。棕褐色，背面隆起。翅鞘较薄软，其上有 4 条纵肋。

黑皱鳃金龟：体长 13~16 mm。身体乌黑无光泽，翅鞘有粗大点刻，呈凹凸皱纹状，后翅退化成三角形翅芽。

发生规律

以表格形式对比简述如下（见表）

为害苹果、梨树的主要金龟的发生规律

虫名	世代	越冬	成虫发生期	习性
苹毛丽金龟	1代	成虫在土中	3~4月	成虫先为害柳、杨、榆树的嫩芽,再为害果树的花蕾和花,早晨至午后3时左右活动最盛
铜绿丽金龟	1代	幼虫在土中	5月下旬至8月	成虫特别喜欢吃梨叶,晚间取食,白天静伏,有假死性和趋光性
斑喙丽金龟	1~2代	幼虫在土中	5月下旬至8月下旬	成虫以食叶为主,被害叶片呈锯齿状孔洞,傍晚至黎明取食
中华弧丽金龟	1代	幼虫在土中	5~9月,6月为盛期	成虫食叶,也可食花,有假死性,无趋光性
黑绒金龟	1代	成虫在土中	3月下旬至6月中旬	成虫先为害杨、柳、榆树的嫩芽,后食果树花蕾,温度低时白天为害,温度高时傍晚或夜间为害,飞翔力强,严重时遮天蔽日,有趋光性
阔胫赤绒金龟	1代	成虫在土中	3月下旬至6月中旬	与上种混合发生,成虫趋光性较强,有假死性
小青花金龟	1代	成虫在土中	4~6月	成虫食花为主,6月上、中旬入土产卵,有假死性和趋光性
白星花金龟	1代	幼虫在土中	5~9月	成虫以钻食果实为主,有假死性,对糖醋液趋性强
东北大黑鳃金龟	1~2年1代	成虫或幼虫在土中	5~9月	成虫食叶,有趋光性
暗黑鳃金龟	1代	幼虫在土中	6月中旬至9月	与上种混合发生,成虫食叶,有趋光性
棕色鳃金龟	2年1代	成虫或幼虫在土中	3~5月	成虫取食榆、槐的嫩叶,主要以幼虫为害苗木和果树根,有趋光性
黑皱鳃金龟	1代	成虫在土中	4~5月	同上

防治方法

根据为害果树的金龟类种类多、数量大、发生期长、食性杂、虫源往往来自果园外的特点,只有采取多种方法防治,才能减轻或控制其为害。

基础性防治措施

(1) 利用一些种类的趋光性,用黑光灯、火堆及糖醋液诱杀。

(2) 利用一些种类的假死性,在清晨或傍晚振落、捕杀。

无公害、绿色食品（A级）果园防治技术

(1) 在金龟成虫发生前，在园地耕翻整平后，对地面喷洒辛硫磷微胶囊200倍液，喷后浅耙，毒杀出土成虫或白天潜伏于土中的金龟。

(2) 对于为害果树芽和叶的种类，可于发生初期喷2.5%溴氰菊酯（敌杀死）2500倍液。

(3) 对于为害花的金龟，可于花蕾期或初花期的中午11时至下午2时气温高时喷溴氰菊酯（敌杀死）2500倍液。

(4) 为防治金龟幼虫（蛴螬）及其他地下害虫为害，苗圃地播种前应用药剂处理土壤，可喷撒1.5%辛硫磷颗粒剂，每亩用药5 kg，撒后浅耙表土。

(5) 苗圃出苗后遭蛴螬为害时，每亩地用0.5 kg 50%辛硫磷乳油加水500~600 kg灌根。

有机食品、绿色食品（AA级）果园防治技术

(1) 对于为害花的金龟，可于花蕾期或初花期喷石灰过量式波尔多液（1∶1.5∶200），对金龟为害有驱避作用。

(2) 成虫为害期喷含量为100亿个芽孢/ml的苏云金杆菌（Bt）乳剂500~800倍液。

(3) 绿僵菌400~500倍液以及白僵菌等病原真菌生物制剂对金龟的幼虫蛴螬有较好的防治效果，可用于苗圃的蛴螬防治，适量加入增效剂能提高防效。

刺蛾类

刺蛾俗称“洋辣子”，是果园和苗圃里的一类常见害虫。寄主植物广泛，为害多种林木和果树。主要种类有：

黄刺蛾 *Cnidocampa flavescens* (Walker)

褐边绿刺蛾（青刺蛾） *Latoia consocia* (Walker)

中华绿刺蛾（棕边青刺蛾） *Latoia sinica* (Moore)

梨刺蛾 *Narosoideus flavidorsalis* (Staudinger)

扁刺蛾 *Thosea sinensis* (Walker)

现以黄刺蛾为例，介绍于后。

田间诊断

幼虫黄绿色，背面有紫褐色斑，色泽鲜艳，咬食叶片，形成大的缺刻；身体上有毒刺，触及人皮肤会导致痛痒、红肿。

形态特征

成虫体长约 13~16 mm，翅展 35 mm，体、翅橙黄色，前翅基部黄色，外缘褐色，从顶角向后缘有 2 条斜线，里边 1 条为黄色和褐色的分界线。卵扁平，椭圆形，淡黄色。幼虫老熟时体长约 24 mm，黄绿色，前胸和第 9 腹节背面各有 1 对黑点，中胸至第 9 腹节每节在亚背线和气门上线部位各有一肉状突起，上生毒刺，体背有哑铃状紫褐色斑块。蛹椭圆形，长约 13 mm，黄褐色，外有雀蛋状茧。

发生规律

陕西、河南等地 1 年发生 2 代，东北、华北 1 年发生 1 代。以老熟幼虫在枝条上结雀蛋形茧越冬。年发生 2 代地区 6 月陆续化蛹，6 月中旬至 7 月中旬发生越冬代成虫。第 1 代幼虫为害期在 6 月下旬至 8 月，第 1 代成虫期在 7 月下旬至 8 月下旬；第 2 代幼虫为害期在 8、9 月。以后陆续老熟，结茧越冬。

成虫有趋光性，在梨树上多产卵于叶背，苹果上只见于叶面。卵多排列成块，几粒或几十粒在一起，也有单产的，卵期 7~10 天。初孵幼虫群集在叶

黄刺蛾成虫

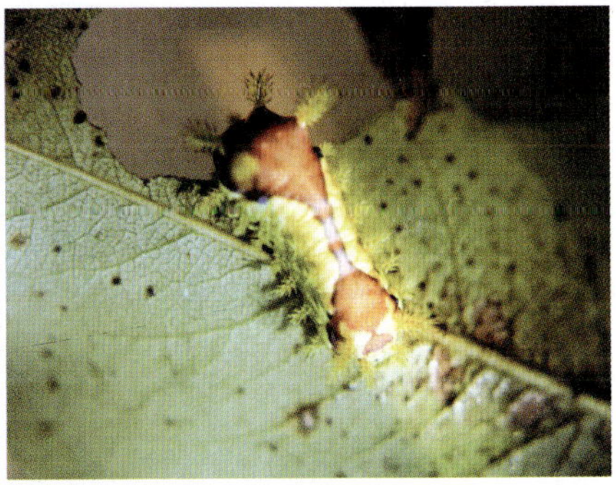

幼虫

茧

为害状

褐边绿刺蛾(青刺蛾) 成虫

幼虫 (王仁梓图)

为害状

中华绿刺蛾 (棕边青刺蛾) 成虫

幼虫

梨刺蛾成虫

梨刺蛾幼虫

扁刺蛾成虫

扁刺蛾幼虫

背取食，将叶肉吃成筛网状，稍大后分散，食量剧增，常吃尽叶片，仅留叶柄。

黄刺蛾的天敌有上海青蜂 *Chrysis shanghaiensis* Smith 和刺蛾广肩小蜂 *Eurytoma monemae* Ruschka，其中以上海青蜂分布广，寄生率高。以幼虫在寄主茧内越冬，被寄生茧顶部有 1 个灰黑色点，直径 0.15 mm，羽化孔直径 3~4 mm。

下面将 5 种常见刺蛾的形态和生活史列表比较。

5 种刺蛾的形态和生活史

虫名	黄刺蛾	褐边绿刺蛾	中华绿刺蛾	梨刺蛾	扁刺蛾
成虫	体长 13~16 mm，前翅基部黄色，外缘褐色，从顶角向后缘有 2 条斜线	体长 16 mm，前翅绿色，翅基棕色，外缘有黄色带，其上有棕色点	体长 12 mm，前翅绿色，翅基灰褐色，中室下缘呈角形突出，外缘灰褐色	体长 14~16 mm，前翅基部后缘黄褐色，其余为暗褐色	体长 13~18 mm，前翅淡褐色，自前缘近翅尖至后缘中央有 1 条褐色斜纹，内侧有 1 个褐点，或不明显
幼虫	黄绿色，背面有紫褐色哑铃斑	黄色，前胸背有 2 个黑斑，中胸至第 8 腹节背面各有 4 个瘤突，丛生黄色刚毛，腹末有 4 簇蓝黑毛丛	淡黄白色，中后胸及第 1、第 7 至第 9 腹节背面各有 1 对黄色柱状枝刺，体背有浅色花纹	深绿色，后胸和 1、7、8 腹节背面各有 1 对大型枝刺，其他腹节有小突起	淡绿色，龟壳状，背中线淡白色，边缘有长刺毛
茧	雀蛋形，灰白色，有褐色纹	雀蛋形，暗褐色	椭圆球形，扁平，淡褐色	椭圆球形，暗褐色	椭圆球形，暗褐色
发生代数	1~2 代	1 代	1 代	1 代	1 代
越冬部位	幼虫在枝条上结茧	幼虫在土内或树干上结茧	幼虫在树干基部或枝杈结茧	幼虫在土内结茧	幼虫在土内结茧

防治方法

基础性防治措施

(1) 结合修剪，剪除树上的越冬茧，集中在纱笼内放在果园让寄生蜂羽化后继续繁殖。

(2) 深翻园地，将表层的越冬茧埋入深层。

无公害、绿色食品果园防治技术

除上述措施外，还可以在发生严重时于幼虫为害初期喷 2.5%溴氰菊酯（敌杀死）2000 倍液。

七、枝干（枝梢）害虫

苹果截梢象

学名 *Involvulus* sp.

苹果截梢象又叫苹果折梢象，发现于陕西凤县、宁强、麟游及铜川等地海拔 900~1700 m 的果园。寄主植物有苹果、梨、花红、楸子、桃、杏等，以苹果受害最重。

田间诊断

成虫在嫩梢端部 1~5 cm 间用头管（喙）先蛀成产卵孔，然后调转体躯，在产卵孔内产卵，再调转，用头管将卵推入孔内，并用枝条上的绒毛将产卵孔封闭，最后在产卵孔以下 1~2 cm 处用头管啃咬嫩梢，直至嫩梢截断。在田间往往只见一个个嫩梢被锯断，发现此情况时应垂直向下在地面找被截嫩梢，找见被截嫩梢后从截端撕开茎部可以发现所产的卵。然后再往树上寻找身体蓝黑色、发亮的小象虫。遇惊扰时会堕落飞离。

苹果截梢象苹果树梢被害状

梨树梢被害状

形态特征

雌成虫体长 4.0~5.0 mm，宽 1.5~2.0 mm，体蓝黑色，有金属光泽，体密布刚毛，头管较长，略向下弯曲，触角 11 节，端部 3 节明显膨大，复眼深棕色，前胸背板梯形，小盾片三角形，鞘翅约占体长的 1/2，每翅鞘各具纵沟 10 条；雄成虫略比雌成虫小，头管粗短。卵椭圆形，乳白色。蛹灰白色，体长 3.0~3.5 mm。

苹果截梢象成虫

发生规律

该虫在陕西凤县 1 年发生 1 代，以蛹在土室内越冬，次年 4 月初陆续羽化，4 月中旬开始上树为害，一直延续到 7 月底，以 5 月中旬至 6 月中旬数量最多。成虫寿命 25~30 天，羽化后啃食叶片呈筛孔状，补充营养 2~3 天，然后交尾。一生交尾多次，每一雌成虫一生可产卵 50~60 粒、折梢 45~50 个。成虫多在下午 4~6 时交尾、活动，习性活泼，遇惊动则坠落。绝大多数在嫩梢内产卵，少数产于叶柄中，个别可产于生长点内。折梢中的卵孵化和幼虫发育的适宜温度是 15~22℃，超过 25℃不能存活。这是该虫在高海拔、气候冷凉地区发生较重的原因。

防治方法

发生不太严重时可以不去专门防治。

基础性防治措施

掌握在成虫发生期内经常捡拾落地折梢，带出果园深埋或烧掉，以减轻下年为害。

无公害、绿色食品果园防治技术

如果虫量很大、为害很重时，在成虫发生盛期喷 2.5%溴氰菊酯（敌杀死）3000 倍液。

梨潜皮蛾

学名 *Acrocercops astaurota* Meyrick

梨潜皮蛾是为害果树枝条的一种害虫，寄主植物除苹果、梨外，还有海棠、李、楸子、山楂、山荆子等，广泛分布于我国北部和中部果产区。

梨潜皮蛾为害状

田间诊断

幼虫在果树枝条表皮下或梨果实表皮下蛀食，初期出现线状弯曲的虫道，后期虫道连片，揭开虫道末端的表皮，可找见很小的扁平幼虫，其附近还有许多红褐色细粒虫粪。枯死的表皮翘起，削弱树势，并为其他害虫和病菌提供潜藏的场所。被害梨果果皮破裂，品质降低。

形态特征

成虫体长 4~5 mm，翅展 11 mm，头、胸和前翅白色，后翅灰褐色，腹部背面灰黄色，前翅有 7 条镶黑边的褐色斜横带。卵扁椭圆形，水青色，半透明。老熟幼虫长约 4 mm，体扁，色暗，头两侧、前胸背板 2 斑纹和足黑色，后胸及腹部前 2 节两侧各有 1 个长有毛的突起。蛹长约 5 mm，红褐色，离蛹，外被纺锤形金黄色茧。

发生规律

1 年发生 2 代，以 3~4 龄幼虫在被害枝条虫道内越冬。陕西中部 3 月下旬至 4 月上旬幼虫开始活动、为害，5 月中旬老熟幼虫在虫道内结茧化蛹，5

梨潜皮蛾成虫

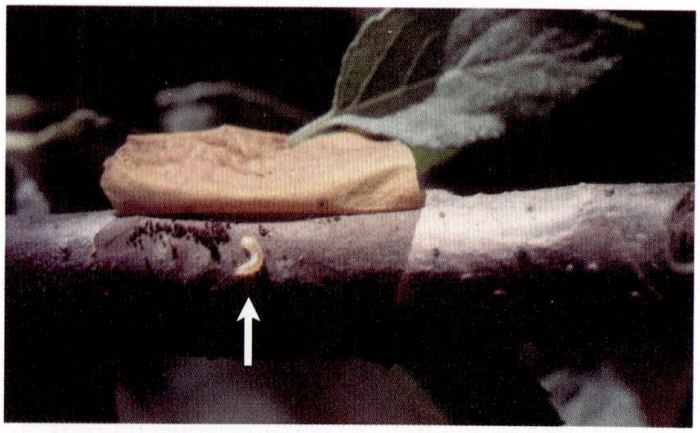

幼虫

月底至6月初为化蛹盛期，6月上旬越冬代成虫开始羽化，6月中、下旬为羽化产卵盛期，6月下旬为卵孵化和幼虫入侵的盛期，7月中、下旬幼虫老熟化蛹，8月中旬至9月初发生当年第1代成虫，8月下旬第2代幼虫陆续为害，11月上旬幼虫越冬。

成虫有一定的趋光性。生长于阴湿地方、枝叶茂密的果树以及树冠中、下部特别是内膛枝条受害较重。梨潜皮蛾幼虫和蛹的主要天敌有潜蛾姬小蜂 *Pediobius pyrgo* Walker 等，对该虫的发生有一定的控制作用。

防治方法

基础性防治措施

结合冬季修剪剪除被害枝条。

无公害、绿色食品果园防治技术

6月上、中旬和8月下旬至9月上旬成虫羽化及幼虫为害初期，喷25%灭幼脲3号胶悬剂2000倍液。

桃条麦蛾

学名 *Anarsia lineatella* Zeller

又名桃蛀梢虫，国内分布于西北和华北，为害桃、杏、李、沙枣的嫩梢和果实，也可以为害苹果。是进口我国苹果的阿根廷提出的一种检疫害虫。

田间诊断

幼虫孵出后多从嫩梢顶端向下第4、第5个叶腋处蛀入梢内，蛀孔处留有疤痕。幼虫一般在梢内蛀食7~8天后从梢端部钻出，爬行或吐丝下垂，转移其他嫩梢继续为害。嫩梢被害后，蛀孔上部逐渐萎蔫下垂，甚至枯萎。后期幼虫不但蛀害嫩梢，还可蛀食果实。

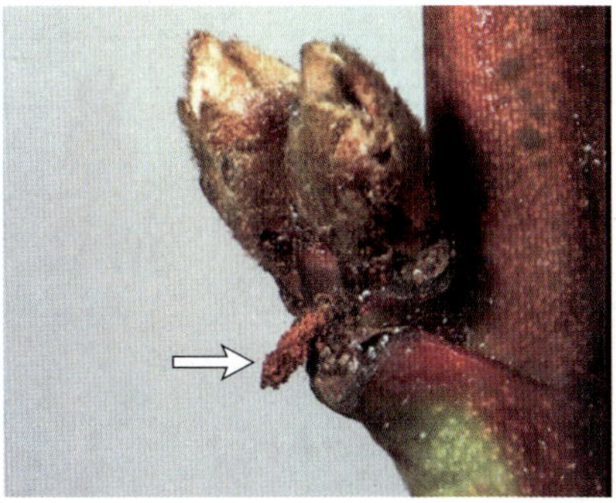

桃条麦蛾为害状

形态特征

成虫体长5.5~7 mm，翅展14 mm左右。身体背面灰黑色，腹面灰白色。头部有灰褐色鳞片。触角丝状，长度约达翅的2/3。前翅灰色，有黑褐色、白色不规则的条状纹；后翅淡褐色，缘毛长。卵椭圆形，长0.5 mm，卵表面有皱纹，初产时白色，后为淡黄色，孵化前为灰紫色。初孵化幼虫体长 0.7~0.8 mm，白色，老熟幼虫体长 10~12 mm，头、前胸背板和胸足黑褐色，身体红褐色。蛹长 5.5~7 mm，褐黄色。

桃条麦蛾成虫

幼虫

发生规律

该虫在新疆 1 年 4 代，以幼龄幼虫潜藏在芽内或树皮缝隙中越冬。4 月上、中旬叶芽开始萌动时幼虫开始活动取食，经 18~25 天化蛹，蛹期 10~12 天羽化为成虫，寿命 8~12 天。一般约 1 个月完成 1 代。以后各代成虫发生期依次为：第 1 代 5 月至 7 月上旬、第 2 代 7 月上旬至 8 月上旬、第 3 代 8 月上旬至 9 月上、中旬。成虫白天躲藏在叶背或其他隐蔽处，夜间活动、飞翔，趋光性不强，对糖醋液有趋性。产卵于叶片主脉两侧、叶腋、果实两端以及虫蛀伤疤处，卵堆产，每堆少则 1~2 粒，多者达 10 余粒。幼虫多从嫩梢顶端蛀入，蛀孔处留有疤痕。幼虫一般在梢内蛀食 7~8 天后从梢端部钻出，转移继续蛀食，然后化蛹。第 2、第 3 代幼虫不但蛀害嫩梢，而且还蛀食果实，包括嫩果的核仁和大果的果肉。幼虫取食至 10 月中旬，然后越冬。

幼虫期的天敌有跳小蜂和小茧蜂。

防治方法

无公害、绿色、有机食品果园防治技术

成虫发生期用糖醋液诱杀。

幼虫为害初期喷 100 亿孢子/g 苏云金杆菌 200 倍液。

大青叶蝉

学名 *Tettigella viridis* Linnaeus

大青叶蝉过去称大绿浮尘子，寄主范围很广，包括农作物、蔬菜、林木和果树，其中有苹果、梨、桃、核桃、杏、葡萄等，分布普遍。

田间诊断

苹果树落叶后常会发现幼树的主干或较幼嫩的枝条上有许多半月形的疱疹状突起，仔细挑开疱疹的表皮，可以见到整齐排列着 7、8 粒黄白色的卵，这就是大青叶蝉产的卵块。第 2 年春天卵孵出若虫后撑破树表皮，造成许多的半月形伤口，为害严重时使枝条失水、干枯。幼树和苗木受害容易被风吹干，冬季易受冻害，是西北地区苹果幼树"抽条"的原因之一。

大青叶蝉为害状

形态特征

成虫体长 9~10 mm。体绿色，头部黄色，头顶有 2 个黑点。前翅端部灰白色，半透明。卵长卵形，中部稍弯曲，长约 1.6 mm，黄白色，7、8 粒排列成 1 个月牙形卵块。若虫灰白色到黄绿色，3 龄以后长出翅芽。

大青叶蝉成虫

发生规律

1 年发生 3 代，以卵在苹果树枝条或苗木的表皮下越冬。次年果树萌动至开花前卵孵化，若虫迁移到附近的杂草或蔬菜上为害。第 1、第 2 代主要为害玉米、高粱、谷子、麦类及杂草，第 3 代为害晚秋作物如薯类、豆类等，这些作物收获后又转移到苜蓿、白菜、萝卜上为害，10 月中、下旬成虫飞到果树上产卵越冬。

成虫有趋光性，喜欢停歇在潮湿背风的地方。若虫 5 龄，若虫期 1 个月左右。夏季卵期 9~15 天，越冬卵则长达 5 个月左右。

防治方法

基础性防治措施

果园内不要间作蔬菜、玉米、高粱、苜蓿等作物，以免为该虫提供完整的寄主链。

10月上、中旬成虫迁来果园产卵前，幼树涂刷白涂剂，阻止成虫产卵。配方是：生石灰10 kg，硫黄粉0.5 kg，食盐0.2 kg，动物油或皮胶适量，用适量的水调成糊状。

无公害食品果园防治技术

利用晚秋成虫喜欢在嫩绿多汁的蔬菜上为害的习性，预先在果园附近潮湿背风的地方种小面积蔬菜，待成虫大量迁来时喷2.5%溴氰菊酯（敌杀死）乳油3000倍液，或50%辛硫磷乳油1000倍液。

如果幼园受害很重，可以在成虫迁飞到果园产卵时喷药防治。可选用70%吡虫啉（艾美乐）水分散剂6000倍液，或5%吡虫啉（蚜虱净）乳油3000倍液等。

蚱　蝉

学名 *Cryptotympana atrata* (Fabricius)

蚱蝉又叫黑蚱、知了，是一种分布很广的园林害虫。寄主植物中包括苹果、梨、桃、柑橘等果树，还有多种经济林木和用材树种。

蚱蝉为害枝条状之一

田间诊断

7、8月常在苹果园里发现一些树的树冠里有一根根的枝条萎蔫枯死，从基部把这些枝条剪下，很容易发现局部枝段像用锯子锯过似的，枝条外皮和木质部开裂，从开裂处撕开皮层，可以见到许多排列整齐的乳白色、梭形卵粒，这就是该虫雌成虫先用产卵器刺破枝条皮层和木质部，然后将卵产在枝条的髓部，造成受害枝条养分和水分的输导受阻，以致产卵部位以上的枝段枯死。

为害枝条状之二

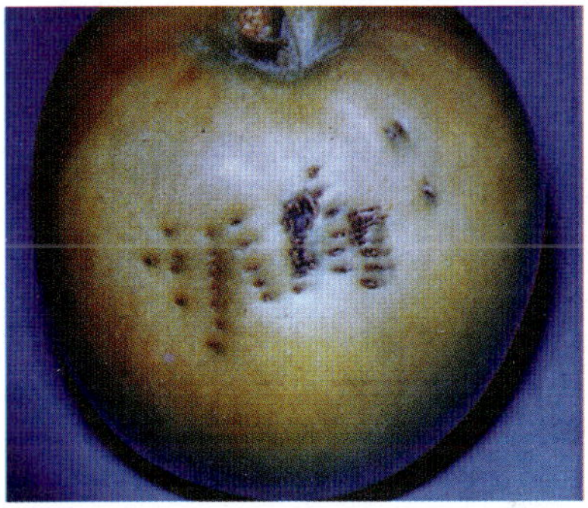

果实被害状

形态特征

成虫体长 45 mm 左右，体黑色，有光泽，体被金色细毛；翅透明，基部烟黑色；雄虫腹部第 1、第 2 节有鸣器；雌虫腹部末端有矛状产卵器。卵梭形，长 3.5 mm 左右，乳白色。若虫 4 龄，1~3 龄乳白色，4 龄棕褐色，其蜕皮称为蝉蜕，可入药。

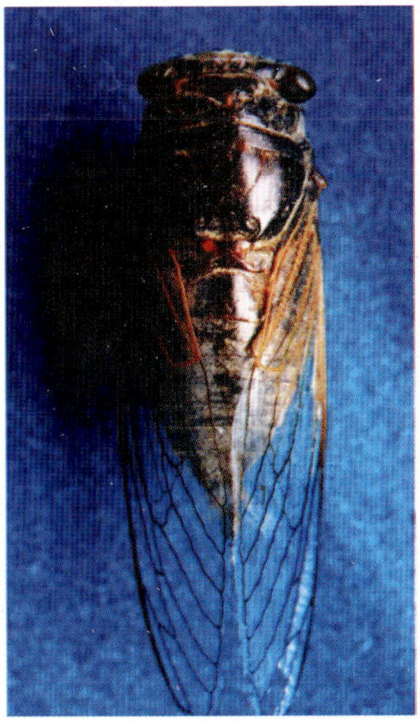

蚱蝉成虫

蝉蜕

发生规律

该虫在陕西中部6年完成1代，以卵和若虫分别在被害枝条和土壤中越冬。老熟若虫7月初开始出土羽化，7月中旬至8月上、中旬达盛期。成虫于7月中、下旬开始产卵，盛期在8月上旬至下旬，9月中、下旬产卵结束。次年6月中、下旬越冬卵开始孵化落地入土，7月初孵化结束，11月上旬越冬。

当年4~6月降雨和湿度对卵孵化影响大，此期降雨量大、湿度高，卵孵化早，持续时间长；反之则孵化晚，孵化期集中。成虫羽化前期气候干燥、降雨量少的年份，羽化较迟，反之则早。成虫活动期如果晴天多、气温高，交尾则频繁，产卵多，为害重；降雨天或阴天蝉不活动，交尾、产卵亦少。

有多种鸟类捕食蚱蝉，其他天敌还有蚂蚁、螳螂、蜈蚣、蜘蛛、蟾蜍等。卵期有旋小蜂寄生（*Eupelmus* sp.）、瓢虫、蚂蚁也捕食卵。若虫期的捕食性天敌有蚂蚁、蜘蛛、蠼螋、螳螂和瓢虫等。

防治方法

基础性防治措施

(1) 结合夏季和冬季修剪，剪除被害枝条，集中烧毁，是防治该虫最简单、最有效的办法，应大面积连年推行。

(2) 成虫发生期间，晚上点火或灯光诱杀，人工捕杀。

无公害食品果园防治技术

(1) 发生很严重时，在成虫产卵始、盛期（陕西中部7月中、下旬至8月初），喷2.5%溴氰菊酯（敌杀死）乳油2500倍液。

(2) 老熟若虫出土前、初孵若虫入土初期 (陕西中部6月下旬至7月初)，有灌溉条件的果园，结合施肥每亩用25 kg氨水随水漫灌，能杀死土内的若虫。

梨茎蜂

学名 *Janus piri* Okamoto et Muramatsu

梨茎蜂是为害梨树嫩梢的一种常见害虫,尤以管理粗放的梨园较常见。近来不少梨园连续为害较重。

田间诊断

在梨树新梢长至6~7 cm时,该虫的成虫在新梢4~5片叶处，用锯齿状产卵器将嫩梢锯伤，并在新梢髓部产卵,锯口以上嫩梢萎蔫下垂，有时还会锯断几个叶柄。锯口以上嫩梢脱落后仅剩髓部有虫的枝橛。

梨茎蜂为害嫩梢

产卵器的划痕

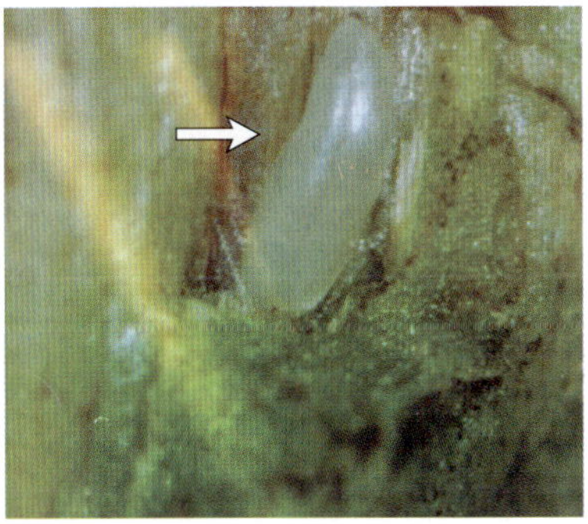

卵

截断的梢

形态特征

成虫是体长约 10 mm 的黑色小蜂，头部黑色，触角丝状。前胸背板后侧黄色，后胸背板有一三角形黄斑，胸部其余部分黑色。腹部黑色。翅透明，翅脉黑色。雌虫产卵器锯齿状。卵长椭圆形，白色，长约 1 mm。幼虫头部淡黄色，光亮，身体黄白色，呈弯曲的“?”形，胸足小，腹足退化。蛹乳白色，复眼赤褐色，长约 7~10 mm。

梨茎蜂成虫

幼虫

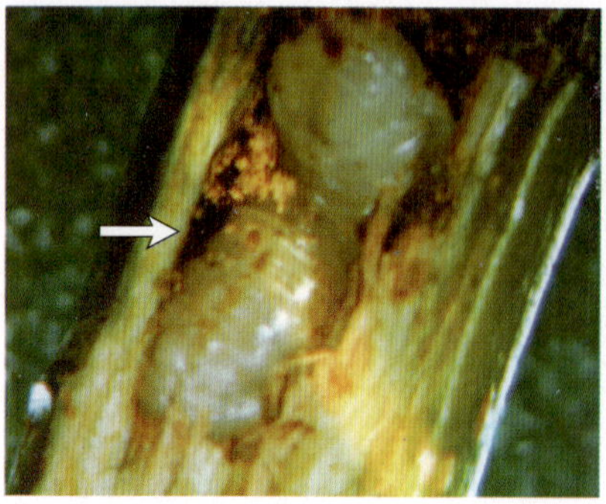

茎内幼虫

越夏、越冬的幼虫

发病规律

1年发生1代，以老熟幼虫在被害梢枝橛髓部或2年生枝条髓部做白色薄茧越冬。次年3月化蛹，3月下旬至4月上、中旬成虫羽化。成虫在中午高温时飞翔活跃，交尾、产卵，早、晚停息于叶背。产卵前雌虫用锯状产卵器锯断20~30个嫩梢，也有的锯断后并不产卵。卵期7~10天。幼虫孵出后由皮层向髓部蛀食，接近枝橛顶部后调转身体向下蛀食。6月上、中旬部分个体可进入2年生枝条髓部为害。停息取食以前调转身体，头部朝上。9、10月，幼虫老熟做薄茧越冬。

防治方法

基础性防治措施

(1) 剪除被害梢是简单易行有效的防治方法。该虫1年仅发生1代，为害1次，越冬部位又在被害梢内，所以有充裕的剪梢时间，从嫩梢被害到第2年梨树发芽均可进行。只要能在大面积内坚持数年剪除被害梢，就可以基本控制为害。

(2) 在成虫发生期的早、晚，利用成虫不活动的习性，在树冠下铺单振落杀灭成虫。

无公害、绿色食品果园防治技术

(1) 梨树初花期梨园内悬挂黄色双面粘虫板引诱成虫，使其被粘虫板粘住致死。

(2) 在发生量大、为害严重的年份或梨园，也可以适当喷药防治。喷药时间掌握在成虫大量出现的梨初花期，选用2.5%溴氰菊酯（敌杀死）2500倍液，或5%氯氰菊酯（安绿宝）2000倍液，或20%甲氰菊酯（灭扫利）2000倍液等。

梨瘤蛾

学名 *Sinitinea pyrigolla* Yang

梨瘤蛾又叫梨枝瘿蛾、梨瘿华蛾。老梨区管理粗放的梨园受害较重，严重时整树小枝几乎全是瘤状虫瘿，枝条干枯，树势衰弱。

田间诊断

为害梨树新梢，被害梢长成瘤状虫瘿，几个虫瘿连成一串就像“糖葫芦”。幼虫初蛀入梨梢尚未形成瘤状虫瘿以前，附近的1张叶片变黄，是初受害的标志。

形态特征

成虫体长6 mm左右，翅展约15 mm，身体灰褐色，前翅近基部引出2条黑褐色条纹，至中部折向顶角，在外缘近中部和臀角各有1丛深褐色鳞毛突起。卵圆柱形，高约0.5 mm，黄褐色。幼虫长7~8 mm，头红褐色，胴部乳白色，前胸背板、胸足及腹部第7、第8节背面后缘、第9节背板和臀板灰黑色。蛹长5~6 mm，褐色。

发生规律

1年生1代，以蛹在瘤状虫瘿内越冬。3月下旬至4月初成虫羽化，交尾后在小枝粗皮裂缝、芽痕和老的瘤状虫瘿内产卵。幼虫孵出后蛀入新梢木质部为害，被害部位逐渐膨大为瘤状虫瘿，1个虫瘿内有1至数头幼虫。幼虫

梨瘤蛾成虫

梢内幼虫

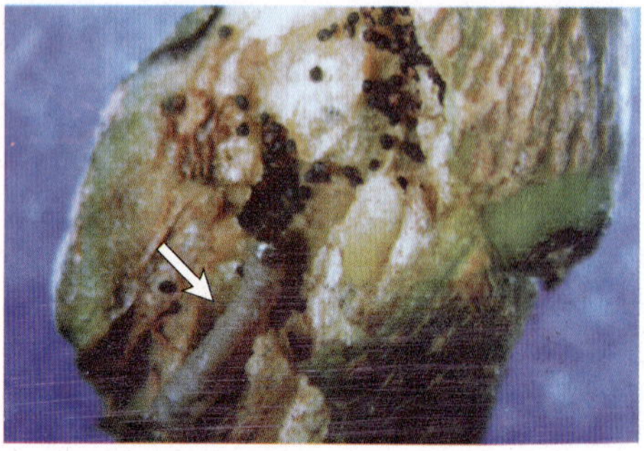

瘤内幼虫

为害状

老熟后在瘤状虫瘿上咬羽化孔，然后化蛹越冬。

防治方法

基础性防治措施

结合修剪彻底剪除被害枝条，集中烧毁。只要能彻底地连续几年，就可以基本控制为害。

无公害食品果园防治技术

受害严重的果园也可以在成虫产卵期喷布80%敌敌畏乳油1000倍液，或在喷药防治蚜虫、梨木虱时得到兼治。

苹果透羽蛾

学名 *Conopia hector* Butler

苹果透羽蛾又叫“小透羽”，分布普遍，寄主植物除苹果、梨外，还有桃、杏、李、梅、樱桃等，是一种常见的果树枝干害虫。

田间诊断

幼虫在主干、大枝的皮下为害，咬食皮层，深达木质部，被害部位伤口周围堆有红褐色粪便及黏液，剥开被害部位的树皮，可见木质部表层和树皮内层有众多虫道，沿虫道搜寻可见黄白色幼虫或黄褐色蛹。被害伤口为苹果腐烂病菌的侵染创造有利环境。

形态特征

成虫体长12~14 mm，翅展19~20 mm。身体黑蓝色，有光泽，翅脉和翅缘黑色，中央透明，腹部背面第4、第5节有黄色带，腹面黄色。卵椭圆形，淡黄色。老熟幼虫体长22~25 mm，头黄褐色，身体黄白色。蛹12~14 mm，黄褐色，腹部第3~7节背面的前后缘各有1排明显的刺突，尾端臀棘有刺8根。

苹果透羽蛾成虫

发生规律

1年发生1代，以3~4龄幼虫在被害部位皮层下越冬。果树萌动后开始活动、啃食为害。5月下旬至6月上旬幼虫老熟化蛹。幼虫化蛹之前，先在被害部位树皮上咬一圆形羽化孔，但不咬破表皮。蛹期约半月。6月中旬至7月上旬成虫羽化。成虫咬破表皮，飞出时将蛹壳的一半带出羽化孔。成虫白天活动，交尾后2~3天在树皮裂缝、腐烂病病疤及其他伤口卵产。8月下旬至9月上旬卵孵化后幼虫蛀入皮层为害，直至11月幼虫做茧越冬。

防治方法

基础性防治措施

刮治腐烂病时，挖出皮层下的幼虫。

无公害果园防治技术

8、9月幼虫蛀入初期，对主干和大枝上有红褐色虫粪及黏液的被害部位，涂抹50%敌敌畏乳油50倍液。

金缘吉丁虫

学名 *Lampra limbata* Gebler

金缘吉丁虫分布于全国各个梨和苹果产区，寄主植物除梨、苹果外还有沙果、花红、桃、杏等，是这些果树的重要枝干害虫。

田间诊断

幼虫蛀入树干表层内纵横串食，幼树被害虫道部位皮层凹陷、变黑，大树被害虫道外表不明显，但由于树体输导组织被破坏，树势衰弱，枝条枯死，甚至整株死亡。揭开被害部位树皮，可见大量弯弯曲曲、扁平的虫道，并散布许多细粒虫粪，可找见1头或多头乳白色、扁平、前胸节宽大、此后各节较窄、形似钥匙状的幼虫。

金缘吉丁虫为害状

形态特征

成虫体长约 15 mm，虫体绿色，有金属光泽，前胸背板和翅鞘的外缘金红色，前胸背板上有 5 条蓝黑色纵纹，翅鞘上也有几条断续的蓝黑色纵纹。卵卵圆形。幼虫老熟时长约 36 mm，乳白色，体扁平，头小，褐色，前胸宽大，背板黄白色，中间有“人”字形凹纹。蛹长 18 mm，由乳白色变为黄褐色。

发生规律

该虫在陕西渭北梨区 3 年完成 1 代，每年均以幼虫越冬。第 1 年多以体长 10~15 mm 的小幼虫在外皮层越冬；第 2 年多以 20 mm 以上的幼虫在形成层越冬；第 3 年以老熟幼虫潜入木质部越冬。第 4 年 4 月中、下旬化蛹，蛹期 15~30 多天，4 月下旬虽有成虫羽化，但由于气温低而不飞出，5 月上旬田间开始见成虫，羽化盛期在 5 月中、下旬，6 月中旬结束。

成虫和幼虫

成虫喜欢在晴天中午气温高的时候活动，早晚或阴天静伏于叶上，受惊假死落地。成虫寿命 20 多天，每头雌成虫可产卵 20~40 粒，卵产于树皮裂缝中，在日平均气温 25.5℃时，卵期平均 12 天。

树势衰弱的树受害重，梨比苹果受害重，巴梨、日本梨受害较重。梨树高接换种后由于枝干裸露，日光直射会诱引成虫产卵，造成严重为害。

防治方法

基础性防治措施

（1）加强管理，增强树势，是控制该虫为害的根本措施。

（2）冬季和早春刮树皮，可刮除浅层树皮内的小幼虫。及时锯除、烧毁被害死枝、死树。

（3）成虫发生期（5 月上旬至 6 月中旬）清晨振落、捕杀成虫。

无公害食品果园防治技术

(1) 用敌敌畏煤油液 (1∶20) 涂抹幼虫为害部位。

(2) 成虫发生期喷 90%敌百虫 800 倍液 2~3 次。

苹果小吉丁虫

学名 *Agrilus mali* Matsumara

苹果小吉丁虫在我国分布于辽宁、吉林、黑龙江、河北、北京、山西、山东、河南、湖北、甘肃、宁夏、陕西等地。陕西的留坝、凤县、太白、宝鸡、铜川、志丹等地有此虫为害。寄主植物有苹果、沙果、海棠、楸子等苹果属植物，是苹果树的一种重要的枝干害虫，防治不及时往往导致成园毁灭，近年有些果区有为害加重的趋势。

田间诊断

幼虫蛀食部位的树皮流出琥珀色胶液，干涸后呈白色，被害皮层凹陷、干裂，形成坏死伤疤，严重时遍体鳞伤。揭开被害部位树皮，可见大量弯弯曲曲、较细的扁平虫道，并散布许多细粒虫粪，可找见 1 头或多头乳白色、扁平、前胸节宽大、此后各节较窄、形似钥匙状的小幼虫。

形态特征

成虫体长 7~9 mm，宽约 2 mm，体暗褐色，有金属光泽，翅鞘有紫红色

苹果小吉丁虫成虫

为害状

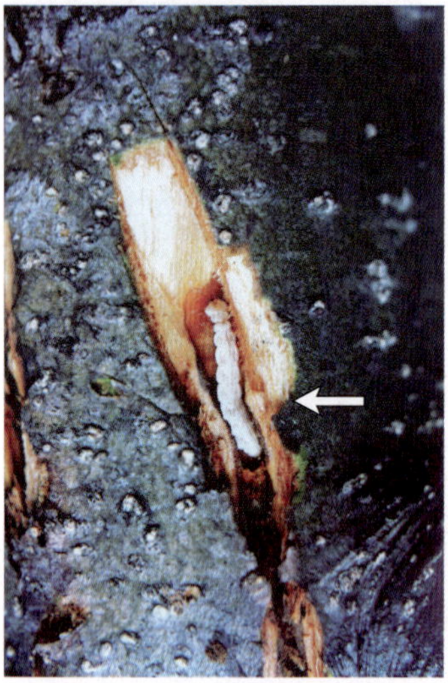

皮下幼虫

反光，头部密布刻点和金黄色茸毛，前胸宽度大于长度，翅鞘均匀密布刻点，后足胫节外缘有1排强硬的刺。卵椭圆形，长约1 mm。老熟幼虫体长16~22 mm，乳白色，前胸背面和腹面各有1条骨化中纹，腹末有1对骨化尾铗。蛹6~8 mm，初为乳白色，渐变黄白色，近羽化时黑褐色。

发生规律

该虫在黑龙江哈尔滨和山西3年发生2代，有的需2年完成1代，河北、辽宁、陕西凤县、甘肃陇南及天水1年发生1代。在陕西凤县山地果园主要以老熟幼虫（个别以蛹）在木质部越冬，5月下旬至6月下旬为成虫羽化盛期，少数可延续到9月上旬；在海拔较低的川道地区，大部分个体以幼龄幼虫在皮层内越冬，第2年春季幼虫继续为害，5月中旬开始化蛹，5月下旬开始羽化，羽化盛期在6月下旬至7月中旬。成虫交尾后在主干阳面粗皮裂缝中、芽两侧和小枝基部产卵，卵期8~13天，幼虫孵出后蛀入表皮下为害，11月开始越冬。

成虫寿命20~30天，羽化后需要取食叶片进行补充营养，有假死性，中午飞翔交尾。

防治方法

基础性防治措施

(1) 冬季和早春刮树皮，刮掉藏于浅层树皮内的小幼虫。

(2) 及时锯掉被害枝，砍除被害死树并烧毁。

无公害食品果园防治技术

(1) 春季苹果树发芽前及秋季落叶时，用敌敌畏煤油液（1∶20）涂抹树皮流出胶液的被害部位，可以杀死皮层内的幼虫。

(2) 成虫发生期间可以喷80%敌敌畏乳油1500~2000倍液，除杀成虫外对初孵幼虫也有一定的杀伤作用。

桑天牛

学名 *Apriona germari* (Hope)

桑天牛又称“粒肩天牛”，是山地和近山果园的一种常见枝干害虫。寄主植物包括苹果、梨、柑橘、杏、桃等多种果树和林木。近年部分果区为害呈上升趋势。

田间诊断

幼虫在枝干木质部内蛀食成隧道，枝干上隔一定距离有一圆形排粪孔，有时还可见到孔口有黄白色粒状虫粪。可根据地面虫粪找见树上相应位置的排粪孔。被害植株生长衰弱，枝条易被风折，严重时枝干枯死。

桑天牛为害状

成虫

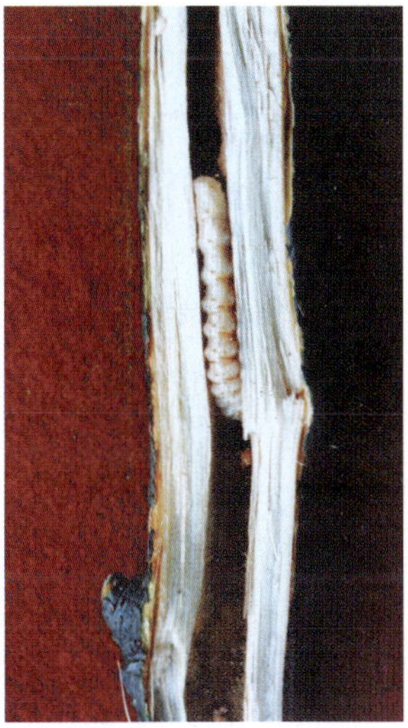

茎干内的幼虫

形态特征

成虫体长 36~46 mm，褐色，密被黄褐色细毛，触角鞭状，前胸背板有不规则的横皱纹，翅鞘黄褐色，基部有黑色瘤状突起，肩角有一黑色刺突。卵长约 6 mm，椭圆形，微弯曲。幼虫老熟时长约 70 mm，前胸背板隐约可见凹陷的“小”字形纹。蛹乳白色，长约 50 mm。

发生规律

我国中部果区2年（跨3年）完成1代，以幼虫在枝干内隧道中越冬。幼虫经过2个冬季后，第3年6~7月老熟化蛹，7~8月成虫羽化，啃食枝干皮层、叶片和嫩芽补充营养。成虫羽化后10~15天交尾、产卵，卵多产于3、4年生枝杈附近，产卵时先将枝条表皮咬成“Ⅲ”形伤口，然后将卵产于中间1道伤口内，每处产卵1~5粒，卵期平均12.7天。幼虫孵出后蛀入枝条内，先向上蛀食10 mm左右，再调转头沿木质部向下蛀食，逐渐深入枝干髓部，幼虫在隧道内，每隔一定距离向外咬1个圆形排粪孔，第1年5~7个，第2年10~14个，第3年14~17个，排粪孔自上而下逐渐增大，孔间距离也逐渐加长。果树生长期间，虫体在最下排粪孔的下方，果树休眠期间，由于虫道底部有积水，虫体多在最下排粪孔的上方。虫体上方常塞有木屑。

防治方法

基础性防治措施

在成虫发生期捕杀成虫，并检查枝干上的产卵伤口，及时挖出卵和小幼虫。

无公害食品果园防治技术

根据落地虫粪，追踪排粪孔，掏出新排粪孔内的虫粪、木屑，塞入蘸有辛硫磷、溴氰菊酯、敌敌畏乳油的棉球，然后用泥封住所有排粪孔。

梨眼天牛

学名 *Bacchisa fortunei* （Thomson）

梨眼天牛是一种较常见的为害果树枝条的害虫。寄主植物有苹果、梨、海棠、梅、桃、石榴、山楂等，我国很多果产区均有分布，陕西的汉中、安康、西安等地为害较重。

梨眼天牛成虫

田间诊断

幼虫蛀入枝条木质部，虫道外堆积麻丝状木质纤维，剪下被害枝段，纵剖后可见虫道内有1头淡黄色的长筒形幼虫。受害枝条易折断。

形态特征

成虫体长 8~10 mm，长圆筒形，身体橙黄色，密被茸毛，翅鞘蓝绿色或蓝紫色，有金属光泽，后胸腹板两侧常有 1 对紫黑色斑块，雄虫触角长于或等于体长，雌虫稍短。卵长圆形，略弯曲，末端较细，乳白色。老熟幼虫长 18~21 mm，长筒形，略扁平，头、前胸背板黄褐色，身体乳白色至淡黄色乃至黄色。蛹初为黄白色，近羽化时前翅翅芽和后胸腹板两侧为蓝黑色。

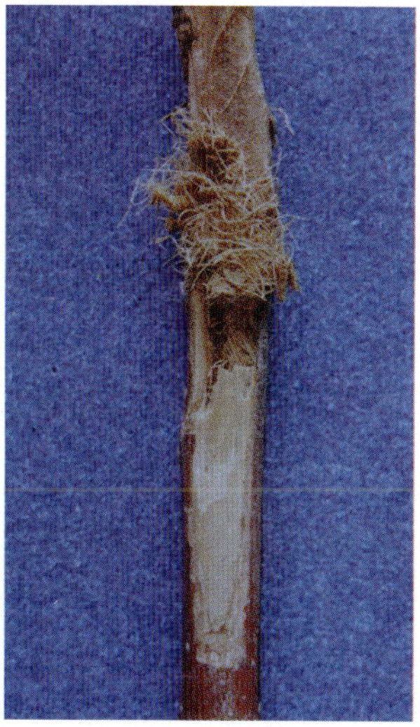

被害状

发生规律

西安 2 年发生 1 代，多以 4 龄以上幼虫在枝条虫道内越冬。3 月下旬开始活动，4 月中旬开始化蛹，5 月上旬至 6 月中旬成虫羽化。成虫羽化后在枝条内停留 2~5 天才从虫道顶端一侧咬一洞口钻出，成虫飞出后常停息在叶背和小枝上，需要取食枝、叶补充营养，常在叶片主脉和侧脉上咬出长约 2 cm 的长形孔洞或不规则的缺刻。成虫交尾后多在直径 15~25 mm 的枝条上刻出 “≫”形伤痕，并产卵于其间。卵期 10 天左右。初孵幼虫在原地取食韧皮部，1 个月后在被害部位出现木质纤维，2 龄以后的幼虫蛀食木质部。幼虫常在早、晚间爬出洞口取食附近的树皮。10 月下旬停止取食并越冬。

防治方法

基础性防治措施

（1）冬季修剪时，结合修剪的要求，剪除被害枝段，并集中烧毁。

（2）利用幼虫早、晚爬出取食的习性，于清晨或傍晚，掏出木屑，捕杀幼虫。或用铁丝刺入虫道，刺杀幼虫。

无公害、绿色食品果园防治技术

在采取上述措施的基础上，还可以在成虫发生期间，利用其补充营养的习性，结合防治其他害虫，喷 2.5%溴氰菊酯（敌杀死）2500 倍液。

第四章 苹果、梨的检疫性病虫害

我国的植物检疫是遵循中华人民共和国进出境动植物检疫法及其实施条例，运用强制手段和科学技术方法，预防和阻止植物的危险性病、虫、杂草从国外传入，或从国内传出，以及从国内某个地区（或称疫区）传播到另一尚无该种危险性病、虫、杂草的地区（或称非疫区）。

植物检疫是保障农业生产安全的一项非常重要的措施。我国政府历来高度重视，制定了一系列法规和条例，成立了专门的机构，并取得了显著的成绩。当今世界经济一体化进程迅猛，国际间人员和物资交流十分频繁，危险性病、虫、杂草传播和蔓延的潜在威胁有增无减。今后涉及植物检疫的问题将会更多、更复杂，所以植物检疫也是保障农产品贸易安全的有力措施。改革开放以来国际间技术交流频繁，从国外引进的品种繁殖材料越来越多，同时有大量果品进口，屡屡发现含带植物检疫对象的情况，威胁着我国的果树生产安全；随着我国果园面积迅速扩大、产量不断增多，出口贸易量也随之增加，面临着来自进口国苛刻的植物检疫限制。为了保障果业生产和出口贸易的安全，广大果业从业人员必须具备植物检疫方面的有关知识。

一、我国农业植物检疫性有害生物

我国农业植物检疫性有害生物名单先后制定和修改了 6 次，分别在 1957 年、1966 年、1983 年、1995 年、2006 年、2009 年。现在执行的是 2009 年 6 月 4 日颁布的农业部公告 第 1216 号，下面列出检疫性有害生物名单。

昆虫：

1 菜豆象 *Acanthoscelides obtectus* (Say)

2 蜜柑大实蝇 *Bactrocera tsuneonis* (Miyake)

3 四纹豆象 *Callosobruchus maculates* (Fabricius)

4 苹果蠹蛾 *Cydia pomonella* (Linnaeus)

5 葡萄根瘤蚜 *Daktulosphaira vitifoliae* Fitch

6 美国白蛾 *Hyphantria cunea* (Drury)

7 马铃薯甲虫 *Leptinotarsa decemlineata* (Say)

8 稻水象甲 *Lissorhoptrus oryzophilus* Kuschel

9 红火蚁 *Solenopsis invicta* Buren

线虫：

10 腐烂茎线虫 *Ditylenchus destructor* Thorne

11 香蕉穿孔线虫 *Radopholus similes* (Cobb) Thorne

细菌：

12 瓜类果斑病菌 *Acidovorax avenae subsp. citrulli* (Schaad et al.) Willems et al.

13 柑橘黄龙病菌 *Candidatus liberobacter asiaticum* Jagoueix et al.

14 番茄溃疡病菌 *Clavibacter michiganensis subsp. michiganensis* (Smith) Davis et al.

15 十字花科黑斑病菌 *Pseudomonas syringae pv. maculicola* (McCulloch) Young et al.

16 柑橘溃疡病菌 *Xanthomonas axonopodis pv. citri* (Hasse) Vauterin et al.

17 水稻细菌性条斑病菌 *Xanthomonas oryzae pv. oryzicola* (Fang et al.) Swings et al.

真菌：

18 黄瓜黑星病菌 *Cladosporium cucumerinum* Ellis & Arthur

19 香蕉镰刀菌枯萎病菌 4 号小种 *Fusarium oxysporum f.sp. cubense* (Smith) Snyder & Hansen Race 4

20 玉蜀黍霜指霉菌 *Peronosclerospora maydis* (Racib.) C.G. Shaw

21 大豆疫霉病菌 *Phytophthora sojae* Kaufmann&Gerdemann

22 内生集壶菌 *Synchytrium endobioticum* (Schilb.) Percival

23 苜蓿黄萎病菌 *Verticillium albo-atrum* Reinke & Berthold

病毒：

24 李属坏死环斑病毒 *Prunus necrotic ringspot ilarvirus*

25 烟草环斑病毒 *Tobacco ringspot nepovirus*

26 黄瓜绿斑驳花叶病毒 *Cucumber Green* Mottle Mosaic Virus

杂草：

27 毒麦 *Lolium temulentum* L.

28 列当属 *Orobanche* spp.

29 假高粱 *Sorghum halepense* (L.) Pers

其中与落叶果树有关的种类有：苹果蠹蛾、葡萄根瘤蚜、美国白蛾、李属坏死环斑病毒等4种。其中与苹果、梨有关的种类是：苹果蠹蛾和美国白蛾2种。

二、我国进境植物检疫性有害生物

为防止植物危险性有害生物传入我国，根据《中华人民共和国进出境动植物检疫法》的规定，国家质检总局与农业部共同制定了《中华人民共和国进境植物检疫性有害生物名录》。2007年5月28日农业部以第862号公告发布了该名录，自发布之日起执行。

《中华人民共和国进境植物检疫性有害生物名录》包括昆虫146种（属）、软体动物6种、真菌125种、原核生物（包括细菌病害等）58种、线虫20种、病毒及类病毒39种、杂草41种（属），共435种（属）。其中包括世界许多地方为害苹果、梨极其严重的种类，如苹果蠹蛾、美国白蛾、地中海实蝇、日本金龟、梨火疫病等，详见下节介绍。

需要了解全部有害生物名录者，请登录中华人民共和国农业部网站搜索第862号公告。

三、苹果、梨重要检疫病虫害介绍

苹果蠹蛾

学名 *Laspeyresia pomonella*（Linnaeus）

苹果蠹蛾又称苹果小卷蛾（因其属于鳞翅目卷蛾科而得此名，但并不卷叶为害，易与卷叶蛾混淆，作者不提倡用此名），国外分布于亚洲、欧洲、美洲、大洋洲、非洲等许多国家。寄主有苹果、梨、沙果、桃、杏、李、胡桃、石榴、山楂、野苹果等。在未防治的情况下可以造成极其严重的损失。在我国原仅分布于新疆，1989年传入甘肃省酒泉市的敦煌，1991年为害成灾，随后每年以50~100 km的速度沿河西走廊向东扩散，1994年扩散至该市的瓜州县和玉门市，1995年传入肃州区，2000年传入金塔县。2003年蔓延到张掖市高台县，3年内迅速扩散至该市的高台、临泽、甘州、民乐、山丹等5个县（区），2006年疫情已经扩散到该市的山丹县，距河西走廊最东边的武威市仅有130 km。近年还在继续向东蔓延，直接威胁黄土高原苹果、梨优生区。为了控制蔓延、为害，我国政府将其列在我国农业植物检疫性有害生物名单内，进境植物检疫危险性害虫（一类）也包括该种，不断加大防控力度。苹果蠹蛾是否存在也是历次我国与外国进出口水果谈判的焦点问题之一。

田间诊断

该虫幼虫蛀食苹果、梨，蛀入孔周围堆积以丝连缀成串的褐色虫粪，幼虫先在蛀入孔附近浅层为害，然后向果心蛀食，并取食种子。1个果实多数情况下是局部被蛀食，只有在1个果实内有多头幼虫时才纵横串食，全果被害，果内充满虫道和粪便。

苹果蠹蛾为害状

形态特征

成虫体长8 mm，翅展19～20 mm，体灰褐色并带紫色光泽，前翅臀角有一深褐色圆形大斑，向内有3条青铜色条斑，这是有别于其他食心虫的标志性特征。卵椭圆形，扁平，中

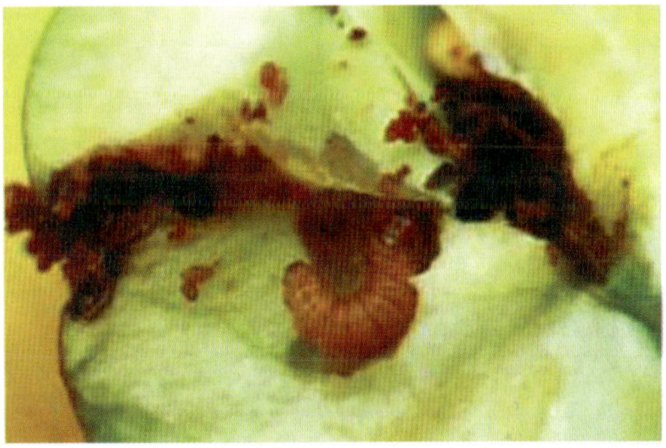

果内幼虫

树干上越冬茧

茧内幼虫

僵果内的越冬幼虫

苹果蠹蛾成虫

卵和初孵化幼虫

蛹

越冬茧

央微凸出，初产时乳白色，半透明，渐变淡黄色，并显现红圈。老熟幼虫长14~16 mm，头黄褐色，胴部红色，背面稍深，腹面略浅。蛹长9 mm左右，黄褐色，肛门两侧各有2根臀棘，末端有6根。

发生规律

该虫在新疆1年发生1~3代。甘肃酒泉1年发生2代和1个不完整的第3代，以老熟幼虫在树干粗皮裂缝、翘皮以及根颈周围土壤中结茧越冬，也有部分脱果稍晚的幼虫随果实采摘和贮运转移到堆果场、果库以及果筐、果箱等处越冬。次年4月上旬越冬幼虫陆续化蛹，5月上旬为化蛹盛期，由于当地此期气温低且不稳定，蛹期19~39天不等，平均29天。4月下旬开始出现越冬代成虫，5月中旬末为成虫羽化高峰。成虫白天隐藏，日落后活动、交尾。5月上、中旬开始在果面或叶面上产卵，每头雌蛾可产卵40~120粒，卵期5~12天。第1代幼虫孵出后开始蛀果为害，幼虫在果内经3次蜕皮、为害约30天后老熟，老熟幼虫从蛀孔附近咬一脱果孔爬出，转害附近其他果实，1 头幼虫可以转移为害 1~3 个果实，6 月中旬老熟幼虫在蛀果孔附近咬一较大脱果孔开始脱果，在树皮裂缝、翘皮、树洞等处结茧、化蛹，蛹期 9~16 天，6 月下旬出现当年第 1 代成虫，7 月上旬开始出现当年第 2 代幼虫，造成第 2 次为害；8 月上、中旬幼虫老熟脱果，进入越冬场所结茧越冬。有少量幼虫能继续发育，产生 3 代，于 8 月下旬至 9 月上中旬出现当年第 2 代成虫，并于 9 月中、下旬出现第 3 代幼虫，但这部分个体由于气候条件的限制，往往不能继续发育和为害而夭折。

该虫近距离传播靠成虫飞翔，而远距离传播则靠果品和繁殖材料携带幼虫或蛹，而且后者是主要的传播途径，近年已发生多起从疫区远距离贩运虫果到非疫区果汁加工厂，被非疫区检疫部门拦截的事件，说明加强植物检疫工作的必要性和紧迫性。

防治方法

当前对我国大部分果区来讲重要的是防范该虫入侵。

（1）严格进行植物检疫。鉴于该虫为害的严重性，加之我国局部地区已有发生，并正在蔓延扩散，因此必须严格进行植物检疫，杜绝从国外侵入，同时防范国内疫区的扩散。西部黄土高原是我国的苹果优生区，但这里地域上与新疆、甘肃毗邻，气候条件相近，是防范蔓延的重点地区。对来自境外的果品、繁殖材料、包装物和运输工具要严格检查是否带虫，一旦发现立即销毁。对国内疫区则应严格禁止其果品及繁殖材料运出。

（2）密切监测虫情。可利用该虫性激素诱捕器定点、定期进行监测，真正做到心中有数，一旦发现虫情，集中采取歼灭措施。

（3）果树休眠期到早春发芽前，刮除树干的粗老翘皮，清除地面残枝、落叶、落果，集中烧毁。在 7 月下旬到 8 月上旬，在主干或树干分叉处缠绕柴草、麻袋片等，诱集越冬幼虫，降低幼虫越冬基数。

（4）利用诱虫灯诱杀成虫，还可用性诱器诱捕成虫，均可取得一定的效果。

苹果蠹蛾性诱捕器

化学防治

非疫区一旦发现有该虫为害一定要立即采取包括化学防治措施在内的综合措施进行彻底的围歼。有效的药剂有：25%胺甲萘可湿性粉剂 400 倍液，

10%二氯苯醚酯（氯菊酯）乳油 1500 倍液，20%氰戊菊酯（速灭杀丁、杀灭菊酯）乳油 2000 倍液等。

为了准确地根据其危害状或幼虫形态鉴别苹果、梨常见的食心虫，并确认是不是苹果蠹蛾，我们编制了“苹果、梨常见食心虫危害状检索表”和“苹果、梨常见食心虫幼虫形态鉴定检索表”，供参考。

这 2 种检索表是把常见食心虫的 1 对或几对相互对应的特征排列成 2 个分支做成的，供查对你手中的被害果是哪一种食心虫危害的，幼虫到底是哪一种食心虫。

例如你要按手中被害果的危害状来查对，就使用“苹果、梨常见食心虫危害状检索表”进行查对，首先进入表中第 1 组特征，符合“1.幼虫在果实浅层危害”的，就继续进入“2”查找；如果符合“1’幼虫能进入果实深层危害”的，就进入“3”查找，以此类推，直至得到你所需要知道的最终结果。如果按幼虫形态查对，就使用“苹果、梨常见食心虫幼虫形态鉴定检索表”，方法一样。

苹果、梨常见食心虫危害状检索表

1. 幼虫在果实浅层为害 ……………………………………………………………2

1’幼虫能进入果实深层危害 ……………………………………………………3

2. 幼虫多数从果实萼洼附近蛀入，蛀入孔附近堆积以丝缠连的细粒红褐色虫粪，不易脱落 ……………………………………………………………………白小食心虫

2’幼虫蛀果后在果皮下浅层为害，被害部位果皮变褐、干裂，形成直径 10 mm 左右、近圆形“干疤”，干疤上常附有少量细粒虫粪；如果刚蛀入的幼虫死亡，蛀入孔周围果皮变青，形成所谓的“青疔” ……………………………………苹果小食心虫

3. 幼虫入果后不直接向果心蛀食 …………………………………………………4

3’幼虫入果后直接向果心蛀食 …………………………………………………5

4. 幼虫在果内纵横窜食，一边蛀食，一边排粪，果实生长受阻，果形不正，果面凹凸不平，形成“猴头果”，果实内部有大量虫粪,酷似“豆沙馅” ………………桃小食心虫

4’幼虫蛀果后将虫粪排出蛀孔，大粒虫粪与被蛀组织分泌的胶汁相粘，堆积在蛀入孔附近的果面上，尤其是果与果、果与叶相连处，果内也有残留虫粪 …………桃蛀螟

5. 进入果内的老熟幼虫体长小于 10 mm ……………………………………………6

5’进入果内的老熟幼虫体长大于 10 mm ……………………………………………7

6. 前期幼虫蛀入孔附近凹陷、变黑、腐烂，呈“黑膏药”状，并有细粒虫粪；后期幼虫蛀入孔周围绿色，虫道直向果心，幼虫咬食种子，虫道和心室内有细粒虫粪 ……………………………………………………………………………… 梨小食心虫

6’ 幼虫多从果实下部蛀入，蛀入孔附近无虫粪，入果后直入果心蛀食种子，心室内有虫粪 ……………………………………………………………………………苹异银蛾

7. 主要为害梨，前期为害的梨幼果形成黑色僵果，悬吊于树枝上，经久不落，俗称“吊死鬼”；后期为害的梨果蛀入孔周围发黑，腐烂，果柄处常被虫丝缠绕，幼虫蛀入果心，食害种子，果内有虫粪。老熟幼虫头部、前胸背板黑色，身体褐绿色…………………………………………………………………………………………… 梨大食心虫

7’ 可以为害苹果、梨等,幼虫蛀入后多数直入果心，蛀孔外有褐色虫粪排出，并连缀成串，受害严重时果实易脱落。老熟幼虫头黄褐色，身体背面淡红色至红色…………………………………………………………………………………………… 苹果蠹蛾

苹果、梨常见食心虫幼虫形态鉴定检索表

1. 腹部末端有臀栉＊（图 1、图 2） ……………………………………2

1’ 腹部末端无臀栉 ……………………………………………………5

2. 腹足趾钩为单序环（图 4、图 5） ……………………………………3

2’ 腹足趾钩为双序环 ………………………………………………… 4

3. 老熟幼虫头部黄褐色，腹部背面各节有前粗、后细桃红色横纹 2 条 ………………………………………………………………………… 苹果小食心虫

3’ 老熟幼虫头部黄褐色，身体背面单一粉红色，无明显的横纹 ………………………………………………………………………… 梨小食心虫

4. 老熟幼虫头部浅黄棕色、前胸背板黑色，身体红褐色或淡紫褐色 ………………………………………………………………………… 白小食心虫

5. 腹足趾钩为双序环或三序缺环 ……………………………………… 6

5’ 腹足趾钩为单序环或单序缺环 ……………………………………… 7

6. 老熟幼虫身体浅灰褐色或浅灰蓝色，背面具紫红色彩，胴部 2~11 节各有显著的灰褐色毛片 8 个，排列为 2 横排，前排 6 个，后排 2 个 ……………………………… 桃蛀螟

6’ 老熟幼虫身体褐绿色，胴部各节毛片不明显 …………………………梨大食心虫

7. 前胸气门前方毛片具毛 2 根，腹足趾钩单序环，老熟幼虫头部黄褐色，身体桃红色 ……………………………………………………………………… 桃小食心虫

7’ 前胸气门前方毛片具毛 3 根（图 3） ……………………………………8

8. 腹足趾钩为单序环，老熟幼虫头部褐色，身体背面绛红色 ……………… 苹异银蛾

8’ 腹足趾钩为单序缺环，老熟幼虫头黄褐色，身体背面淡红色至红色………………………………………………………………………………………… 苹果蠹蛾

＊臀栉:幼虫腹部末节臀板和肛门之间的梳状骨片，可弹去粪便。仅卷蛾科和麦蛾科的部分种类有。

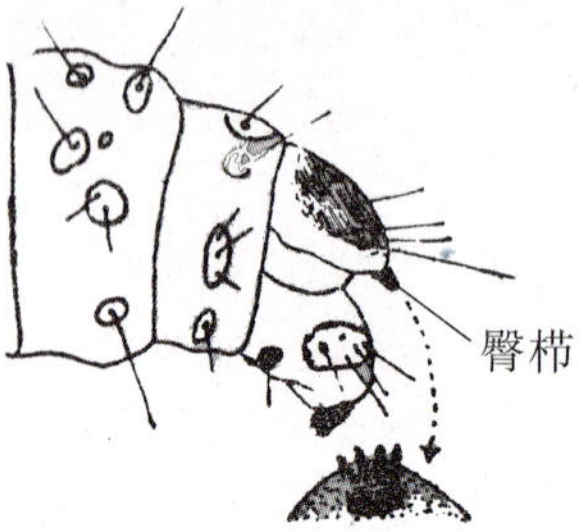

图 1　幼虫腹部末端臀栉（侧面观）

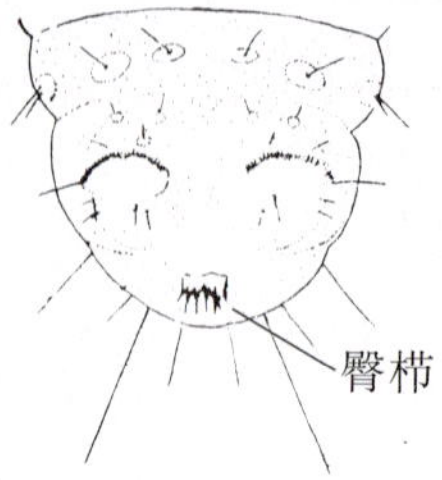

图 2　幼虫腹末的腹面臀栉

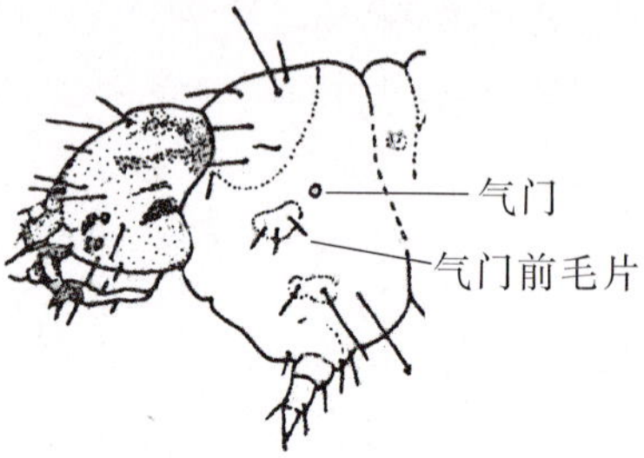

图 3　幼虫前胸毛片

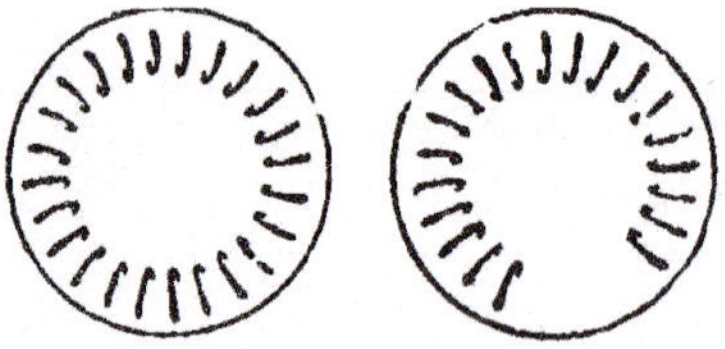

图 4　腹足趾钩单序环及单序缺环

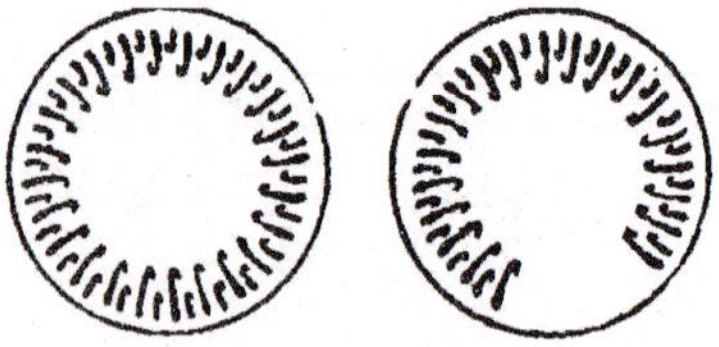

图 5　腹足趾钩双序环及双序缺环

（仿西北农学院图）

美国白蛾

学名 *Hyphantria cunea* (Drury)

美国白蛾是一种世界性的检疫害虫。原产于北美，分布于美国和加拿大南部，后传至欧洲，1945 年传入日本、朝鲜，1978 年传入辽宁丹东。1982 年和 1984 年先后在山东东部和陕西中部部分县发现，经过大规模密集防治，目前陕西已基本无此虫为害。寄主植物十分广泛，国外报道有 300 多种，国内查明有 100 多种。仅为害阔叶树种，果树类中有苹果、梨、山楂、李、桃、海棠、樱桃、杏、葡萄等。

田间诊断

4 龄以前的幼虫吐丝结网，数百头甚至上千头群集网内为害。吃尽叶肉和上表皮，仅剩下表皮和不完整的叶脉，虫网似白膜，吐丝结网是其为害的特点。5 龄以后爬出丝网，分散为害，直至把全树叶片吃光再转移。幼虫头黑色，体红褐色或黄褐色，长有许多白色夹杂黑色的长毛。

形态特征

美国白蛾为害状

成虫为白色中型蛾子，雄性体长 9~12 mm，翅展 23~34 mm，头白色，复眼黑褐色，触角双栉齿状，前、后翅纯白色，前翅通常有几个或多个黑褐色斑，有的个体则无；雌性翅展 33~44 mm，前翅纯白色，少数个体上有斑点，后翅纯白色或近边缘处有小黑点。卵圆球形，初产时浅黄色或淡绿色，后变成灰绿至灰褐色，数百粒聚集，卵块上覆白色雌蛾体毛。老熟幼虫体长 28~35 mm，头黑色、有光泽，体背部红褐色或黄褐色，有一褐色宽纵带，背瘤黑色，体侧灰黄色，毛瘤橙黄色，背部和体侧的毛瘤均有白色长毛丛，夹有少量黑毛。蛹长 8~15 mm，红褐色，中央有纵向隆脊，第 5 至第 7 节腹节的前缘和第 4 至第 6 腹节的后缘横向隆起。

美国白蛾成虫

幼虫

发生规律

辽宁 1 年 2 代，陕西以 1 年 2 代为主，少数个体可出现不完整的第 3 代。以蛹在枯枝落叶、表土层、墙缝等处越冬。4 月初至 5 月底发生越冬代成虫，4 月下旬至 7 月上旬是第 1 代幼虫为害期，第 1 代成虫发生期在 6 月中旬至 8 月上旬，6 月下旬至 9 月中旬为第 2 代幼虫为害期；少数发生的第 3 代幼虫为害期在 9 月上旬至 10 月初。随气温下降，4~5 龄幼虫不能继续发育而死亡。

成虫有一定的飞翔能力，雄蛾对黑光灯有一定趋性。幼虫有较强的耐饥力，这种习性有利于远距离传播。该虫的各个虫态均可随木材、苗木、水果、蔬菜、包装物、运输工具等传带至远方。

防治方法

(1) 严格实行植物检疫，阻止由疫区进一步向外蔓延。已发生地区的经验教训说明，此类检疫害虫一旦侵入一个新区，其为害凶猛，要想控制其为害直至歼灭，要花费极大的人力和财力。因此，防患于未然，拒之门外，实行严格的检疫是上策。

对已有该虫分布的地区，实行综合防治，就地歼灭，措施如下：

(2) 人工捕捉蛹。

(3) 搜查林木及果树上的幼虫网幕，剪下并集中烧毁。

(4) 树干束草或绑诱虫带，诱杀老熟下树幼虫，集中烧毁。

(5) 喷生物农药 Bt 乳剂 (100 亿个芽孢/ml) 1000 倍液，或青虫菌 6 号悬浮剂 1000 倍液。

除采取以上措施外，树上还可喷 25%灭幼脲 3 号悬浮剂 1000 倍液，或 50%辛硫磷 2000 倍液，或 2.5%溴氰菊酯（敌杀死）3000 倍液。

幼虫为害初期也可选用以下药剂：80%敌敌畏 1000~1500 倍，20%氰戊菊酯（速灭杀丁）乳油 2000~3000 倍液，20%甲氰菊酯（灭扫利）乳油 2000~3000 倍液等，5 龄以上幼虫药剂浓度要适当加大。

无论是用生物农药或化学农药，都必须掌握在幼龄幼虫期进行防治，以提高防治效果，减轻损失。

地中海实蝇

学名 *Ceratitis capitata* (Wiedemann)

广泛分布于日本、印度、俄罗斯、法国、意大利、德国、美国、巴西、智利、澳大利亚、新西兰、南非等 5 大洲众多国家，已知寄主包括水果、蔬菜、坚果等 253 种，水果中包括柑橘、苹果、梨、樱桃、桃、李、杏、柿等。鉴于其分布广、寄主多、繁殖快、适应性强，危害性极大，被世界各国公认是最具毁灭性的农业害虫。农业部第 862 号公告（2007 年 5 月 28 日）发布的《中华人民共和国进境植物检疫性有害生物名录》中 *Ceratitis* Macleay 小条实蝇属中就包括地中海实蝇。

当今国际间交流频繁，近年来我国口岸检疫部门屡屡从旅客携带物中截获该虫，所以必须认真对待，绝不能掉以轻心！

形态诊断

成虫体长 4~5.5 mm，头黄色至褐色，触角第 1、第 2 节红褐色，第 3 节黄色；胸部背面和小盾片黑色发光，银色的粉末构成许多排列对称的斑点，形成固定的图案，是识别的重要特征；翅宽短，有淡黄色横带，并散布黑色斑点，翅中部有1条红黄色垂直宽带自前缘延伸到后缘臀脉附近，带的边缘为褐色，翅基部1/3有许多黑色小斑点。卵纺锤形，略弯曲，长0.9~1.1 mm，宽0.2~0.25 mm，白色至浅黄色。幼虫蛆形，粗壮，老熟时长7~10 mm，乳白色至黄色。蛹长椭圆形，黄褐色至黑褐色，长4~4.3 mm。

发生规律

该虫在凉爽地区以蛹或成虫越冬，也有以幼虫在果实内越冬。温度在16~32℃、相对湿度在75%~80%的温暖潮湿地区可终年不断发生。因气候条件的不同，1年发生1~12代，甚至更多。成虫在适宜的食物、温度和水分条件下，最长的寿命可在1年以上。1头雌成虫一生产卵量高达500~800粒，每天产卵22~60余粒，1个果实上可能有多个卵腔，每个卵腔可有卵1~9粒，所以被害果实往往果肉被吃空，造成大量落果。果内幼虫老熟后脱果落地，钻入深5~15cm的土内化蛹，如果条件适宜也可在地面化蛹，蛹对不适宜条件有较强的抵抗力。

地中海实蝇成虫

传播途径

能以卵、幼虫、蛹或成虫的形态随果品、蔬菜等及其包装物、土壤、交通工具等进行远距离传播。

在我国适宜地中海实蝇生存的地区主要集中在南方，一般来说黄河以北和新疆不适合该虫的生存，但是在这些地区夏季如果有大量的外来虫源，也可能造成局部为害，所以不能有侥幸心理，必须把好检疫关。

防治方法

地中海实蝇是我国重点防御的检疫害虫，主要的检疫措施是：

（1）严禁疫区国家生产的水果和番茄、茄子、辣椒等蔬菜进口。

（2）入境的旅客不得携带水果和蔬菜。

（3）进口水果要经过有关检验检疫部门审批。

（4）采用Steiner诱捕器、地中海实蝇固体性引诱剂（Trimedlure），在适合该虫生存和繁殖的地区进行虫情监测。

(5) 万一地中海实蝇传入某一地区，并经有关检验检疫部门确认后，应立即采取防治措施：

1) 用水解蛋白和马拉硫磷配制的毒饵诱杀成虫。

2) 地面喷洒50%二嗪农(二嗪磷、地亚农)乳油300倍液或32%辛硫磷微胶囊200倍液。

实蝇诱捕器

3) 疫区及其周围全面喷洒2.5%溴氰菊酯(敌杀死)乳油3000~4000倍液等。

日本金龟

学名 *Popilla japonica* Newman

日本金龟成虫和为害状

日本金龟分布于日本、朝鲜、加拿大、美国、古巴、俄罗斯、法国、德国、荷兰、西班牙、澳大利亚等国。寄主植物包括苹果、葡萄、梨、桃、樱桃等水果，以及花卉、林木、杂草、农作物等近300种。

通过广泛、详尽的调查，已确认我国没有日本金龟，过去一些资料将中华弧丽金龟和日本金龟混为一谈是错误的，应予纠正。下面将这两种金龟的区别列表比较如下：

日本金龟与中华弧丽金龟的形态比较

部位		日本金龟	中华弧丽金龟
头部	唇基	汤匙状凹陷，布皱刻，方形，雄性后半部通常布刻点	前缘强上卷，常布皱刻，梯形
	额部	平塌，密布粗深刻点	不平塌，密布皱刻
前胸背板		刻点粗深，两侧浓密，部分皱；前角附近布粗横刻纹，被少数长竖毛	刻点不太粗密，两侧不浓密，通常不皱；前角附近布较粗密刻点，通常不被毛
鞘翅		肩瘤外侧具窄平边，前面观侧缘与肩瘤之间呈弯折状	肩瘤外侧不具平边，前面观侧缘与肩瘤之间近直
雄性外生殖器阳基侧突		侧缘基部通常弯缺深，长宽(背面)比为1.78:1	侧缘基部弯缺深，长宽(背面)比为1.60:1

梨火疫病

病原菌 *Erwinia amylovora* （Burrill） Winslow et al.

梨火疫病分布于印度、以色列、土耳其、埃及、德国、英国、法国、意大利、荷兰、比利时、美国、加拿大、墨西哥、新西兰等国。寄主广泛，包括梨、苹果、山楂、李、柿等40多个属的220多种植物，是主要为害苹果、梨等蔷薇科仁果类果树的一种毁灭性病害。

田间诊断

主要为害花、叶和嫩枝，也可以为害果、枝条和树干。花、叶、果受害后很快变黑褐色，枯萎，但不落，全树火烧状，故名“火疫病”。

花器受侵染，初呈水渍状，后萎蔫、枯萎，呈黑褐色，逐步扩展到花梗，温暖潮湿时花梗上渗出黏稠状病菌分泌物。叶片多从叶缘开始受侵害，沿叶脉扩展到全叶，以至嫩梢和枝条，受害叶片和嫩梢呈浅褐至深褐色。果实发病初呈油渍状或水渍状，然后变为褐色至黑色，坏死病斑周围有红色边缘，病斑可扩展至全果，天气潮湿温暖时病部也会渗出黏稠状、乳白色至红褐色病菌分泌物。病害症状随病程的发展会很快表现于枝条、主干甚至根部，造成枝干溃疡，病部龟裂，甚至全株死亡。

梨火疫病为害状之一

为害状之二

病原菌鉴定

导致苹果和梨等果树发生火疫病的病菌是一种细菌——革兰氏阴性好氧性短杆菌，大小为 0.8 μm × 1.0~3.0 μm，以单个、成对或短链形式存在，有夹膜，有 1~8 根周生鞭毛，能运动。

由于该病危害性大，目前我国尚无此病，因此在确认时应十分慎重，通过田间症状确定是否是火疫病只是检疫程序中一项很重要的内容，但还需要进行一系列的检验方可最后确认。

该病的远程传播途径主要是果树及其他观赏植物等的接穗、苗木和植株的传带。

四、部分国家对进口我国苹果、梨的检疫要求

随着我国果园面积迅猛扩大，栽培技术不断提高，果品产量猛增，质量明显提高，我国的水果出口也迅速增加，引起了世界各国高度关注。我国加入 WTO 后，先后与加拿大、美国、澳大利亚、智利、秘鲁、墨西哥、阿根廷、俄罗斯、泰国、毛里求斯、南非等 11 个国家签订了包括苹果、梨等水果的植物检疫要求议定书，进口国提出的检疫对象共计有 11 种病害，38 种虫害或叶螨，见下表。

出口企业和为出口企业提供果品的园艺场和果园一定要了解进口国的要求，在生产和采后、贮运环节采取严密措施保证出口果品不带有对方关注的检疫性病虫害。

进口我国苹果、梨的国家提出的检疫性病害

类别	病害中文名	病原菌学名	针对树种和要求的国家	国内分布
真菌病害	苹果花腐病	*Monilinia mali*	苹果(加拿大)	东北及西北、西南高海拔地区
	苹果(梨)轮纹病	*Botryosphaeria berengeriana* f.sp. *piricola*(*Physalospora piricola*)	苹果(秘鲁、毛里求斯) 梨(澳大利亚、毛里求斯)	广泛分布
	苹果(梨)褐腐病	*Monilinia fructigena*	苹果(加拿大、秘鲁、毛里求斯) 梨(美国、澳大利亚、毛里求斯)	广泛分布
	苹果枝溃疡病	*Nectria galligena*	苹果、梨(毛里求斯)	陕西、台湾

续表

类别	病害中文名	病原菌学名	针对树种和要求的国家	国内分布
真菌病害	苹果锈病	*Gymnosporangium yamadae*	苹果(毛里求斯)	广泛分布
	欧洲梨锈病	*Gymnosporangium sabinae*	梨(澳大利亚)	我国没有
	梨锈病	*Gymnosporangium asiaticum* (*G..huraeanum* 的异名)	苹果(阿根廷) 梨(澳大利亚、毛里求斯)	广泛分布
	梨黑星病	*Venturia nashicola*	梨(美国、澳大利亚、毛里求斯)	广泛分布
	梨黑斑病	*Alternaria gaisen*	梨(美国、澳大利亚、毛里求斯)	不很清楚
	梨干枯病	*Diaporthe tanakae*	苹果(加拿大)	不清楚
细菌病害	苹果(梨)火疫病	*Erwinia amylovora*	苹果、梨(毛里求斯)	我国没有

进口我国苹果、梨的国家提出的检疫性害虫(叶螨)

类别	害虫中文名	害虫学名	针对树种和要求的国家	国内分布
鳞翅目	桃小食心虫	*Carposina sasakii*	苹果(加拿大、智利、秘鲁、墨西哥、阿根廷、俄罗斯、南非) 梨(美国、澳大利亚)	广泛分布
	苹果小食心虫	*Cydia inopinata* (*Grapholitha inopinata* 的异名)	苹果(加拿大、秘鲁、墨西哥、阿根廷、南非) 梨(美国、澳大利亚)	东北、华北、西北及四川、江苏
	梨小食心虫	*Grapholitha molesta*	苹果(加拿大、秘鲁、墨西哥、俄罗斯) 梨(澳大利亚)	广泛分布
	梨大食心虫	*Nephopteryx(Acrobasis) pirivorella*	梨(澳大利亚)	广泛分布

续表

类别	害虫中文名	害虫学名	针对树种和要求的国家	国内分布
鳞翅目	桃蛀螟	*Conogethes punctiferalis*	苹果(加拿大、智利、墨西哥、阿根廷、南非) 梨(美国)	广泛分布
	李小食心虫	*Cydia funebrana*	苹果(秘鲁、墨西哥、南非) 梨(美国)	东北、华北、西北
	苹果小卷叶蛾	*Adoxophyes orana*	苹果(加拿大、墨西哥、南非) 梨(澳大利亚)	广泛分布
	香梨优斑螟	*Euzophera pyriella*	苹果(智利、毛里求斯) 梨(澳大利亚、毛里求斯)	新疆
	桃条麦蛾	*Anarsia lineatella*	苹果(阿根廷)	西北、华北
	旋纹潜叶蛾	*Leucoptera malifoliella* (*Leucoptera scitella* 的异名)	苹果(加拿大、南非)	西北、华北、东北
	舞毒蛾	*Lymantria dispar*	梨(澳大利亚)	零星发生
鞘翅目	梨虎象	*Rhynchites foveipennis*	梨(美国)	广泛分布
	杏虎象/日本苹虎象	*Rhynchites heros*	梨(美国、澳大利亚)	广泛分布
	朝鲜梨象	*Rhynchites koreanus*	梨(澳大利亚)	是否存在待确认
同翅目	梨木虱	*Cacopsylla pyrisuga*	梨(澳大利亚)	该种在中国不存在
	梨黄粉蚜	*Aphanostigma jakusuiensis*	梨(澳大利亚)	东北、华北、西北、华东、西南
	康氏粉蚧	*Pseudococcus comstocki*	苹果(南非) 梨(澳大利亚)	广泛分布
	梨笠圆盾蚧	*Diaspidiotus perniciosus*	苹果、梨(毛里求斯)	广泛分布
	梨蛎蚧	*Diaspidiotus ostreaformis*	苹果(阿根廷)	不明
	榆蛎盾蚧	*Lepidosaphes ulmi*	苹果(墨西哥)	广泛分布
	木槿曼粉蚧	*Maconellicoccus hirsutus*	苹果(墨西哥)、梨(美国)	华南
	日本龟蜡蚧	*Ceroplastes japonicum*	苹果(阿根廷)	广泛分布
	红蜡蚧	*Ceroplastes rubens*	苹果(阿根廷)	华南、华东、西南、华中、陕西南部

续表

类别	害虫中文名	害虫学名	针对树种和要求的国家	国内分布
	杏球蚧（欧李圆球蚧）	*Sphaerolecanium prunastri*	苹果(阿根廷)	东北、华北、西北、华东、西南
	日本长盾蚧	*Lopholeucaspis japonica*	苹果（南非）	
双翅目	橘小实蝇	*Bactrocera dorsalis*	苹果(智利、阿根廷、毛里求斯、南非) 梨(美国、澳大利亚、墨西哥、毛里求斯)	华南、西南
	橘大实蝇	*Bactrocera minax*	苹果、梨(泰国)	不明
	蜜柑大实蝇	*Bactrocera tsunecnis*	苹果、梨(泰国)	华南
	番石榴实蝇	*Bactrocera correcta*	苹果、梨(泰国)	无
	樱桃绕实蝇	*Rhagoletis cerasi*	苹果(智利、毛里求斯) 梨(毛里求斯)	无
	苹果实蝇	*Rhagoletis pomonella*	苹果(智利、毛里求斯) 梨(毛里求斯)	无
	墨西哥按实蝇	*Anastrepha ludens*	苹果(智利、毛里求斯) 梨(毛里求斯)	无
	南美按实蝇	*Anastrepha fraterculus*	苹果(智利、毛里求斯) 梨(毛里求斯)	无
	西印度按实蝇	*Anastrepha mombinpraeoptans*	苹果(智利、毛里求斯) 梨(毛里求斯)	无
缨翅目	西花蓟马	*Frankliniella occidentalis*	苹果(智利、毛里求斯) 梨(毛里求斯)	华南
蛛形纲叶螨总科	山楂叶螨	*Tetranychus viennensis*	苹果(加拿大、秘鲁、阿根廷、南非) 梨(美国、澳大利亚)	东北、华北、西北、长江下游
	神泽叶螨	*Tetranychus kanzawai*	苹果(加拿大、秘鲁)	东北、华东、陕西
	截形叶螨	*Tetranychus truncatus*	梨(加拿大)	华北、华东、西北、华南

下面简要介绍以上名单中在我国局部地区有分布、但本书前面章节中未提及的种类。

李小食心虫

学名 *Cydia funebrana* Treitscheke

寄主有李、杏、桃、樱桃、乌荆子等。主要分布于东北、华北、西北和西南果区。

幼虫蛀果为害，蛀果前常在果面吐丝结网，于网下蛀入果内，排出少许粪便，后流胶，粪便排于果内，幼果被害易脱落，未落的果实因果实被蛀成“豆沙馅”而不能食用，对产量与品质影响很大。

成虫体长 4.5~7 mm，翅展 11~14 mm，体背灰褐色，腹面灰白色。与梨小食心虫很相似，其主要区别为：本种前翅狭长，烟灰色，前缘有不甚明显的白色斜短纹 18 组，而梨小为 10 组，明显；梨小中室端附近有一明显白点，本种没有；后翅淡烟灰色，缘毛长，白色。幼虫体长 12 mm 左右，桃红色，腹面色淡。头、前胸盾黄褐色。蛹 6~7 mm，初淡黄，渐变暗褐色。

我国北方 1 年发生 2~3 代。以老熟幼虫在树干周围的围土中、杂草等处及树皮裂缝中结茧越冬。李树花芽萌动时越冬幼虫破茧爬出，在地表 1 cm 处再结茧、化蛹，而在地表和树皮裂缝越冬者即在原茧内化蛹。5 月中旬前后出现越冬代成虫。

我国北方苹果、梨产区很少有苹果、梨与李、杏、樱桃等核果类混栽的情况，在苹果、梨出口产品中夹带李小食心虫的可能性较小，但提供苹果、梨出口货源的果园仍要高度重视。

李小食心虫成虫

香梨优斑螟

学名 *Euzophera pyriella* Yang

香梨优斑螟属鳞翅目螟蛾科，在我国只分布于新疆，主要为害库尔勒香梨的枝干和果实，是库尔勒香梨等果树的重要害虫。目前在我国其他苹果、梨产区未发现。该虫还为害苹果、枣、无花果、杨等。幼虫在枝干的皮层和木质部之间为害，虫道不规则，除为害树干外还蛀果，常与苹果蠹蛾、梨小食心虫混杂发生，蛀食果皮、果肉、果心，偶尔也能蛀食种子。

老熟幼虫体长 8~12 mm，身体灰黑色，头部棕褐色，触角浅黄色，腹足趾钩双序环。成虫体长 7~8 mm，翅展 15~20 mm，前翅灰黑色，中线和外线波状，灰白色，外线与端线近平行，中室外方有 2 个小黑点，后翅灰白色。

以老熟幼虫在树干粗枝翘皮裂缝下越冬，在新疆1 年 3 代。成虫飞翔力强，有趋光性，对糖醋液敏感。

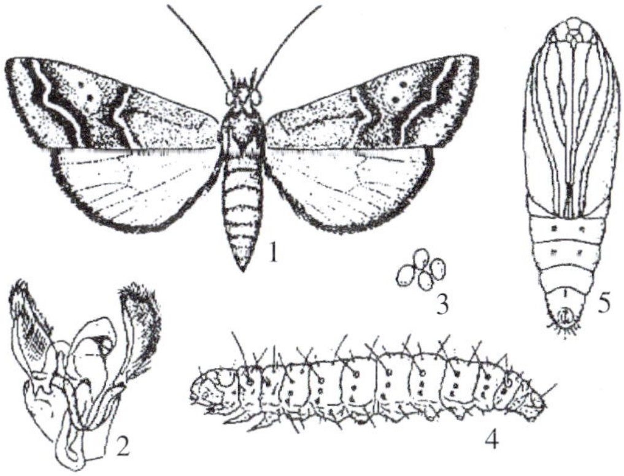

香梨优斑螟

1.成虫　2.雄性外生殖器　3.卵　4.幼虫　5.蛹

(仿宋美杰图)

榆蛎盾蚧

学名 *Lepidosaphes ulmi* Linnaeus

国内分布很广。国外分布于欧洲、美洲、澳大利亚、中东、日本等地。杂食性害虫，为害苹果、梨、李、茶、花椒、山楂、茶藨子、杨、柳、丁香、桴、椵、枸子等植物。

雌成虫长形，头和前胸尖狭。

榆蛎盾蚧

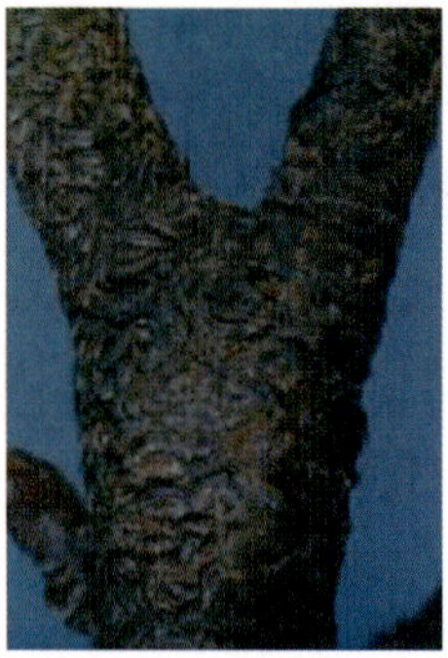

为害状

木槿曼粉蚧

学名 *Maconellicoccus hirsutus* Green

是一种多食性刺吸口器害虫，寄主包括林木、果树、蔬菜及粮食作物等。该虫发源于非洲，现蔓延到了西印度群岛、中东、澳大利亚、中美洲和美国南部，也是我国的外来入侵害虫，目前仅在华南有发生。在苹果、梨产区没有发现为害。

木槿曼粉蚧

为害状

红蜡蚧

学名 *Ceroplastes rubens* Maskell

寄主植物有月桂、栀子花、桂花、蔷薇、茶梅、月季、玫瑰、山茶花、八角金盘、樱花等，分布于华南、西南、华中、华东及北方温室。成虫和若虫寄生在植物枝叶上，吮吸汁液。雌虫多在植物枝杆上和叶柄上为害，雄虫多在叶柄和叶片上为害，诱发煤污病，致使植株长势衰退，树冠萎缩，全株发黑，严重为害则造成植物整株枯死。苹果、梨产区未发现其为害。

红蜡蚧

蜜柑大实蝇和橘小实蝇

学名 *Bactrocera tsunecnis* Miyake

Bactrocera dorsalis Hendel

在我国南方柑橘产区有分布，但苹果、梨产区未发现其为害。

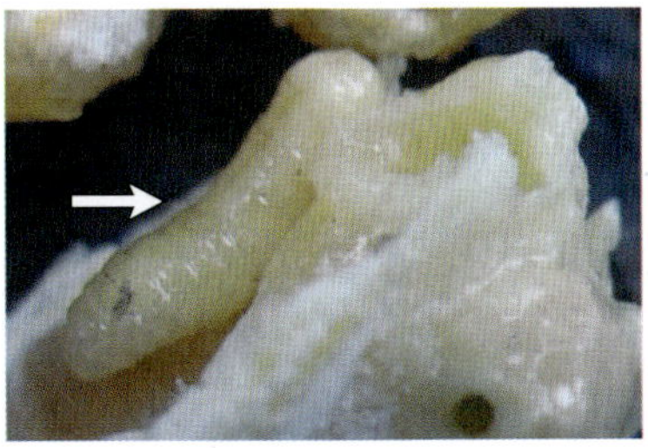

蜜柑大实蝇幼虫

橘小实蝇成虫

西花蓟马

学名 *Frankliniella occidentalis* Pergande

西花蓟马

是一种个体小、高抗药性、高繁殖力、传播速度快的危险性害虫。已遍及美洲、欧洲、亚洲、非洲、大洋洲。寄主植物多达500余种，主要有李、桃、苹果、葡萄、草莓、茄、辣椒、生菜、番茄、豆、兰花、菊花等。由于该虫以刺吸式口器吸取植物汁液，取食同时能传播多种病毒，其中番茄斑萎病毒病（TSWV）对植物为害最为严重。也是一种外来入侵害虫，我国北京、云南、浙江、山东已有分布。

神泽叶螨和截形叶螨

学名 *Tetranychus kanzawai* Kishida
Tetranychus truncates Ehara

在苹果、梨产区虽有记载，但苹果园和梨园很少发现其为害。该2种叶螨与山楂叶螨同属（*Tetranychus*），形态很相似，区别在于生殖器阳具形态的微小差异。（详见《中国经济昆虫志　第23册——螨目叶螨总科》）

神泽叶螨

截形叶螨

第五章　我国三大果产区无公害苹果园、梨园病虫害综合防治历

为了控制病虫为害，保障农林业生产达到优质、丰产、高效益的目标，所制定的全年各个时期的防治病虫害作业计划和具体要求，叫做病虫害综合防治历。

制定果园病虫防治历的原则是：遵循“预防为主，综合防治”的植保方针；强调通过栽培管理，增强树势，提高树体的抵抗力；合理使用低毒或中等毒性的矿物源农药、植物源农药以及化学农药等，尽量保护利用天敌，把病虫为害所造成的损失降低到较低的程度。由于不同地区、不同果园、不同年份病虫种类和为害程度不尽相同，因此在具体运用时要因地制宜、因时制宜、灵活运用，以便取得预期的防治效果，绝不要受此框框的束缚。下面介绍的我国三大果产区无公害苹果园、梨园病虫害综合防治历是针对各产区常年病虫害发生的特点制定的，并不要求每个果园每年必须全部“照章执行”，这些防治历为果园管理者制定全年生产管理计划和决定各个生产阶段的病虫防治措施提供参考。

作者认为，只要认真进行病虫预测预报，采取适宜的防治措施，全年使用农药的次数控制在6~8次；栽培历史较久、使用农药较频繁的地区，全年用药次数力争控制在10次以下是可行的。

一、西北黄土高原无公害苹果园病虫害综合防治历

西北黄土高原苹果产区是我国新兴的优质苹果产区，主要包括陕西渭河以北至延安的30多个县（区），与其邻近的甘肃的天水、平凉、庆阳等地，山西的晋中和运城，宁夏的部分地区及河南的灵宝等地也可列入此范围。该产区苹果园的主要病虫害是苹果树腐烂病、早期落叶病、白粉病、叶螨、食心虫、卷叶虫、金纹细蛾、金龟等。针对这些主要病虫害，拟定以下防治历。

西北黄土高原无公害苹果园病虫害综合防治历

时 期	防 治 对 象	防 治 方 法
休眠期 (12 月至次年 2 月) 	各种越冬病虫害	△彻底检查和刮治腐烂病,刮后用烯唑醇涂剂(拂蓝克)涂抹伤口,并用其涂抹剪锯口 △细致剪除病虫枝梢,刮除粗、老、翘皮,清扫落叶 △施基肥,园地耕翻,有条件的地方冬灌
芽萌动期 (3 月中、下旬) 	腐烂病、叶螨、卷叶虫等	△用 43%戊唑醇(好力克)1000 倍液,或 4%嘧啶核苷(农抗 120)200 倍液,或 3°Bé 石硫合剂对全树喷 1 遍,呈淋洗状态 △介壳虫、叶螨重的果园喷 95%矿物油乳剂 300 倍液 △卷叶虫多的果园用 50%敌敌畏乳油 200 倍液涂抹剪锯口和枝杈等部位,杀灭越冬幼虫
显蕾期 (4 月上旬) 	叶螨、卷叶虫、星毛虫等 白粉病 金龟	△喷 0.5°Bé 石硫合剂, 或 50%硫磺胶悬剂 150 倍液+20%氰戊菊酯（速灭杀丁）乳油 2000~3000 倍液,或 5%噻螨酮(尼索朗)2000 倍液+20%甲氰菊酯(灭扫利)乳油 2000~3000 倍液 △白粉病重的果园喷 15%三唑酮(粉锈宁)可湿性粉剂 1000~1500 倍液 △喷溴氰菊酯（敌杀死)1 份+敌敌畏 5 份+水 5000 份,或喷石灰过量式波尔多液(1:1:5:200)
花序分离期 (4 月中旬) 	早期落叶病、霉心病、缺锌引起的小叶病、缺硼引起的缩果病以及蚜虫、介壳虫、叶螨等	△喷 70%丙森锌(安泰生)可湿性粉剂 800 倍液+70%吡虫啉(艾美乐)6000 倍液+硼尔美 2000 倍液
落花后 (5 月上、中旬) 	白粉病、锈病 早期落叶病、叶螨等 桃小食心虫 金纹细蛾	△喷 15%三唑酮(粉锈宁)可湿性粉剂 1000~1500 倍液 △喷 70%丙森锌(安泰生)可湿性粉剂 600~800 倍液,或 80%代森锰锌(大生 M-45)可湿性粉剂 1000 倍液,或 68.75%代森锰锌(易保)1200 倍液+ 24%螺螨酯(螨危)悬浮剂 4000~6000 倍液,或 20%哒螨灵(扫螨净)4000 倍液 △地面喷洒 32%辛硫磷微胶囊, 每亩 0.5kg 兑水 50 kg △喷布 25%灭幼脲 3 号胶悬剂 2000 倍液, 或 5%氯虫苯甲酰胺(康宽)水分散粒剂 20000 倍液

续表

时期	防治对象	防治方法
套袋前 (5月中、下旬) 	早期落叶病、叶螨、蚜虫、介壳虫等	△喷70%丙森锌（安泰生）800倍液+43%戊唑醇(好力克)3000倍液+钙而美2000倍液,如果蚜虫已上果为害可再加艾美乐8000倍液 △非套袋果园喷30%杀铃脲悬浮剂2000倍液,或25%灭幼脲2000倍液,或50%辛硫磷乳油2000倍液+43%戊唑醇(好力克)3000~4000倍液,或多菌灵50%可湿粉800倍,或70%代森锰锌1000倍液 △果实套袋
幼果期 (6~7月) 	轮纹病、腐烂病、叶螨等 腐烂病 痘斑病等果实生理病害	△喷43%戊唑醇（好力克)3000倍液+24%螺螨酯(螨危）悬浮剂4000~6000倍液，或20%扫螨净4000倍液。必要时收麦以后再喷1次螨危。或间隔1星期连续喷2次0.05°Bé石硫合剂 △轻刮主干和大枝基部树皮,然后涂抹戊唑醇(好力克)300倍液 △喷0.3%硝酸钙或其他含钙液肥2~3次
果实膨大期 (8~9月) 	轮纹病等果实病害及早期落叶病、桃小食心虫 痘斑病等果实生理病害	△套袋果园可喷1~2次波尔多液 △非套袋果园喷1~2次43%戊唑醇(好力克)悬浮剂3000倍液,或50%异菌脲(扑海因)可湿性粉剂1000倍液+10%二氯苯醚菊酯(氯菊酯)1000~3000倍液,或2.5%高效氯氟氰菊酯(功夫菊酯)6000倍液等 △喷0.3%硝酸钙液,或其他含钙液肥1~2次
摘袋和摘袋后 (10~11月) 	提高果实品质,减轻贮藏期病害	△套袋果园摘袋、摘叶、转果,适时采收 △非套袋果园适时采收 △喷70%丙森锌(安泰生)800倍液
落叶前 (11~12月) 	杀灭越冬病虫,增强树体抗性	△落叶前主干和大枝基部轻刮皮,然后喷43%戊唑醇(好力克)300倍液 △检查刮治腐烂病,清园、施基肥

二、环渤海地区无公害苹果园病虫害综合防治历

环渤海苹果产区是我国最早的苹果产区，此区包括辽宁省的南部和西部、山东半岛、河北省燕山以南以及北京、天津等地。本产区苹果主要病虫害有苹果树腐烂病、果实轮纹病、早期落叶病、炭疽病、白粉病、桃小食心虫、叶螨、卷叶虫等，局部地区还有苹果绵蚜，以及检疫害虫美国白蛾等。

环渤海地区无公害苹果园病虫害综合防治历

时期	防治对象	防治方法
12月至次年3月(休眠期)	各种越冬病虫害	△彻底检查和刮治腐烂病，刮后用4.5%腐殖酸铜水剂200~300ml/m^2、3%甲基硫菌灵糊剂6~9g/m^2，或6.5%菌毒清水剂50倍液涂抹伤口 △细致剪除病虫枝梢，刮除粗、老、翘皮，清扫落叶，清除病僵果，带出园外烧毁
4月上、中旬(发芽至展叶期)	腐烂病、轮纹病、叶螨等 卷叶虫 白粉病	△继续刮治腐烂病并涂药保护伤口 △发芽时喷3°Bé石硫合剂或99%机油乳剂300倍液+5%唑螨酯2000倍液 △用50%敌敌畏乳油200倍液涂抹剪锯口和枝杈等部位，杀灭越冬幼虫 △喷80%硫磺水分散粒剂500~800倍液或25%三唑酮可湿性粉剂1500~2000倍液
4月下旬至5月上旬(开花前后)	腐烂病 白粉病、锈病、霉心病、叶螨等 卷叶虫 金龟 金纹细蛾 苹果绵蚜	△继续刮治腐烂病斑、桥接病斑 △开花前喷0.5°Bé石硫合剂或25%三唑酮可湿性粉剂1500~2000倍液+5%噻螨酮2000倍液，霉心病发生区可加10%多抗霉素可湿性粉剂1000~1500倍液或50%异菌脲可湿性粉剂1000~1500倍液 △花前、花后喷20%虫酰肼悬浮剂1500倍液各1次 △花蕾期喷溴氰菊酯1份+敌敌畏5份+水5000份，或石灰过量式波尔多液(1:1.5:200) △落花后喷25%灭幼脲3号胶悬剂2000倍液或35%氯虫苯甲酰胺水分散粒剂20000倍液 △落花后喷40%蚜灭多乳油1000~1500倍液或40%毒死蜱乳油2000倍液
6月上、中旬(幼果期)	桃小食心虫 金纹细蛾 炭疽病、轮纹病、早期落叶病	△地面喷洒32%辛硫磷微胶囊，每公顷7.5kg(每亩0.5kg)兑水100倍，或用40%毒死蜱乳油300倍液处理地面 △喷25%灭幼脲3号胶悬剂2000倍液，或35%氯虫苯甲酰胺水分散粒剂20000倍液 △喷70%甲基硫菌灵可湿性粉剂800~1000倍液+90%乙磷铝可湿性粉剂900倍液 △斑点落叶病发生区可喷10%多抗霉素可湿性粉剂1000~1500倍液或50%异菌脲可湿性粉剂1000~1500倍液

时期	防治对象	防治方法
6月下旬至7月上旬	桃小食心虫、叶螨	△果实套袋;非套袋果园喷30%氰·马乳油2000倍液+20%甲氰菊酯乳油3000倍液,或20%四螨嗪悬浮剂3000倍液,或15%哒螨灵乳油3000倍液等
	轮纹病、褐斑病等	△套袋果园喷1:2.5:200波尔多液;非套袋果园喷80%多菌灵超微可湿性粉1200倍液+90%乙磷铝可湿性粉剂900倍液
	腐烂病	△用6.5%菌毒清水剂50~100倍液或腐殖酸钠溶液涂刷树干和大枝基部
7月下旬至8月上、中旬	桃小食心虫、轮纹病、炭疽病等	△非套袋果园喷1~2次20%甲氰菊酯乳油3000倍液,或2.5%高效氯氟氰菊酯乳油4000倍液+40%氟硅唑乳油8000倍液,或43%戊唑醇(好力克)悬浮剂4000倍液,或80%代森锰锌可湿性粉剂800倍液;套袋果园继续喷1:2.5:200波尔多液;斑点落叶病发生区可喷1次10%多抗霉素可湿性粉剂1000~1500倍液,或50%异菌脲悬浮剂1000~1500倍液;褐斑病发生区可喷1次43%戊唑醇悬浮剂4000倍液
8月下旬至10月	果实轮纹病、早期落叶病	△非套袋果园喷40%氟硅唑乳油8000倍液,或70%甲基硫菌灵可湿性粉剂800倍液,或50%多菌灵可湿性粉剂600倍液,或80%代森锰锌可湿性粉剂800倍液;斑点落叶病发生区可加10%多抗霉素可湿性粉剂1000~1500倍液,或50%异菌脲悬浮剂1000~1500倍液;褐斑病发生区可喷43%戊唑醇(好力克)悬浮剂4000倍液 △套袋果园停止用药,摘袋、摘叶、转果,套袋和非套袋果园按成熟先后分期分批适时采收
	腐烂病、干腐病	△检查刮治腐烂病,清园、开始施基肥
11月	各种病虫害	△检查、刮治腐烂病,继续施基肥,园地耕翻,有条件的地方冬灌

* 环渤海地区无公害苹果园、梨园病虫害综合防治历由中国农科院果树研究所仇贵生研究员提供。

三、黄河故道地区无公害苹果园病虫害综合防治历

黄河故道是黄河下游历史上多次改道形成的平原，过去一片荒沙，现已改造成大片的果林带，部分地带成为我国新兴的苹果产区，包括河南东部、安徽北部、江苏北部、山东西南部。由于土质瘠薄、保水保肥能力较差、夏季气温较高、雨水较多，果树的病虫为害较重，尤其是果实病害严重。苹果园的主要病虫害有果实轮纹病、炭疽病、早期落叶病、食心虫、叶螨和卷叶蛾等。

黄河故道地区无公害苹果园病虫害综合防治历

时期	防治对象	防治方法
12月至次年3月中旬(休眠期)	腐烂病、落叶病、金纹细蛾、顶梢卷叶蛾、	△树干涂白,杀菌防冻 △清除落叶,消灭越冬病虫源 △结合修剪去除病虫枝
3月下旬(萌芽期至花芽露白期)	枝干轮纹病、腐烂病 天牛 苹果球蚧(10%虫枝)	△先刮除病瘤、病疤,涂农抗120或5%菌毒清30倍液,然后全树喷50%多菌灵或5%菌毒清100倍液 △80%敌敌畏3倍灌注,或毒签堵洞 △95%机油乳剂50倍液
4月中、下旬(开花期)	霉心病	△初花期、盛花期各喷1次苹果益微2000倍液+0.3%硼砂 △降雨后喷10%多抗霉素可湿性粉剂1000倍液
4月底至5月上旬(落花后)	黑点病、轮纹病、落叶病、红蜘蛛(1头/叶)	△雨后喷50%多菌灵800倍液，或70%甲托1000液倍 △不降雨时喷80%大生M-45 800倍液+3%噻螨酮2000倍液 △喷硝酸钙300倍液 △间隔10天喷30%戊唑醇3000倍+钙肥
5月中旬(生理落果期后)	苹果黄蚜(30%新梢) 金纹细蛾(1头/百叶) 斑点落叶病,轮纹病	△10%吡虫啉3000倍液 △25%灭幼脲2000倍液+硝酸钙300倍液 △3%多氧霉素300倍液,或80%大生M-45 800倍液 △开始套袋
5月下旬至6月上旬(麦收前)	落叶病、轮纹病、红蜘蛛(2头/叶)、金纹细蛾(2虫斑/百叶) 苹果绵蚜(10%虫梢)	△10%苯醚甲环唑4000倍液,或3%中生菌素500倍液+15%哒螨灵2500倍液+25%灭幼脲1500倍液 △降雨后未套袋果园补喷内吸杀菌剂 △40%毒死蜱2000倍液
6月中、下旬(麦收后)	落叶病、金纹细蛾(5头/百叶)、红蜘蛛(3头/叶,或5头/叶,有天敌)	△套袋后喷波尔多液(1:2:200) △喷30%蛾螨灵2000倍液，或1.8%阿维菌素5000倍液+10%浏阳霉素1000倍液，或80%代森锰锌800倍液
7月上、中旬(秋梢生长期)	斑点落叶病、轮纹病、金纹细蛾(8头/百叶)	△3%多抗霉素300倍液,或中生菌素500倍液,或40%氟硅唑8000倍液+25%灭幼脲2000倍液 △也可喷倍量式波尔多液
8月上旬至9月上旬(果实近成熟)	落叶病、枝干轮纹病	△12%绿乳铜600倍液
9月下旬到采收前	去袋后防治黑点病	△10%多抗霉素1000倍液+钙肥
果实采收后	腐烂病	△清理烂果、落叶深埋,刮治病斑涂药 △树干、大枝喷黄腐酸盐100倍液

* 黄河故道地区无公害苹果园、梨园病虫害综合防治历由中国农科院郑州果树研究所陈汉杰研究员提供。

四、西北黄土高原无公害梨园病虫害综合防治历

西北黄土高原是我国梨树的主要产地之一，栽植历史悠久，晚近新建梨园主栽品种多为砀山酥梨，由于海拔较高，昼夜温差较大，果实糖分容易积累，其品质显著优于原产地，颇受消费者青睐。该地区梨园主要病虫害有梨黑星病、梨木虱、蚜虫、介壳虫、蟏象等，春季多雨年份梨黑星病发生严重，正常年份为害较轻，梨木虱是该地区的重要害虫。近年大部分梨园实行果实套袋，现根据当地自然条件和主要病虫害，提出以下无公害梨园病虫害综合防治历，供参考。

西北黄土高原无公害梨园病虫害综合防治历

时期	防治对象	防治方法
休眠期 (12月至次年2月) 	各种越冬病虫害	△刮除粗、老、翘皮，细致剪除病虫枝梢，清扫落叶 △施基肥，园地耕翻，有条件的地方冬灌 △清除梨园方圆5km内的桧柏类梨锈病中间寄主
芽萌动 (3月上、中旬) 	黑星病、腐烂病、蚧、叶螨等 草履蚧	△全树喷1遍尿素10~20倍液 △喷3°Bé石硫合剂液，或95%机油乳剂300倍液+5%噻螨酮(尼索朗)2000倍液，呈淋洗状态 △树干上涂药环：废黄油和废机油各半，加热熔化后稍冷却，加入少量溴氰菊酯(敌杀死)
花蕾期 (3月下旬) 	蚜虫、梨星毛虫、梨大食心虫 金龟	△喷70%吡虫啉(艾美乐)水分散剂6000倍液，或10%吡虫啉(蚜虱净)可湿性粉剂3000倍液+2.5%溴氰菊酯(敌杀死)2000倍液 △喷溴氰菊酯(敌杀死)1份+敌敌畏5份+水5000份，或喷石灰过量式波尔多液(1:1.5:200)

续表

时 期	防 治 对 象	防 治 方 法
开花前(3月末至4月初) 	梨黑星病、蚜虫、梨木虱 锈病	△喷43%戊唑醇（好力克）悬浮剂3000倍液+70%吡虫啉(艾美乐)水分散剂6000倍液 △喷15%三唑酮(粉锈宁)可湿性粉剂1500倍液
初花期(4月上旬) 	梨茎蜂	△梨园内悬挂黄色双面粘虫板引诱成虫,使其被粘虫板粘住致死 △成虫大量出现期，喷80%敌敌畏乳油1000倍液,或20%甲氰菊酯(灭扫利)2000倍液,或2.5%溴氰菊酯（敌杀死)2500倍液，或5%氯氰菊酯(安绿宝)2000倍液
落花后至套袋前 (4月中、下旬至5月上旬) 	梨茎蜂 梨黑星病、梨木虱、梨茎蜂、食心虫、叶螨等	△再喷1次80%敌敌畏乳油1000倍液，或20%甲氰菊酯(灭扫利)2000倍液,或2.5%溴氰菊(敌杀死）酯2500倍液，或5%氯氰菊酯（安绿宝）2000倍液 △剪除被害梢 △落花后喷43%戊唑醇(好力克)悬浮剂3000倍液，或10%苯醚甲环唑（世高）水分散颗粒剂2000倍液+24%螺虫乙酯(亩旺特)悬浮液4000倍液+2.5%溴氰菊酯(敌杀死)2000倍液+24%螺螨酯(螨危)悬浮剂5000倍液 △果实套袋前再喷1次
套袋后幼果期(5月下旬至6月) 	梨黑星病、蝽象、梨网蝽等	△喷1~2次43%戊唑醇(好力克)悬浮剂3000倍液+20%氰戊菊酯（速灭杀丁）乳油2000倍液+80%敌敌畏1000倍液
果实膨大期(7~8月)	黑星病、蝽象、梨网蝽、食心虫	△喷1~2次43%戊唑醇(好力克)悬浮剂3000倍液+20%氰戊菊酯（速灭杀丁）乳油2000倍液+80%敌敌畏1000倍液 △树干绑诱虫带
果实成熟至采收以后(9~11月) 	越冬病虫害等	△适时采收 △检查、刮治腐烂病,清园 △秋施有机肥

五、环渤海地区无公害梨园病虫害综合防治历

环渤海地区盛产梨，有驰名中外的河北鸭梨、山东长把梨、北京郊区的京北梨等，该地区梨园的病虫害主要是梨黑星病、轮纹病、梨木虱、梨小食心虫、蚜虫、梨茎蜂等。

环渤海地区无公害梨园病虫害综合防治历

时期	防治对象	防治方法
12 月至次年 3 月（梨树休眠期）	各种越冬病虫害	△结合冬剪，细致剪除病虫枝梢，刮除粗、老、翘皮，清扫落叶，清除病僵果，带出园外烧毁 △彻底检查和刮治腐烂病、干腐病，刮后用 4.5%腐殖酸铜水剂 200~300ml/m²、3%甲基硫菌灵糊剂 6~9g/m² 或 6.5%菌毒清水剂 50 倍液涂抹伤口
4 月上、中旬（发芽至花序分离期）	叶螨等 腐烂病 卷叶虫 梨木虱 锈病、黑星病、梨花网蝽、梨瘿螨等	△发芽时喷 3°Bé 石硫合剂或 99%机油乳剂 300 倍液+5%唑螨酯 2000 倍液 △感病品种（如西洋梨），继续刮治腐烂病与干腐病并涂药保护伤口 △用 50%敌敌畏乳油 200 倍液涂抹剪锯口和枝杈等部位，杀灭越冬幼虫 △梨芽伸出露白期是防治梨木虱的第 1 个关键时期，树上喷 4.5%高效氯氰菊酯乳油 1500 倍液 △花序分离期，喷洒 20%三唑酮乳油 1500 倍液+1.8%阿维菌素乳油 4000 倍液
4 月下旬至 5 月中旬（开花前后）	梨木虱、叶螨 轮纹病、黑星病、梨锈病、卷叶虫、梨蚜等	△梨树落花 80%~90%后是防治梨木虱的第 2 个关键时期，可喷洒 10%双甲脒乳油 1000 倍液，可兼治梨木虱和叶螨 △梨树落花后 10 天左右开始仔细检查、摘除梨黑星病病芽梢。树上喷洒 70%甲基硫菌灵可湿性粉剂 800 倍液+2.5%高效氟氯氰菊酯乳油 3000 倍液
5 月下旬至 6 月上、中旬（幼果期）	黑星病、轮纹病、黑斑病、食心虫等 黑星病、梨茎蜂、梨大食心虫 梨小食心虫	△果园套袋。黑星病严重的梨园喷洒 40%氟硅唑乳油 8000 倍液（黑星病不重的喷 50%多菌灵可湿性粉剂 600 倍液，“日韩”梨品种黑斑病严重的果园喷 10%多抗霉素可湿性粉剂 1500 倍液或 50%异菌脲悬浮剂 1500 倍液）+ 20%甲氰菊酯乳油 3000 倍液 △梨树落花后 30 天左右是防治梨木虱的第 3 个关键时期。检查、剪除梨黑星病病芽梢和梨茎蜂为害的新梢，摘除梨大食心虫等为害的幼果 △树冠外围悬挂梨小食心虫性诱芯诱杀成虫

续表

时期	防治对象	防治方法
6月下旬至7月上旬	轮纹病、黑星病、黑斑病、红蜘蛛、蚜虫、梨木虱、卷叶虫、食心虫	△套袋果园喷洒1:2.5:200倍波尔多液 △非套袋果园喷洒10%苯醚甲环唑水分散粒剂4000倍液+2.5%溴氰菊酯乳油2000倍液+15%哒螨灵乳油3000倍液 △部分早熟品种开始停止用药
7月中、下旬	黑星病、食心虫 黑斑病、黑星病、轮纹病、梨木虱、蚜虫、食心虫等	△剪除梨黑星病徒长枝、直立病枝，运出园外销毁。摘除、捡拾落地病虫果，就地深埋 △套袋果园喷洒1:2.5:200波尔多液 △非套袋果园喷洒12.5%烯唑醇可湿性粉剂2000倍液或43%戊唑醇(好力克)悬浮剂4000倍液+20%甲氰菊酯乳油2000倍液
8月上、中旬	轮纹病、炭疽病、黑星病、食心虫等	△套袋果园喷洒1:2.5:200波尔多液 △非套袋果园喷洒70%甲基硫菌灵可湿性粉剂800倍液+10%联苯菊酯乳油3000倍液 △部分中熟品种停止用药
8月下旬至9月	轮纹病、黑星病、梨小食心虫、毛虫等	△非套袋果园喷施50%多菌灵可湿性粉剂600倍液+40%毒死蜱乳油2000倍液 △套袋果园停止用药，摘袋、摘叶、转果，套袋和非套袋果园按成熟先后分期分批适时采收 △检查刮治腐烂病，清园、开始施基肥
11月	各种病虫害	△检查、刮治腐烂病，施基肥，园地耕翻，有条件的地方冬灌

六、黄河故道地区无公害梨园病虫害综合防治历

黄河故道地区梨的生产历史悠久，安徽砀山酥梨为中外消费者青睐，河南、苏北等地梨园发展也很引人注目。该产区梨园的主要病害仍是梨黑星病、轮纹病，虫害主要是梨木虱、蚜虫、食心虫等。

黄河故道地区无公害梨园病虫害综合防治历

时期	防治对象	防治方法
12月至次年3月初(休眠期)	各种越冬病虫害	△结合冬剪，剪除病虫枝，彻底清扫落叶、落果等并深埋
3月上旬至4月初(芽萌动至开花前)	腐烂病、轮纹病、黑星病、黑斑病等，梨木虱、蚜虫、绿盲蝽、梨星毛虫等	△刮除枝干粗翘皮;涂药刮治腐烂病、干腐病等 △发芽前喷45%代森锌水剂150倍液，铲除树上越冬病源 △喷12.5%烯唑醇乳油2000倍液+40%毒死蜱乳油1500倍液
4月上旬(开花期)	梨茎蜂	△挂黄板诱杀，每亩20块

时 期	防 治 对 象	防 治 方 法
4月中、下旬 (落花后)	黑星病、轮纹烂果病及黑斑病、炭疽病、锈病等，梨木虱、绿盲蝽及介壳虫、蚜虫、叶螨等	△落花后1周喷12.5%烯唑醇乳油2000~2500倍液，或40%氟硅唑乳油8000倍液+1.8%阿维菌素乳油5000倍液
5月上、中旬 (落花后至麦收前)	黑星病、轮纹烂果病、套袋果黑点病及黑斑病、炭疽病、锈病等，梨木虱、黄粉蚜、绿盲蝽及介壳虫、叶螨等	△轮换使用20%双甲脒乳油1500倍液+80%代森锰锌可湿性粉剂800倍液；以及10%吡虫啉可湿粉3000~4000倍液、或3%啶虫脒乳油2500~3000倍液+80%代森锰锌可湿性粉剂800倍液 △果实套袋
5月底至6月上旬 (麦收前后)	黑星病及黑斑病、轮纹病、炭疽病等，叶螨、梨木虱、黄粉蚜及绿盲蝽等	△1.8%阿维菌素乳油5000倍液+40%戊唑醇乳油5000倍液
6月中旬 (果实膨大期)	轮纹病及黑斑病、黑星病、炭疽病等	△1:(2~3):200式波尔多液(选晴天喷药，喷后3天无雨)
6月下至7月上旬 (果实迅速膨大期)	轮纹烂果病及黑斑病、黑星病、炭疽病等，梨小食心虫及梨木虱、二斑叶螨	△50%多菌灵可湿性粉剂600倍液+10%联苯菊酯乳油2000倍液(根据梨小性诱捕器诱蛾情况指导喷药)
7月中、下旬 (果实膨大期)	轮纹烂果病及黑斑病、炭疽病等，梨小食心虫、二斑叶螨	△1:(2~3):200倍式波尔多液(选晴天喷药，喷后3天无雨) △50%多菌灵可湿性粉剂600倍液+2.5%高效氯氟氰菊酯乳油3000倍液
8月中、下旬 (近成熟期)	黑星病及黑斑病、轮纹病，梨小食心虫、黄粉虫、介壳虫等	△40%氟硅唑乳油8000倍液，或43%戊唑醇(好力克)4000倍液，或70%代森锰锌可湿粉800倍液+3%溴氰菊酯乳油2500倍液
9月上、中旬 (采收前)	黑星病及黑斑病、轮纹病，梨小食心虫、蟏象、介壳虫等	△12.5%腈菌唑乳油2000倍液，或70%代森锰锌可湿粉800倍液+90%敌百虫晶体1000倍液

第六章　苹果、梨生产中气象灾害的预防和补救

一、冬季低温灾害

苹果、梨的生长发育对温度有一定要求。苹果最适宜栽植区年平均气温应为8~12℃，1月中旬平均温度应>-14℃，年极端最低温度应>-23℃。陕西渭北地区年平均气温为8~12℃，1月中旬平均温度-1~-8℃，年极端最低温度-16~-26℃，所以陕西渭北地区及其周边地区是苹果栽培的适宜区。资料记载苹果树休眠期地上部分可以耐受短期的-30℃左右低温，但是西北黄土高原局地、个别年份苹果树冬季遭受低温冻害的情况还时有发生，这与果园的立地条件和局地小气候有关。冬季低温冻害主要表现为幼树抽条和枝干冻害。相对而言，梨树抗御低温的能力比苹果树强，因而它的分布北界比苹果更远。

苹果树的抽条

苹果幼树的抽条是我国西北苹果幼园一种常见的越冬伤害，一般情况下，栽植后1~2年生幼树受害最重，个别年份3~5年生幼树也能受害。受害表现为越冬后幼树枝梢由上向下逐步抽干死亡。导致抽干的原因有：①冬季的干冷气候；②果树植株秋季贪青旺长，抵御干冷气候的抗性减弱；③病虫为害造成的粗皮（苹果、梨轮纹病）或伤口（大青叶蝉产卵）等。在以上因素综合作用下抽条情况将更为严重。

苹果、梨的枝干冻害

苹果、梨的枝干冻害常发生在海拔比较高的果园，特别是风头强劲的山峁地。冻害部位常在接近地面树干基部的迎风面，树皮受冻纵向爆裂，继而

苹果树抽条

幼苗保护罩

引起树皮腐烂，逐步表现为腐烂病的典型症状，病害能深入木质部，导致树体的输导组织破坏，树干髓部从下向上变褐，病树长势衰弱，叶片变小，枝条生长量明显减小，最后造成整株死亡。

低温冻害之一

低温冻害之二

幼树抽条和枝干冻害的预防和补救措施

(1) 建园前一定要弄清当地的气象条件，科学规划，适地栽植。

(2) 在容易发生抽条的地区，延迟栽植时间，改秋栽为解冻以后春栽，栽后幼株套袋保温保湿。

低温冻害树干基部裂口

树干髓部坏死

树干髓部坏死并腐朽

(3) 在容易发生抽条的地区，栽植后第2至第3年秋季树干埋土防寒。

(4) 加强栽培管理，提高树体贮藏营养水平，避免秋季贪青旺长，增强幼树抵御低温的能力。

(5) 幼树枝干涂抹凡士林可避免抽条；2~3月喷洒2次2.5%~3.5%的蒸腾抑制剂，或150~200倍的甲基纤维素，使枝干上形成1层保护膜，抑制水分蒸发。

(6) 及时防治轮纹病和大青叶蝉等病虫为害。

(7) 在容易发生冻害的地区，秋季及早检查、刮治腐烂病，然后树干涂白。树干基部堆土防寒，开春气温平稳后再放开。

二、花期冻害和沙尘灾害

苹果、梨花期是对气候条件最敏感的时期，由于果树花器柔嫩，对气温的剧烈变化、大风及沙尘天气的抵御能力很弱，往往造成不可弥补的损失。

果树花期也是关乎果园全年收成和果农预期经济效益的关键时期，因此果农和有关主管部门每年到此关头十分担心和重视。

西北黄土高原果区，梨开花期一般在4月上旬至中旬，苹果开花期一般在4月中旬至下旬。每年3、4月正是这个地区气温变化剧烈、冷空气频繁光顾的时期，往往对果树花器造成严重伤害。据统计，陕西省有大约40%的强降温天气出现在3、4月，基本上每年花期都会受到不同程度的冻害威胁，花期冻害已成为严重影响和制约当地果品生产持续、稳定发展的主要灾害性气候。近年来由于气候变暖，导致果树花期普遍提前，更增大了花期受冻的几率和风险。相比之下，环渤海地区由于春季气温回升较慢，果树发芽、开花较迟，花期发生冻害的几率较低。

据前人研究，苹果现蕾期遇到–2.8~–4.0℃的低温，花蕾就会受冻；开花期遇到–1.7~–2.2℃的低温花器就会受冻。花期低温还影响蜜蜂等传粉昆虫的活动，从而影响花的授粉受精，降低坐果率。花后温度过低会影响果实激素的产生，也会影响坐果率。由于同一地区梨树开花期比苹果树要早7~10天，因此梨花期遭受冻害的几率比苹果更大，陕西省彬县等老梨区因连续遭受花期冻害，相继出现毁园的情况，至今梨园所剩无几，教训深刻。

花期遇到低温气候条件后是否造成冻害和冻害程度的轻重还与多种因素有关：同一树种的不同品种间会有明显的差异，品种受害的差异主要缘于开花的进度，低温的出现如果正好与某一品种的盛花期相遇，则该品种受害严重，开花进程先于或晚于该品种的可能幸免于难，至少受害较轻；果园的管理水平也直接影响果树抵御低温的能力，管理好的果园受害会比较轻，反之则重；果园的立地条件更会影响受害的程度，冷空气易于沉积的低洼地、沟壑地果园会比平地、山坡地果园受害重，阴坡比阳坡重，山峁地迎风面比避风面受害重。

西北地区春季的降温多伴随大风、沙尘天气，果树开花期间遇到沙尘天气特别是遇到沙尘暴，常常可以看到花器的柱头上落了1层细细的黄色沙尘，对花的授粉和受精有严重影响，其为害并不亚于低温冻害。黄土高原果区有些年份这2种灾害往往叠加发生，更是雪上加霜。

花期冻害的田间表现

未开放的花蕾受冻，外露的花瓣受冻失水、颜色变暗以至干枯；已开放的花受冻，花瓣边缘变褐、焦枯，雌蕊变黑、萎缩，雄蕊变黑、花药干缩，花萼部肿胀、起泡，子房向外渗水，最后花朵凋萎、脱落。

苹果花蕾期大雪

中心花雌蕊冻死

中心花雌蕊冻死，边花正常

已开放的中心花严重受冻

预防和补救措施

（1）关注天气预报，及时采取预防措施。

（2）低温灾害发生后准确评估灾害损失，做到临危不乱，区别轻重缓急，有针对性地采取补救措施。

（3）开花前气温变化剧烈，或得到降温预报后应立即停止疏花疏果，待气候稳定后再根据实际情况进行。

（4）熏烟防灾。得到准确的低温预报后，在低温霜冻降临的当晚至凌晨，组织果农在果园周边或果树行间点燃事前准备好的树枝、树叶、柴草、锯末、麦糠等材料熏烟防冻，要大面积联防，提高预防效果。也可以用自制的烟雾剂熏烟，配方是：硝酸铵20%、锯末70%、废柴油10%。

（5）人工辅助授粉。开花前做好人工辅助授粉的充分准备，在花量过多的树上（如秦冠）采集尚未开放的花朵，带回屋内，用镊子剥离花瓣，取下花药，集中放在白纸上，上罩玻璃盖，放在灯泡（40W）下烘焙，或放在电热毯（中档）上加温，让花药绽开，收集花粉，冷藏备用，冻害过后进行人工辅助授粉。

降温前树干刷石硫合剂防冻

喷药防冻

涂白防冻

熏烟防冻

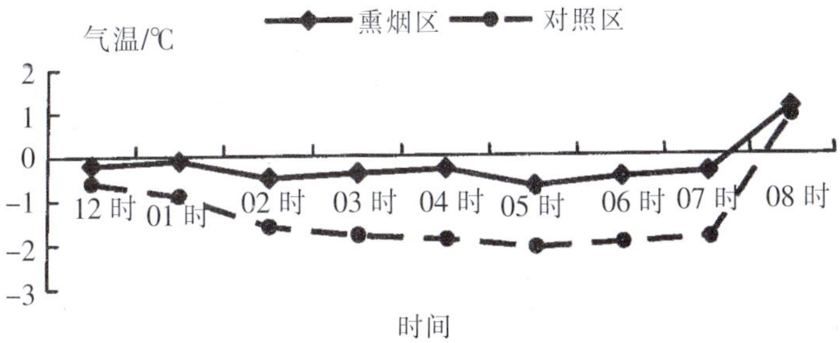

熏烟提升果园温度的作用

(6) 喷水、喷药和喷营养液。冻害或沙尘天气过后立即喷水，增加果园湿度，冲去粘附在花器上的尘土，减轻冻害和沙尘的影响。开花期喷 0.3%~0.5%尿素+0.1%~0.3%硼砂水溶液。

根据我们的试验，苹果花序分离期喷 70%丙森锌（安泰生）600~800 倍液可以减轻低温冻害影响，提高坐果率。

三、幼果期低温灾害

苹果、梨的幼果期遇到低温、阴雨天气，幼果也可能出现伤害，最常见的是果实霜环伤害。

苹果、梨霜环伤害

苹果、梨的霜环是幼果期遇到低温造成的伤害。一些年份苹果、梨树落花后遇低温，幼果受冻，果实萼部周围出现环状伤疤，造成幼果大量脱落，严重时落果率高达50%以上，损失严重。

受害症状

苹果受害，初期幼果萼片以上部位表现环状收缩，继而出现月牙形凹陷，逐步扩大为环状凹陷，深紫红色，凹陷部位以下果肉深褐色，木栓化。被害果实易早落，少数继续生长的果实，到成熟时萼部周围仍留有环状凹陷伤疤。

苹果霜环伤害之一

之二

之三

之四

苹果霜环伤害之五

阴雨天气袋内霜环伤害果实腐烂状

梨霜环伤害

有些年份某些品种（如金冠）果实胴部出现环状收缩，由于收缩部位生长受阻，后期果皮出现木栓化锈斑，形似腰带，此种症状与低温出现时间较晚有关。

梨受害，往往在果实胴部出现腰带状锈斑并缢缩，严重时也会引起落果。

发病规律

幼果期间遇低温是造成霜环的主要原因。陕西 1975 年、1991 年以及此后的个别年份部分地区发生严重，造成很大损失。据调查，苹果终花期后 7~10 天遇到低于 3℃的气温，幼果即可能受害。如 1991 年受害较重的淳化县终花期为 4 月 27~28 日，5 月初遭低温冻害，5 月 1~2 日最低气温分别为 1.7℃和 2.0℃，霜环受害面积达 1.6 万亩。同年，眉县终花期在 4 月 25 日前后，5 月 2 日最低气温 2.8℃，5 月平均最低气温为 11.3℃，较常年 5 月平均最低气温低 2.7℃。该县 1981~1990 年 10 年中 5 月极端最低气温为 4.4℃。在此 10 年中，苹果树未出现过明显的霜环症状，说明 1991 年 5 月 2 日的最低气温 2.8℃是致病的主要原因。另外，幼果期连续阴雨、低温会促使此种伤害的发展，如周至县 1991 年 5 月初遇低温后，5 月 27 日至 6 月 2 日连续阴雨 7 天，降雨量达 80 mm 左右，6 月中旬幼果大量显现霜环症状。

根据调查，我们发现霜环的发生有以下规律：

（1）春季低温要与果实的一定发育时期相吻合才会出现“霜环”症状。低温出现早，则可能表现为花器受冻，授粉受精不良，坐果率不高；如果低温出现晚，正值幼果发育期，则可能出现霜环。1991 年 5 月 1~2 日淳化县出现 1.7~2.0℃低温，但该县东部果园比西部果园受害严重。原因是东部地势较低，气温较高，苹果树物候期较早，低温时正值落花后不久的幼果期，所以受害重；西部地势较高，气温较低，苹果物候期较晚，低温时正值盛花末期，花受冻，坐果率低，但很少出现霜环症状。

（2）幼果期不但遇到低温，而且伴随较长时间阴雨，霜环部位组织还可能溃烂、坏死，套进袋子里的幼果也出现这种情况，2009年曾出现这种情况。

（3）管理好、树势旺的果园受害轻，反之则重。

（4）山坡地果园坡上部受害轻，坡下部受害重。低洼地比平地受害重。幼树比大树受害重。

（5）主栽品种中秦冠受害最重，其次为鸡冠、富士等，金冠受害较轻。受害较轻品种往往不表现为典型的霜环症状，常出现新月形或半环状的局部伤害。

预防和补救措施

（1）规划建园时应避免在可能出现霜冻或冷空气容易停留的山谷地、低洼地建园。发展山地果园是避免霜冻和出现此类伤害的一个好选择。

（2）加强果园综合管理，提高树体抗逆性。

（3）对春季低温的预防不仅要重视花期，而且要重视落花以后的幼果期。随时注意天气预报，一旦有低温警报，应及时采取熏烟、喷水等预防补救措施。

四、干旱高温灾害

西北黄土高原果产区多数年份降雨量在400~500 mm，而且降雨多集中在8月中、下旬以后，果树生长前期往往干旱少雨，尤其5~7月干旱高温，空气干燥。此时正值苹果、梨幼果生长、膨大的关键时期，干旱高温使果树生长量减小，叶片小而薄，严重阻碍果实的正常发育，套袋果园袋内果实普遍偏小，除此以外常引起日灼伤害和果面裂纹、裂口等。

果实日灼

果实日灼常发生在2个时段：一是幼果期，二是果实成熟前摘袋后不久。

近年陕西渭北果区5月中、下旬常出现35℃以上的高温天气，此时正值套袋不久，袋内果实常常出现日灼伤害。如果果袋质量不好，特别是透气性达不到标准要求，甚至使用“塑膜袋”或“纸夹膜袋”，更容易发生日灼伤害。

果实摘袋不按规范进行，甚至一次性同时摘除内外袋，很容易使即将采

塑膜袋内果实日灼之一

之二

之三

摘袋后果实日灼

果实着色期间日灼

叶片日灼

摘的果实发生日灼伤害。

发生日灼的主要原因是：幼果套入袋子后，对袋内的高温、高湿条件不适应，遇到高温天气，向阳面紧贴纸袋的果面因温度过高而灼伤；摘袋后发生的日灼则是由于长期在袋内生长的果实果皮组织柔嫩，摘袋后突然遭遇强光直晒，导致柔嫩的果皮组织灼伤。

预防和补救措施

加强果园综合管理，增进通风透光，果园生草，选用合格的育果袋，不用塑膜袋，规范套袋技术。气温超过35℃、相对湿度低于25%的晴天中午至下午4时左右开启果园灌溉系统，或对树冠南面和西面的果实喷水降温。

果实在袋内生长90天以上后分2次摘袋。摘袋时间的确定应根据果园的立地条件而定，海拔较高，果实着色进程较快的地区，可在果实正常采摘前10~15天摘袋，富士品种一般宜在9月下旬至10月初摘外袋；海拔较低、果实着色进程较慢的地区，可在果实正常采摘前14~20天摘袋，富士品种一般可在9月中旬至下旬初摘外袋。摘外袋4~5天后（含3个多云或晴天）再摘除内袋。

最好选择阴天或多云天气摘袋，晴天摘袋应在上午8~12时和下午3~7时进行，避开强烈的日光。

不套袋的果园也要加强果园管理，尤其要防止早期落叶，避免果实被日光直晒而发生日灼。

果面裂纹、裂口

果实发育期间，持续干旱高温后如果又遭遇较长时间降雨，雨后天晴，再次出现高温，可能引发果面出现裂纹。裂纹多发生于果实梗洼和萼洼处，严重时果面也会出现裂纹。另一种情况是果实皮孔木栓化，致使果点明显，果面粗糙，严重时沿果实皮孔开裂。裂纹和裂口的出现是果实水分供应失调所致，果实生长前期干旱少雨，生长受阻，后遇较长时间降雨，雨后猛晴、高温，果实生长和膨大加速，导致果皮生长滞后。2007年陕西渭北果区4~6月持续干旱，6月中旬降雨1周，雨后天晴，温度高达39℃左右，许多地方果园发生了果实皮孔附近开裂、坏死，有的裂口连片，失水、干缩，甚至脱落。此后几年也出现过类似情况。使用劣质纸袋、塑膜袋、纸夹膜袋的果园更为严重。

梗洼细裂口

萼洼细裂口

果肩裂口

塑膜袋内果面裂口

中度裂口

重度裂口

预防和补救措施

应从加强果园管理入手，通过间伐、疏除过多大枝等改型修剪措施，增进果园通风透光；多施有机肥，增加果园土壤的有机质含量，促进根系发育，提高果树抗旱能力；选择适于旱地果园的草种，推广果园生草，改善果园小气候；生草有困难

严重裂口失水

的地方要千方百计地蓄水保墒；有条件的果园在出现持续干旱的时候开启喷灌或滴灌，增加果园湿度，没有喷灌、滴灌的果园也可以用喷雾器向树上喷水，增加果园的湿度。

五、高温高湿灾害

西北黄土高原气候特点是春夏季干旱，但是在全球气候变暖的大背景下，近年在部分地区果树生长期也会出现短暂的高温高湿的极端气候现象，称之为“桑拿天气”，过去很少听说；加之这个地区由于历史的原因，还存在相当大面积的郁密果园，一旦出现高温高湿的极端气候，也会造成相当大的危害，常见的是叶片甚至幼果的褐烫伤害。

褐烫伤害

一些年份6~8月，栽植密度较大的苹果园和梨园，常常在高温高湿的天气条件下，下部和内膛的叶片出现似用开水烫伤的症状，受害叶片迅速褐变，以至干枯，并导致枝条干枯、死亡，严重时果实表面也会出现类似伤害。这是幼嫩的叶片或果实组织细胞耐受不住高温高湿的刺激而局部迅速死亡所致，这种情况不具传染性，不会延及附近健康的叶片、枝条和果实，一般情况下不会全株出现这种现象，一旦高温高湿气候消失，此种情况会逐步缓解、停止，但伤害严重的叶片、枝条会枯死，受伤的果面会留下疤痕。

苹果褐烫伤害之一

苹果褐烫伤害之二

预防和补救措施

预防这种灾害的根本途径是减少果园密度，改善果园通风透光条件。

苹果褐烫伤害之三

苹果褐烫伤害之四

六、冰雹灾害

冰雹是我国北方夏季常见的一种灾害性天气，特别是黄土高原果产区冰雹频发，每年6~8月会程度不同地出现冰雹灾害，而且近年有加重的趋势，降雹时期拉长（始于5月初，终于9月下旬），范围扩大，线路改变，概率增加，强度加大。果树受灾后，枝、叶、果实被击成千疮百孔。轻则削弱树势，造成减产，降低果品质量；重则打落果实、导致绝收，直接影响树体生长发育和花芽分化，造成树势衰弱，导致翌年腐烂病大发生，为害极大。

冰雹伤害果实

冰雹伤害幼果

冰雹伤害近成熟果

冰雹伤害枝条

预防和补救措施

（1）规划新建果园时应会同气象部门和当地有经验的农民认真商讨，尽量避开“冰雹带”。

（2）在连年重雹区和冰雹常发带，鼓励和支持果农架设防雹网，这是一劳永逸的可靠办法，实践证明是可行的，在政府适当资助下，果农是乐于接受的。目前陕西省一些冰雹常发地区已建有相当大面积的防雹网，延安市甚至用防雹网覆盖整个山峁，蔚为壮观，陕西省纺织科学研究所研制的防雹网材功不可没。

（3）在冰雹常发期间有专业防雹人员值班，认真收听当地气象台站短期天气预报，并及时做出判断，按照规定程序申请、获批后发射驱雹火箭或高炮，驱云化雹。

驱雹火箭

防雹网

(4) 冰雹发生后及时采取以下补救措施：

1）抓紧清理受损果园。对于重灾绝收果园，摘除破伤果及残叶，剪截破伤枝条。清扫落叶、落果，挖坑深埋；对于受害较轻的果园，摘除已无商品价值的被害果，清理破损严重的枝叶，尽量保留叶片和轻伤果实。

2）尽快选喷农药防治病虫害，防止次生性病虫害发生和蔓延。主要采用保护性杀菌剂混加内吸性杀菌剂，保护树体、枝叶和果实。结合喷药混喷或单喷氨基酸螯合肥 500 倍加尿素 300 倍液，或复合肥 300 倍液。

3）加强肥水管理，降低损失程度。受灾较重果园，树盘开浅沟施入尿素和磷酸二铵，或 N/P/K 复合肥 30~40 kg/亩；重灾绝收果园，树盘撒施磷酸二铵加适量硫酸铵 50~60 kg/亩，浅翻入土，尽快恢复树势。

屋脊状防雹网

山地果园的一面坡防雹网

覆盖整个山头的防雹网（延安）

附　录

附录 1　果园常用农药简介

1. 生物源农药

名　称	剂　型	特点和防治对象	使用方法	备注
嘧啶核苷（农抗 120）	2%、4%、6%水剂，10%可湿性粉剂	广谱农用抗生素，有预防和治疗作用。用于防治苹果霉心病、斑点落叶病、白粉病和多种果实贮藏病害。套袋前使用，可防果实病害	生长期用 4%水剂 500~600 倍液喷雾	低毒
多抗霉素（多氧霉素、多效霉素）	1.5%、3%、10%可湿性粉剂	广谱杀菌剂，有内吸作用。防治苹果斑点落叶病、梨黑斑病等	1.5%~3%可湿性粉剂 300~600 倍液，或 10%可湿性粉剂 1000~2000 倍液喷雾	低毒
春雷霉素（春日霉素）	2%、4%、6%可湿性粉剂	具有内吸治疗作用，防治黑星病、银叶病等	2%可湿性粉剂 800~1000 倍液喷雾防治苹果、梨黑星病等，500 倍液注射治疗苹果银叶病	低毒
武夷菌素（农抗 BO－10）	2%水剂	广谱农用抗生素，防治白粉病、炭疽病、腐烂病及贮藏期果实病害	150~200 倍液喷雾	低毒
内疗素	粉剂、乳油	具保护、内吸治疗作用，用于防治腐烂病	用 200~300 单位/ml 的药液涂抹病部	低毒
苏云金杆菌（B.T.，Bt）	100 亿个芽孢/ml 的乳剂（多数产品含 0.1%~0.2%拟除虫菊酯）	广谱杀虫剂，对卷叶虫、食心虫等多种鳞翅目、鞘翅目等害虫有效	防治食叶害虫，于幼龄幼虫期 1000 倍液喷雾，食心虫卵孵化初期喷 500~1000 倍液	低毒
青虫菌（青虫菌 6 号）	100 亿个芽孢/g 悬浮剂（多数含 0.1%拟除虫菊酯）	广谱杀虫剂，防治食心虫、卷叶虫等鳞翅目害虫的幼虫	幼龄幼虫期 1000 倍液喷雾	低毒

续表

名称	剂型	特点和防治对象	使用方法	备注
杀螟杆菌	粉剂（含100亿个以上活芽孢/g)	广谱杀虫剂，防治卷叶虫等鳞翅目害虫的幼虫	幼龄幼虫期1000倍液喷雾(并加入0.1%洗衣粉)	低毒
白僵菌	粉剂（含50~80亿个活孢子/g)	真菌杀虫剂，防治桃小食心虫等土栖害虫	越冬幼虫出土初期及第2代幼虫脱果期3000倍液喷洒地面	低毒
梧宁霉素（不吸水链霉菌梧州亚种的发酵代谢产物）	0.15%、3.75%水剂	对苹果树腐烂病、落叶病、果树流胶病等有效	防治苹果树腐烂病，在刮除病疤后涂抹5~10倍液，苹果树发芽前喷400倍液	低毒
浏阳霉素	5%、10%乳油	接触杀螨剂，用于防治果树害螨	苹果落花后害螨发生初期10%乳油1000倍液喷雾	低毒
烟碱（有效成分为尼古丁）	40%硫酸烟碱、10%烟碱乳油	可用于防治蚜虫、蓟马、卷叶蛾、食心虫、潜叶蛾和叶蝉等	40%硫酸烟碱800~1000倍液喷雾	中毒
鱼藤酮	7.5%水剂，2.5%和10%乳油	具有触杀和胃毒作用，还有一定的驱避效果，可防治尺蠖、卷叶蛾、木虱、刺蛾等	7.5%水剂600~800倍液喷雾	低毒
除虫菊（有效成分是除虫菊素Ⅰ和Ⅱ）	3%除虫菊乳油和0.7%、1%除虫菊粉剂	用于防治蚜虫、卷叶蛾、尺蠖、蛴象等	害虫发生初期喷3%乳油600~800倍液	中毒
茴蒿素（有效成分是山道年）	0.65%水剂和3%乳油	防治蚜虫、卷叶虫、食心虫、梨木虱及尺蠖等鳞翅目幼虫	发生初期400~800倍液喷雾	低毒
苦皮藤素（有效成分是苦皮藤酯Ⅰ-Ⅳ和苦皮藤素Ⅰ-Ⅴ）	0.2%、1%乳油和0.15%、1%微乳剂	具有麻醉、拒食、胃毒、触杀作用，可防治食心虫、叶螨、卷叶蛾、蚜虫和毛虫类等	害虫发生初期1%乳油1000~1500倍液喷雾	低毒

附录

续表

名称	剂型	特点和防治对象	使用方法	备注
苦参碱（有效成分是苦参碱、氧化苦参碱等）	0.2%、0.26%、0.3%、0.36%、0.5%、0.6%水剂，0.36%、0.38%、1%可溶性液剂，0.3%、0.38%、2.5%乳油，0.3%、1.1%粉剂等	高效、低毒、植物源杀虫杀螨剂，杀虫谱较广。可防治叶螨、食心虫、蚜虫、梨木虱以及尺蠖等鳞翅目害虫	0.6%水剂800~1 000倍液防治桃小食心虫、梨木虱和尺蠖等，500~800倍液防治山楂红蜘蛛等害螨，1000~1200倍液防治蚜虫	低毒
苦楝油乳剂	3%乳油等	高效、低毒、植物源杀虫杀螨剂，含有印楝素的成分，对叶螨、蚧有效	果树发芽前150~200倍液喷雾	低毒
病原线虫	新线虫、泰山1号、河南CZ-88	防治桃小食心虫越冬幼虫和蛹等土栖害虫	幼虫出土期，施入树盘土内，每亩施用量2亿条左右	无毒

2. 矿物源农药

名称	剂型	特点和防治对象	使用方法	备注
波尔多液	自配，以硫酸铜、生石灰、水为原料，1:1:（160~200）（石灰等量式），1:1.5:（160~200）（石灰过量式），1:2:（160~200）（石灰倍量式）等	在植物体表面形成1层药膜，阻止病菌侵入。主要起防病作用，防病对象包括叶斑病、果实病害等，药效持久，不易产生抗药性	应在病菌侵入前喷药，幼树阶段及易产生药害的品种宜用石灰倍量式或过量式，加水倍数宜用200倍；气温高时宜用石灰等量式；幼果期、雨前不宜使用，为延长药效，加用适量展着剂或胶水等	低毒、强碱性
石硫合剂（有效成分为多硫化钙）	自熬制，原料为生石灰、硫黄粉、水，比例为1:（1.5~2）:10	生成的多硫化钙在空气中分解出的硫起杀菌、杀螨、杀蚧作用，防治白粉病、腐烂病、锈病、叶螨、蚧等，不易产生抗药性	果树芽萌动前，用3~5°Bé；开花前用0.5°Bé；落花后用0.1~0.3°Bé；6~8月用0.05°Bé杀螨，隔1周再喷1次	低毒、强碱性
晶体石硫合剂	45%晶体	同上	果树发芽前用100倍液，果树生长期用200~300倍液喷雾	低毒、强碱性
硫悬浮剂	45%、50%悬浮剂	同上	开花前用200倍液喷雾，落花后用300~400倍液喷雾	低毒
机油乳剂	含油95%	杀虫、杀螨剂，对天敌影响较小，用于防治叶螨、蚧、蚜	果树发芽前后用100倍液，开花前后用150~200倍液喷雾	低毒
矿物油	含油99%	对叶螨、介壳虫、潜叶蛾等有效	开花前用150倍液喷雾，落花后用200倍液喷雾	低毒

3. 特异性农药

名称	剂型	特点和防治对象	使用方法	备注
灭幼脲 (灭幼脲3号)	25%、50%悬浮剂	抑制害虫表皮几丁质形成，使其不能正常蜕皮、变态而死亡，或卵不能孵化，对鳞翅目幼虫尤其是潜叶蛾有效	幼龄幼虫期用25%悬浮剂1000~2000倍液喷雾	低毒
除虫脲 (灭幼脲1号)	25%悬浮剂	同上	同上	低毒
蛾螨灵 (灭幼脲+哒螨灵)	30%可湿性粉剂	虫螨兼治	2000倍液喷雾	低毒
虫酰肼	20%悬浮剂	促进鳞翅目幼虫蜕皮的仿生杀虫剂。幼虫取食后，不该蜕皮时提前蜕皮，由于不能完全蜕皮导致幼虫脱水、饥饿而死亡，对老龄和幼龄幼虫均有效	防治卷叶蛾用1500~2000倍液喷雾	低毒
氟虫脲 (卡死克)	5%乳油	虫螨兼治，但不杀成螨和卵，触药成螨不育，卵不孵化，药效较缓	虫螨发生初期用1000~1500倍液喷雾	低毒
噻嗪酮	25%可湿性粉剂	抑制害虫表皮几丁质形成，使其不能正常蜕皮、变态而死亡。可防治介壳虫、叶蝉等	害虫发生初期用1000~1500倍液喷雾	低毒

4. 化学合成农药—杀菌剂

名称	剂型	特点和防治对象	使用方法	备注
丙森锌 (安泰生)	70%可湿性粉剂	广谱保护性杀菌剂，含15.8%丙森锌。防治苹果早期落叶病、梨黑星病、黑斑病等；套袋前使用，可以防治苹果、梨套袋果实黑点病，使果面洁净；矫治苹果小叶病效果明显；在苹果、梨花序分离期使用，可以减缓低温冻害影响，提高坐果率	病害发生前夕或初期用600~800倍液喷雾	低毒

附录

续表

名称	剂型	特点和防治对象	使用方法	备注
代森锰锌	50%、70%、80%可湿性粉剂、25%胶悬剂	保护性杀菌剂，防治斑点落叶病、褐斑病、轮纹病、炭疽病、霉心病等	发病前夕或初期用70%可湿性粉剂800~1000倍液喷雾	低毒
代森锰锌（大生M-45）	80%可湿性粉剂	广谱保护性杀菌剂，含锌、锰微量元素，防治斑点落叶病、褐斑病、轮纹病、炭疽病、黑星病、锈病等	病害发生前夕或初期用800~1000倍液喷雾	低毒
代森锰锌（易保）	68.75%水分散粒剂	保护性杀菌剂，防治苹果斑点落叶病、褐斑病及果实病害	发病前夕或初期用800~1500倍液喷雾	低毒
代森锰锌（喷克）	80%可湿性粉剂	广谱保护性杀菌剂，防治斑点落叶病、褐斑病、轮纹病、炭疽病、黑星病等	发病前夕或初期用600~800倍液喷雾	低毒
戊唑醇（好力克）	43%悬浮剂	高效广谱内吸性三唑类杀菌剂。防治苹果早期落叶病、梨黑星病和苹果、梨轮纹病等	发病初期用3000~6000倍液喷雾	低毒
肟菌酯+戊唑醇（拿敌稳）	75%水分散剂	高效广谱内吸性杀菌剂。对多种蔬菜、果树霜霉病、疫病、灰霉病、炭疽病有效	发病初期喷雾，10~15g/亩	低毒
烯唑醇（速保利、特谱唑）	12.5%可湿性粉剂	广谱内吸杀菌剂，对黑星病、白粉病、锈病等有效	发病初期用2000~3000倍液喷雾	低毒
氟硅唑（福星）	40%乳油	高效内吸杀菌剂，对苹果、梨黑星病、白粉病、落叶病有效	发病初期用8000~10000倍液喷雾	低毒
腈菌唑	12%、25%乳油	内吸杀菌剂，用于防治苹果、梨黑星病、炭疽病、轮纹病、落叶病、白粉病等	发病初期用3000~5000倍液喷雾	低毒
腈菌唑+代森锰锌（仙生）	62.25%可湿性粉剂	内吸杀菌剂，用于防治苹果、梨黑星病、落叶病、白粉病等	发病初期用600倍液喷雾	低毒
腈菌唑（信生）	40%可湿性粉剂	高效内吸杀菌剂，用于防治苹果、梨黑星病、锈病等	发病初期用8000倍液喷雾	低毒

续表

名 称	剂 型	特 点 和 防 治 对 象	使 用 方 法	备注
苯醚甲环唑 (世高)	10%水分散颗粒剂	高效内吸杀菌剂，用于防治苹果、梨黑星病、轮纹病、白粉病、斑点落叶病等	黑星病发病前用6000~7000倍液喷雾；斑点落叶病发病初期用1500~2000倍液喷雾	低毒
嘧霉胺 (施佳乐)	40%悬浮剂	兼具保护、内吸、熏蒸作用，对灰霉病有特效，也可防治黑星病	发病初期用800~1200倍液喷雾	低毒
咪酰胺 (施保克)	25%乳油，45%水乳剂	咪唑类广谱杀菌剂，对炭疽病有效，也可用于防治果实贮藏期的青霉病、绿霉病等	25%乳油500~1000倍液浸果	低毒
咪酰胺 (施保功)	50%可湿性粉剂	咪唑类广谱杀菌剂，对炭疽病及多种果实贮藏期病害有效	1000~2000倍液喷雾	低毒
甲基硫菌灵 (甲基托布津)	50%、70%可湿性粉剂，40%胶悬剂	广谱内吸杀菌剂，防治褐斑病、果实生长期及贮藏期多种病害	发病初期用50%可湿性粉剂600~800倍液喷雾	低毒
多菌灵	25%、50%可湿性粉剂，40%胶悬剂，80%超微可湿性粉剂等	广谱内吸杀菌剂，防治果实病害、褐斑病、白粉病等	发病初期用50%可湿性粉剂800~1000倍液喷雾	低毒
多菌灵锰锌 (多菌灵+代森锰锌)	40%可湿性粉剂	广谱内吸杀菌剂，防治果实病害、落叶病等	发病初期用1000~1200倍液喷雾	低毒
苯菌灵 (苯来特)	50%、60%可湿性粉，45%胶悬剂	广谱内吸杀菌剂,防治果实病害、褐斑病、白粉病等	发病初期用60%可湿性粉剂1500倍液喷雾	低毒
百菌清	50%、75%可湿性粉剂	广谱内吸杀菌剂，防治黑星病、白粉病等	发病初期用75%可湿性粉剂600~800倍液喷雾	低毒
三唑酮 (粉锈宁)	15%可湿性粉剂，20%乳油	内吸杀菌剂，对白粉病、锈病有良好的效果	发病初期用15%可湿性粉剂1000~1500倍液喷雾	低毒
三唑酮 (百理通)	25%可湿性粉剂	内吸杀菌剂，对白粉病、锈病有良好的效果	发病初期用1500~2000倍液喷雾	低毒
颉霉威+丙森锌 (霉多克)	66.8%可湿性粉剂	防治霜霉病的特效杀菌剂。具保护、治疗作用；广谱杀菌，持效期长	发病初期用700~1000倍液喷雾	低毒

续表

名称	剂型	特点和防治对象	使用方法	备注
氟吡菌胺+霜霉威盐酸盐（银发利）	68.75%悬浮剂	对果树霜霉病、疫病等有特效，兼有保护和治疗作用，耐冲刷，药效持久	发病初期用800~1000倍液喷雾，间隔7~10天再喷1次	低毒
嘧菌酯（阿米西达）	25%悬浮液	杀菌谱广，对霜霉病、早疫病、炭疽病、叶斑病等均有效。具保护、治疗和铲除功效，对作物安全	发病初期用1000~2000倍液喷雾	低毒
乙磷铝（三乙磷酸铝）	40%、80%可湿性粉剂，90%可溶性粉剂	内吸杀菌剂，对炭疽病、黑星病、落叶病有效	发病初期用80%可湿性粉剂500~600倍液喷雾	低毒
异菌脲（扑海因）	50%悬浮剂，50%可湿性粉剂，25.5%油悬浮剂	接触性杀菌剂，对斑点落叶病等叶斑病及果实生长期和贮藏期病害有效	发病初期用50%悬浮剂或可湿性粉剂1000~1500倍液喷雾	低毒
菌毒清（甘氨酸取代衍生物）	5%水剂	用于腐烂病疤消毒治疗	病部用刀纵横刻划，涂抹50~100倍液	低毒
噻霉酮（菌立灭、立杀菌）	1%、1.5%水剂，1.6%悬浮剂	广谱杀菌剂，用于防治苹果腐烂病、苹果霉心病、梨黑星病等病害	刮除病部后涂抹，1.6%悬浮剂80~120 g/m²，盛花期喷600~800倍液可防霉心病，采果前150倍液喷雾防治后期果实病害	低毒
福美双+福美锌（炭疽福美）	80%可湿性粉剂	具有抑菌和杀菌作用，用于防治炭疽病	发病初期用500~600倍液喷雾	低毒
烯唑醇涂剂（拂蓝克——人工树皮）	涂剂	杀灭病菌，促进病疤和伤口愈合，对苹果树腐烂病、干腐病、溃疡病等有效。另外，对桃流胶病、樱桃流胶病和猕猴桃溃疡病等也有效	刮除病部后涂抹，或直接在病部涂抹	低毒

5. 化学合成农药—杀虫杀螨剂

名 称	剂 型	特 点 和 防 治 对 象	使 用 方 法	备注
敌百虫	2.5%粉剂，80%可湿性粉剂，90%结晶等	兼具胃毒和触杀作用，持效期较短，可用于防卷叶虫、金龟等	90%结晶 1000~1500 倍液喷雾，幼果期慎用	低毒
敌敌畏	50%，80%乳油	兼具胃毒、触杀、熏蒸作用，击倒力强，持效期短，可防治卷叶虫、刺蛾、天牛、吉丁虫	50%乳油 800~1000 倍液喷雾，敌敌畏煤油液（1:20）涂治吉丁虫，20 倍液蘸棉球塞天牛虫孔	中毒
辛硫磷（肟硫磷）	50%乳油，32%微胶囊等	以触杀和胃毒为主，击倒力强，持效期短，防治食叶害虫和桃小食心虫等	50%乳油 1000~1500 倍液喷雾。防桃小食心虫用微胶囊 200 倍液，于幼虫出土初期喷洒地面	低毒
氯吡硫磷（毒死蜱、乐斯本）	40.7%、48%乳油	具触杀、胃毒、熏蒸作用，在土中残留期长，对地下害虫效果好，可用于防治桃小食心虫、象虫、蚜虫、蚧等	桃小食心虫幼虫出土期用 48%乳油 1000 倍液喷洒地面，防治蚜虫、蚧用 1500~2000 倍液喷雾	中毒
二嗪磷（地亚农、二嗪农）	50%乳油	具触杀、胃毒、熏蒸作用，有一定内吸作用，用于防治桃小食心虫、叶蝉、蚜等	防桃小食心虫 300 倍液地面喷洒，防叶蝉、蚜 2000~3000 倍液喷雾	中毒
吡虫啉（艾美乐）	70%水分散粒剂	高效氯烟碱类内吸杀虫剂，具有“逆境屏避”作用，对蚜虫、木虱、叶蝉、蚧效果突出	6000~8000 倍液喷雾	低毒
吡虫啉（蚜虱净）	10%可湿性粉剂，5%乳油	具内吸、胃毒和触杀作用，防治蚜虫、蚧、叶蝉等	10%可湿性粉剂 3000~5000 倍液、5%乳油 2000~3000 倍液喷雾	低毒
吡虫啉（康福多）	20%浓可溶剂	氯烟酰类内吸杀虫剂，可防治蚜虫、蚧、叶蝉、潜叶蛾等	4000~6000 倍液喷雾	低毒
乙虫腈（酷毕）	10%悬浮剂	高效、持效的苯吡唑类杀虫剂，与现用其他类型杀虫剂没有交互抗性。对盲蝽、叶蝉等刺吸口器害虫效果突出	害虫发生初期用 2000~3000 倍液喷雾	低毒
抗蚜威（辟蚜雾）	50%可湿性粉剂，25%水分散剂	对蚜虫触杀作用强、速度快、残效短，对已产生抗性的蚜虫效果好	3000 倍液喷雾	中毒

续表

名称	剂型	特点和防治对象	使用方法	备注
螺虫乙酯（亩旺特）	24%悬浮剂	具有触杀、胃毒、内吸作用，干扰害虫脂肪合成，阻断能量代谢。对蚧、梨木虱等刺吸口器害虫有特效，持效期较长。与现有杀虫剂、杀螨剂无交互抗性，对作物安全	害虫发生初期用4000~5000倍液喷雾	低毒
噻虫嗪（阿克泰）	25%水分散粒剂	高效、低毒、广谱，烟碱类杀虫剂，兼具胃毒及触杀活性，能防治蚜虫、梨木虱等刺吸口器害虫	5000~6000倍液喷雾	低毒
阿维菌素（由灰色链霉菌发酵产生的十六元大环内酯化合物）	1.8%乳油，还有众多种复配剂	具触杀、胃毒作用，渗透力强，用于防治叶螨、潜叶蛾等	害螨（虫）发生初期用5000~6000倍液喷雾	原药高毒，制剂低毒，对鱼、蜜蜂高毒
氯虫苯甲酰胺（康宽）	35%水分散粒剂	对金纹细蛾和桃小食心虫等多种鳞翅目害虫有效，渗透性和内吸性优异，持效期长	用20000倍液对金纹细蛾效果优于灭幼脲，防治食心虫类可用7000~12000倍液	低毒
螺螨酯（螨危）	24%悬浮剂	新型广谱、长效杀螨剂。对卵、幼螨、若螨及成螨均有效，尤其杀卵效果好，有效期长达35~45天	叶螨发生初期用4000~5000倍液喷雾	低毒
双甲脒（螨克）	20%乳油	杀螨剂，能有效防治对其他杀螨剂已产生抗性的叶螨，兼治蚜、蚧等	1000倍液喷雾	中毒
苯丁锡（托尔克）	50%可湿性粉剂	杀螨剂，以触杀为主，对成、若、幼螨杀伤力强，但比较缓慢，杀卵力差	1000~1500倍液喷雾	对高等动物、鸟类、蜜蜂低毒，对鱼类高毒
克螨特	73%乳油	杀螨剂，对成、若、幼螨杀伤力强，但比较缓慢，杀卵力差	2000~3000倍液喷雾	低毒
四螨嗪（螨死净）	20%、50%水悬剂，10%、40%可湿性粉剂	杀螨剂，对幼、若螨杀伤力强，不杀成螨，仅影响产卵量，使卵不孵化，药后持效期长达2~3个月	20%水悬剂2000~3000倍液喷雾，落花后7~15天用药	低毒

续表

名称	剂型	特点和防治对象	使用方法	备注
哒螨灵（扫螨净）	20%可湿性粉剂，15%乳油	杀螨剂，对各虫态均有效，速效，持效，对抗性叶螨效果好，还可兼治蚜虫	叶螨为害初期用15%乳油2000~3000倍液喷雾	低毒
噻螨酮（尼索朗）	5%乳油，5%可湿性粉剂	杀螨剂，对卵、幼、若螨杀伤力强，不杀成螨，但触药雌成螨所产的卵不孵化，对温度不敏感，适于前期使用，可与碱性药剂混用	果树开花前后用1500~2000倍液喷雾	低毒
唑螨酯（霸螨灵）	5%悬浮剂	对多种果树叶螨有效，能迅速致死叶螨的幼螨、若螨、成螨，并能抑制成螨产卵，因而对害螨具有速效、持效作用，以触杀作用为主	2000~3000倍液喷雾	低毒
溴氰菊酯（敌杀死）	2.5%乳油	以触杀、胃毒为主，击倒力强，对鳞翅虫幼虫和蚜虫效果好	2000~2500倍液喷雾，虫螨并存时，要混用杀螨剂	中毒
甲氰菊酯（灭扫利）	20%乳油	虫螨兼治，具触杀和胃毒作用，广谱，持效期长，低温时不影响药效发挥，用于防治食心虫、卷叶虫、叶螨等	2000~3000倍液喷雾	中毒
氰戊菊酯（速灭杀丁、杀灭菊酯）	20%乳油	杀虫不杀螨，防治食心虫、卷叶虫、蚜虫、蝽象等	2000~4000倍液喷雾，虫螨并存时应混用杀螨剂	中毒
顺式氰戊菊酯（来福灵）	5%乳油	同氰戊菊酯，但杀虫活性比其高4倍	5000倍液喷雾，虫螨并存时，应混用杀螨剂	中毒
二氯苯醚酯（氯菊酯）	10%乳油	以触杀和胃毒为主，无内吸熏蒸作用，杀虫谱广，对鳞翅目幼虫及蚜虫、叶蝉等有效	1500~2000倍液喷雾	低毒
氯氰菊酯（安绿宝）	10%乳油	杀虫不杀螨，用于防治食心虫、蚜虫，适于防治对有机磷产生抗性的害虫	2000~4000倍液喷雾	中毒

续表

名称	剂型	特点和防治对象	使用方法	备注
顺式氯氰菊酯（高效安绿宝）	10%、5%乳油，5%可湿性粉剂	同氯氰菊酯，但杀虫活性比其高1~3倍	2000~3000倍液喷雾	中毒
氟氯氰菊酯（百树菊酯）	5.7%乳油	杀虫剂，对叶螨有一定抑制作用，主要用于防治食心虫和食叶害虫、蚜等	2000~3000倍液喷雾	中毒
高效氯氟氰菊酯（功夫）	2.5%乳油	虫螨兼治，用于防治食心虫、卷叶虫、潜叶蛾、蚜虫及叶螨	虫螨发生初期用4000~5000倍液喷雾	中毒
联苯菊酯（天王星）	10%、25%乳油	虫螨兼治，用于防治食心虫、叶蝉和叶螨等	3000~5000倍液喷雾	中毒

我国农药急性毒性分级标准

给药途径	剧毒	高毒	中毒	低毒
大白鼠经口24小时 LD_{50}/(mg/kg)	< 5	5~50	50~500	> 500
大白鼠经皮4小时 LD_{50}/(mg/kg)	< 20	20~200	200~2000	> 2000

* 注：LD_{50}是指杀死害虫或病菌种群50%所需的药量。附录1备注栏中的毒性按此标准。

附录 2　我国政府禁止使用的农药

1. 国家明令禁止使用的农药（23 种、类）

六六六，滴滴涕，毒杀芬，二溴氯丙烷，杀虫脒，二溴乙烷，除草醚，艾氏剂，狄氏剂，汞制剂，砷、铅类，敌枯双，氟乙酰胺，甘氟，毒鼠强，氟乙酸钠，毒鼠硅，甲胺磷，甲基对硫磷，对硫磷，久效磷，磷胺。

2. 在蔬菜、果树、茶叶、中草药材上不得使用和限制使用的农药（19 种）

禁止氧乐果在甘蓝上使用，禁止三氯杀螨醇和氰戊菊酯在茶树上使用，禁止丁酰肼（比久）在花生上使用，禁止特丁硫磷在甘蔗上使用，禁止甲拌磷、甲基异柳磷、特丁硫磷、甲基硫环磷、治螟磷、内吸磷、克百威、涕灭威、灭线磷、硫环磷、蝇毒磷、地虫硫磷、氯唑磷、苯线磷在蔬菜、果树、茶叶、中草药材上使用。

附录3　国内外对苹果、梨农药残留量的限定

1. 我国对苹果、梨农药残留量的限定

农药名称	限量/(mg/kg)	农药名称	限量/(mg/kg)
杀虫杀螨剂			
甲拌磷　(3911)	不得检出	除虫脲	≤1.0
对硫磷　(1605)	不得检出	氟虫脲	≤0.2
马拉硫磷	不得检出	溴氰菊酯（敌杀死）	≤0.1
甲胺磷	不得检出	二氯苯醚菊酯（氯菊酯）	≤2.0
六六六	≤0.2	甲氰菊酯（灭扫利）	≤5.0
滴滴涕	≤0.1	氯氰菊酯（安绿宝）	≤2.0
三氯杀螨醇	≤0.2	氟氯氰菊酯（百树菊酯）	≤0.2
敌百虫	≤0.1	三氟氯氰菊酯　(功夫)	≤0.2
敌敌畏	≤0.2	氰戊菊酯（速灭杀丁）	≤0.2
乐果	≤1.0	顺式氰戊菊酯（来福灵）	≤2.0
杀螟硫磷	≤0.5	氟氰戊菊酯（氟氰菊酯）	≤0.5
辛硫磷	≤0.05	联苯菊酯（天王星）	≤0.5
倍疏磷	≤0.05	四螨嗪（螨死净）	≤1.0
亚胺硫磷	≤0.5	克螨特	≤5.0
乙酰甲胺磷	≤0.5	噻螨酮（尼索朗）	≤0.5
二嗪农（地亚农）	≤0.5	三唑锡	≤2.0
毒死蜱（乐斯本）	≤1.0	苯丁锡	≤5.0
呋喃丹	不得检出	双甲脒	≤0.5
西维因	≤2.5	溴螨酯	≤5.0
抗蚜威	≤0.5	唑螨酯	≤1.0
丁硫克百威	≤0.5	吡螨胺	≤0.9
残杀威	≤3	杀螟丹	≤1

续表

农药名称	限量/(mg/kg)	农药名称	限量/(mg/kg)
杀菌剂			
百菌清	≤1.0	多菌灵	≤0.5
代森锰锌	≤3.0	异菌脲（扑海因）	≤10.0
三唑酮（粉锈宁）	≤0.2	克菌丹	≤15.0
氯苯嘧啶醇	≤0.1	甲基硫菌灵（甲基托布津）	≤5
甲霜灵	≤1	腐霉利	≤2
乙烯菌核利	≤1	福美双	≤5
杀螟丹	≤1		
重金属含量			
砷（As）	≤0.5	汞（Hg）	≤0.01
铅（Pb）	≤0.2	铜（Cu）	≤10
镉（Cd）	≤0.03	氟（F）	≤0.5

* 本表不包括除草剂和生长调节剂。

2. 欧盟、美国、加拿大、日本对苹果、梨农药残留量的限定

下表列出欧盟、美国、加拿大、日本对苹果、梨果实中农药残留限量的最新规定（2010年7月7日执行），表中摘录了我国果园中常用的及可能使用的农药种类，供参考。

欧盟、美国、加拿大、日本对苹果、梨农药残留的限定

英文名	中文名	残留限量/(mg/kg)							
		欧盟		美国		加拿大		日本	
		苹果	梨	苹果	梨	苹果	梨	苹果	梨
1-NAPHTHALENEACETIC ACID	1-萘乙酸	0.01	1	0.15				0.5	0.3
2,4-D	2,4-滴	0,05	0.05	0.05	0.05			0.01	0.01
ABAMECTIN	阿维菌素	0.01	0.01			0.02	0.02	0.02	0.02
ACEPHATE	乙酰甲胺磷	0.02	0.02						
ACEQUINOCYL	灭螨醌	0.1	0.1	0.4	0.4	0.3	0.3	1	1

续表

英文名	中文名	残留限量/(mg/kg)							
		欧盟		美国		加拿大		日本	
		苹果	梨	苹果	梨	苹果	梨	苹果	梨
ACETAMIPRID	吡虫清	0.1	0.1	1	1	1	1	5	5
ACRINATHRIN	氟丙菊酯	0.1	0.1					0.5	0.5
ALDICARB	涕灭威	0.02	0.02					0.05	0.05
AMITRAZ	双甲脒	0.05	0.05			0.5	1	0.9	0.9
ARAMITE	杀螨特	0.01	0.01					0.01	0.01
AZIMSULFURON	四唑嘧磺隆	0.02	0.02					0.02	0.02
AZOXYSTROBIN	腈嘧菌酯	0.05	0.05	不得检出				2	2
BENALAXYL	苯霜灵	0.05	0.05					0.05	0.05
BENFURACARB	丙硫克百威	0.05	0.05					0.5	0.5
BHC	六六六							0.2	0.2
BIFENAZATE	联苯肼酯	0.01	0.01	0.75	0.75	0.60		2	2
BIFENTHRIN	联苯菊酯	0.3	0.3		0.5			1	0.5
BIORESMETHRIN	苄呋菊酯							0.1	0.1
BROMOPROPYLATE	溴螨酯	2	2					2	2
BUPROFEZIN	噻嗪酮	0.5	0.5	4	4			2	4
CAPTAN	克菌丹	3	3	25	25	5	5	5	25
CARBARYL	西维因	0.05	0.05	12	12	5	5	1	5
CARBENDAZIM	多菌灵								
BENOMYL	苯菌灵	0.2	0.2					3	3
THIOPHANATE-METHYL	甲基托布津								
CHLOROTHALONIL	百菌清	1	1					2	2
CHLORPYRIFOS	毒死蜱	0.5	0.5	0.01	0.05	0.03		0.5	0.5
CHLORPYRIFOS-METHYL	甲基毒死蜱	0.5	0.5					0.5	0.5
CLOFENTEZINE	四螨嗪	0.05	0.5	0.5	0.5	0.01	0.5	1	0.5
COPPER	铜	5	5					5	5
CYCLOPROTHRIN	拟除虫菊酯							0.2	0.2
CYFLUTHRIN	氟氯氰菊酯	0.2	0.2	0.5	0.5			1	1

续表

英文名	中文名	残留限量/(mg/kg)							
		欧盟		美国		加拿大		日本	
		苹果	梨	苹果	梨	苹果	梨	苹果	梨
CYHALOTHRIN	三氟氯氰菊酯							0.4	0.4
CYPERMETHRIN	氯氰菊酯	1	1	2	2	1	0.5	2	2
DDT	滴滴涕	0.05	0.05					0.2	0.2
DELTAMETHRIN	溴氰菊酯	0.2	0.1	0.2	0.2			0.5	0.5
DEMETON-S-METHYL	甲基内吸磷							0.4	0.4
DICHLORVOS,NALED	敌敌畏	0.01	0.01					0,1	0,1
DICOFOL	三氯杀螨醇	0.02	0.02			3	3	3	3
DIFLUBENZURON	除虫脲	5	5		0.5			1	1
DIMETHOATE	乐果	0.02	0.02		2	3	2	1	1
DIPHENYLAMINE	二苯胺	5	10	10	5	2		10	5
ETHEPHON	乙烯利	0.6	0.05	5		2		5	3
ETHION	乙硫磷	0.01	0.01			3	2	0.3	0.3
FENITROTHION	杀螟硫磷	0.01	0.01					0.2	0.2
FENPROPATHRIN	甲氰菊酯	0.01	0.01	5	5			5	5
FENPROPIMORPH	丁苯吗啉（粉锈啉）	0.05	0.05					0.05	0.05
FENTHION	倍硫磷	0.01	0.01					2	2
FENTIN	三苯锡	0.05	0.05					0.05	0.05
FENVALERATE	氰戊菊酯	0.05	0.05					2	2
FLUCYTHRINATE	氟氰戊菊酯	0.05	0.05					0.5	0.5
FLUFENOXURON	氟虫脲	0.5	0.5					1	0.5
GIBBERELLIN	赤霉素	5	5					0.2	0.2
HEXAFLUMURON	氟铃脲							0.5	0.5
HEXYTHIAZOX	噻螨酮	1	1	0.25	0.25			1	1
IMIDACLOPRID	吡虫啉	0.5	0.5	0.5	0.6	1	0.6	0.5	0.7
IPRODIONE	异菌脲	5	5					10	10
IPROVALICARB	丙森锌	0.05	0.05						
KASUGAMYCIN	春雷霉素			0.05					0.04

续表

英文名	中文名	残留限量/(mg/kg)							
		欧盟		美国		加拿大		日本	
		苹果	梨	苹果	梨	苹果	梨	苹果	梨
MALATHION	马拉硫磷	0.05	0.5	8	8	3	2	0.5	0.5
MEPANIPYRIM	嘧菌胺	0.01	0.01					2	2
METHAMIDOPHOS	甲胺磷	0.01	0.01					0.05	0.05
METHIDATHION	杀扑磷	0.05	0.05	0.05	0.05	0.1	0.5	0.5	1
MONOCROTOPHOS	久效磷							1	0.5
MYCLOBUTANIL	腈菌唑	0.5	0.5	0.5		1		5	1
NICOTINE	烟碱					0.5	2	2	2
OMETHOATE	氧化乐果							1	1
OXYTETRACYCLINE	土霉素							0.05	0.05
PACLOBUTRAZOL	多效唑	0.5	0.5					1	1
PARATHION	对硫磷	0.05	0.05			2	1	0.3	0.3
PARATHION-METHYL	甲基对硫磷	0.02	0.02					0.2	0.2
PENCONAZOLE	戊菌唑	0.2	0.2					0.2	0.2
PERMETHRIN	氯菊酯	0.05	0.05			1	1	2	2
PHENOTHRIN	苯醚菊酯	0.05	0.05					0.02	0.02
PHORATE	甲拌磷	0.05	0.05					0.05	0.05
PHOSALONE	伏杀硫磷	0.05	0.05	10	10	1	2	2	2
PHOSMET	亚胺硫磷	0.2	0.2			5	10	10	10
PHOSPHAMIDON	磷胺	0.01	0.01	1				0.5	0.5
PHOXIM	辛硫磷	0.01	0.01					0.02	0.02
PIRIMICARB	抗蚜威	2	2			8		1	1
PIRIMIPHOS-METHYL	甲基嘧啶磷	0.05	0.05					1	1
POLYOXINS	多抗霉素							0.1	0.05
PROCYMIDONE	腐霉利	0.02	0.02					0.5	1
PYRETHRINS	除虫菊酯	1	1	1	1	1.5	1	1	1
PYRIDABEN	哒螨灵（扫螨净）	0.5	0.5	0.5	0.75	1	0.75	2	2

续表

英文名	中文名	残留限量/(mg/kg)							
		欧盟		美国		加拿大		日本	
		苹果	梨	苹果	梨	苹果	梨	苹果	梨
QUINALPHOS	喹硫磷	0.05	0.05					0.02	0.02
QUINTOZENE	五氯硝基苯	0.02	0.02					0.02	0.02
Sec-BUTYLAMINE	仲丁胺							0.1	0.1
SPIRODICLOFEN	螺螨酯	0.8	0.8	0.8	0.8	0.1	0.8	2	2
TEBUCONAZOLE	戊唑醇	1	1	0.05	0.05			0.2	5
TEBUFENOZIDE	虫酰肼	1	1	1.5	1.5	0.7	1	1	1
TRIADIMEFON	三唑酮(粉锈宁)	0.2	0.1	1	1			0.5	0.5
TRICHLORFON	敌百虫	1	1					2	0.5
TRIFLUMURON	杀铃脲	0.5	0.5					0.02	0.02

3. 日本的肯定列表制度

日本的“肯定列表制度”是日本政府为加强食品 (包括可食用农产品，下同) 中农业化学品 (包括农药、兽药和饲料添加剂) 残留管理而制定的一项新制度。该制度要求：食品中农业化学品含量不得超过最大残留限量标准，即“一般暂定标准”；对于未制订最大残留限量标准的农业化学品，其在食品中的含量不得超过“一律标准”，即 0.01 mg/kg。

该规定已于 2006 年 5 月 29 日起执行。

4. 欧盟对谷物、动物源性食品及某些植物源性食品农药残留量的规定

欧盟关于对谷物、动物源性食品及某些植物源性食品，包括水果和蔬菜中杀虫、杀菌剂最大残留限量的新法规规定了详细的限量。并规定当某种植物保护产品未被授权在某种商品上使用，或没有数据能够表明其残留对消费者健康无损害，则在这种商品中的残留不得超过 0.01 mg/kg，这意味在实际操作中限量为“0”。如果 0.01 mg/kg 的限量对消费者不安全，作为例外情况，可制定更低的残留限量。

该规定已于 2008 年 7 月生效。

附录4 病原菌学名索引

附录 5　害虫（螨）及天敌学名索引

我的科技人生

侵华日军南京大屠杀前夕我出生在当时的中国首都南京，日军入城前夕父母扶老携幼逃离虎口，幸免一劫，但家中的细软被日军洗劫一空。童年的我曾在日寇的铁蹄下当过亡国奴，隐约记忆中的侵华日军凶残形象至今刻骨铭心。随后，国民党政权的腐败，以致最终垮台，迎来南京城的解放等场景在我的童年映现，至今仍然历历在目。小学、中学及大学我均在南京就读，1960 年毕业于南京农学院植物保护学系，遂服从党的分配，经过短期的辗转，来到陕西省农科院果树研究所，从眉县到杨凌，再到西安，一干就是几十年，一直干到退休，甚至“退而不休”。虽说经历谈不上丰富，但“单调”使我的视野更专注，对微观世界的探索更执著，应该说是件好事，回首往事感慨万千，但并无遗憾。

主要著作：

《中国主要害虫综合防治》　1979 年　科学出版社　执笔部分章节

《果树病虫及其防治》　1980 年　陕西科学技术出版社　与魏宁生、王春华合作

《中国农作物病虫害》　1981 年　农业出版社　执笔部分章节

《苹果基地技术手册》　1983 年　陕西科学技术出版社　执笔部分章节

《中国森林昆虫》　1983 年　中国林业出版社　执笔部分章节

《日本的果树栽培技术》（译著）　1984 年　陕西科学技术出版社　与王庸生、于成哲合作

《原色　苹果病虫害防治》　1990 年　天则出版社　与王春华合作

《果园病虫害综合防治历》　1995 年　中国林业出版社　与王克、丘同铎合作

《梨树病虫害防治》　1998 年　陕西科学技术出版社　与沈宝成、王春华、苏小记合作

《苹果套袋和病虫害防治技术》（挂图） 1999 年 陕西科学技术出版社

《梨套袋及病虫害防治技术》（挂图） 2001 年 陕西科学技术出版社 与魏民合作

《新编 苹果病虫害诊断和防治》 2002 年 陕西科学技术出版社 与王春华、魏民合作

《陕西果树新品种》（一） 2009 年 陕西出版集团 陕西科学技术出版社 主编

《无公害·绿色·有机 苹果、梨病虫害防治》 2011 年 陕西出版集团 陕西科学技术出版社 与梁耀琦、孙秀芹合作

主要论文：

《应用杀虫脒防治苹果主要害虫的试验》 1975 年 《昆虫知识》

《苹果园主要病虫害防治技术初步研究》 1975 年 《中国果树》

《杀虫脒防治苹果害虫的试验示范》 1975 年 《中国果树》

《杀虫脒对山楂红蜘蛛的药效试验》 1975 年 《中国果树》

《刺槐尺蠖生物学特性及防治试验》 1976 年 《昆虫学报》

《苹果害虫综合防治研究》 1976 年 《昆虫知识》

《苹果树卷叶蛾性引诱初步试验》 1976年 《中国果树》

《巴丹对苹果卷叶蛾及梨星毛虫的药效试验》 1976年 《中国果树》

《桃小食心虫的药剂试验》 1977年 《中国果树》

《苹果小卷叶蛾合成性引诱剂田间试验初报》 1978年 《中国果树》

《苹果小卷叶蛾合成性诱剂试验小结》 1979年 《陕西农业科学》

《苹果小卷叶蛾性诱剂的合成与田间试验初报》 1980年 《昆虫知识》

《梅木蛾的初步观察》 1980年 《昆虫知识》

《硫磺–甲基托布津胶悬剂防治苹果白粉病及山楂叶螨试验》 1983年 《中国果树》

《果树害虫性信息素应用研究总结》 1983年 《昆虫激素》

《一个诱捕器同时诱引几种害虫试验》 1983年 《昆虫激素》

《晋、陕、甘三省苹果病虫害防治技术措施初步意见》 1983年 《中国果树》

《一个诱捕器同时诱集几种果树害虫的试验》 1986 年 《昆虫知识》

《西方盲走螨防治山楂叶螨的研究初报》 1986 年 《昆虫知识》

《硫磺胶悬剂防治山楂叶螨试验》 1986 年 《陕西农业科学》

《苹果害虫综合防治研究的进展》 1988 年 《昆虫知识》

《夏秋季苹果园病虫防治技术》 1988 年 《西北园艺》

《西方盲走螨区域适应性初探》 1988 年 《植物保护学报》

《苹果痘斑病的病因探讨》 1988 年 《中国果树》

《渭北亩产 1000 公斤苹果园管理技术规范》 1988 年 《西北园艺》

《我国西部黄土高原苹果产区害虫发生的动态及防治对策探讨》 1988 年 《西北园艺》

《几种杀螨剂的田间药效试验》 1990 年 《陕西农业科学》

《桃蛀果蛾的两种测报方法》 1991 年 《中国果树》

《积极发展无病毒苹果栽培》 1993 年 《西北园艺》

《苹果潜隐病毒的快速鉴定试验》 1993 年 《陕西农业科学》

《警惕二斑叶螨在陕西果产区蔓延为害》 1997 年 《西北园艺》

《赛丹防治果树害虫药效试验》 1999 年 《西北园艺》

《中国苹果害虫（螨）的研究与防治——回眸与展望》 2000 年 《昆虫知识》

《慎用化学药剂为果蔬出口消除障碍》 2000 年 《西北园艺》

《试论苹果套袋发生的问题》 2000 年 《西北园艺》

《苹果育果袋物理性状及其应用研究》 2000 年 《果树科学》

《再谈果实套袋》 2001 年 《西北园艺》

《增强植检意识 保障果品生产和贸易安全》 2002 年 《西北园艺》

《大胆尝试防雹网》 2003 年 《西北园艺》

《苹果套袋应做好的四个重点环节》 2004 年 《西北园艺》

《正视进口国对我国苹果和梨的植物检疫壁垒》 2006 年 《中国果树》 《中国苹果、梨出口遇到的植物检疫壁垒》 2006 年 《植物检疫》

《危害套袋苹果的一种新害虫——蠼螋》 2006 年 《西北园艺》

《陕西省苹果质量安全控制》 2007 年 《中日苹果产业技术研究》（中国农业科学技术出版社）

《警惕苹果蠹蛾入侵黄土高原苹果优生区》 2007 年 《西北园艺》

《应高度重视影响我国水果出口的两大外部因素》 2007 年 《果农之友》

《落叶果树主要病虫害综合防治技术研究》 2007 年 《果树产业可持续发展战略研究》（中国工程院专项咨询研究项目）

《我国落叶果树叶螨种群演变和防控技术的变化》 2011 年 《应用昆虫学报》

主要成果：

秦岭北麓苹果害虫综合防治研究 1978 年 陕西省农牧业科技成果奖

渭北五万亩苹果技术承包 1986 年 陕西省农村科学技术进步二等奖

苹果桃小食心虫防治技术研究和推广 1989 年 陕西省科学进步三等奖

渭北苹果丰产栽培技术研究 1989 年 陕西省农牧业科技成果三等奖

陕西省渭北百万亩优质苹果基地建设 1991 年 陕西省科学进步一等奖

强化生物控制效应的苹果病虫综防技术 1991 年 农业部科学技术进步三等奖

西方盲走螨的应用研究 1991 年 陕西省科学进步二等奖

苹果无病毒苗木培育和栽培技术研究与推广 1997 年 陕西省科学技术进步二等奖

另外，1986—1989 年执行 UNDP 援助项目——“陕西果品研究中心”，是当时陕西的第 1 个涉农外援项目，项目执行良好，引进了许多先进的果树生产技术，培养了大批果树技术人才，推动了陕西果树栽培技术的进步，为此后的陕西果业大发展储备了技术和人才，获得 UNDP、FAO、中国政府及陕西省主管部门的肯定和表扬，继而又争取到后续援助项目。此间本人担任国家项目主任助理和国家项目主任。

与虫苑大师周尧教授（2004）

与 UNDP 项目总顾问福斯特博士在意大利（1995）

采集果树昆虫标本近千种、万余号，是国内种类最多、保存最好的果树昆虫标本之一，现存西北农林科技大学昆虫标本馆

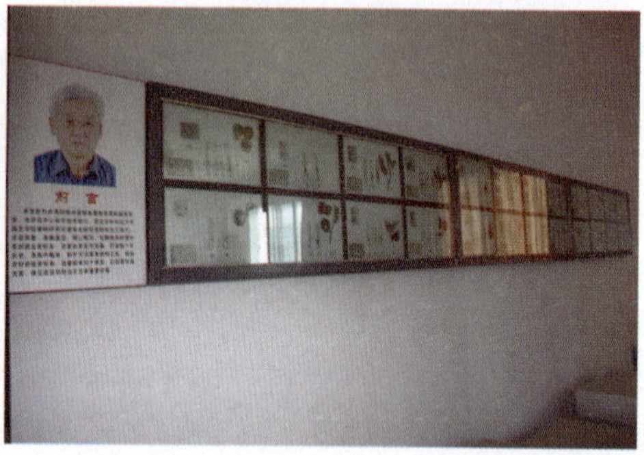

制作精美的果树病虫害生活史标本现存于西北农林科技大学苹果试验站（陕西白水县）

在西安承办召开全国捕食螨和害螨学术会议（1992）

在会议上介绍捕食螨研究和利用情况

在美国与昆虫教授交流昆虫性激素利用（1988）

访问英国东茂林国际园艺研究所（1995）

出席在匈牙利召开的果树学术研讨会（1995）

在梵蒂冈圣彼得大教堂前（1995）

访问日本青森果树试验场（2006）

出席在日本弘前大学召开的中日果树学术研讨会（2006）

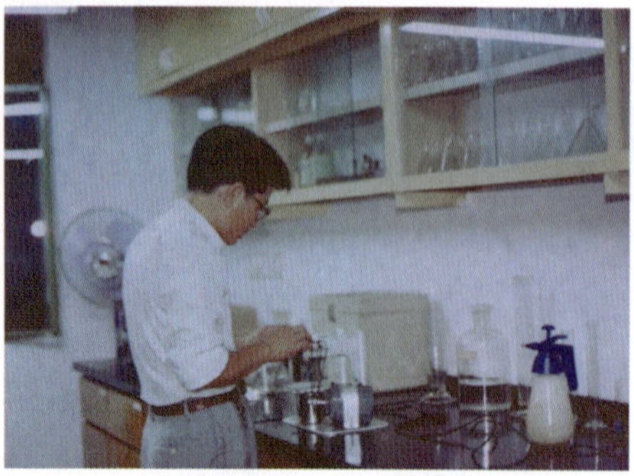

进行研究工作（2001）

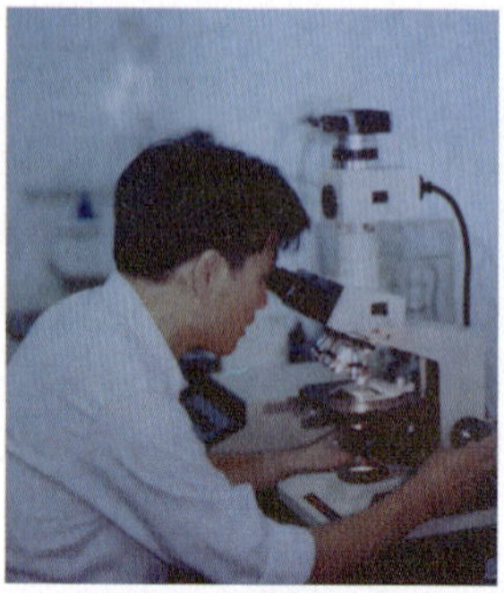

在实验室镜检（2003）

在果园进行果实套袋观测（2000）

在实验室拍摄害虫照片（2006）

在无病毒果树苗圃接待国外果树专家（1989）

在无病毒果树苗圃观察（1987）

随陕西省果业管理局考察组赴甘肃酒泉考察苹果蠹蛾发生情况（2006）

介绍果实套袋黑点病研究进展（2006）

与梁耀琦及果农在梨园（2005）

向果农传授技术（2001）

给果农讲授技术（2004）

和果农交谈（2003）

参观侵华日军南京大屠杀纪念馆（2008）

在陕西城固考察柑橘生产（2008）

在黄河壶口瀑布（2003）

在世界最高的咸水湖——西藏纳木错，湖面海拔 4178 米（2009）

后 记

经过多年的酝酿、筹备和撰写，拙作《无公害·绿色·有机 苹果、梨病虫害防治》终于问世了，此时我的心情愉悦，也了却了自己的一个心愿。

本书凝聚了我和我的同事们半个世纪的心血与汗水，也是对我的科技人生的回顾。书中许多新内容是我退休后近10多年涉足果实套袋、果品贮藏、水果出口、食品安全、危险性病虫害防范、灾害性气候的预防和补救等领域，调查研究的新结果，一定程度上体现了与时俱进的精神，要说这本书有新意，大概就在于此了，新名词称之为“创新点”，这算是毛遂自荐吧！我希望这本书的出版能为我国落叶果树及西部黄土高原优质果树产业带的建设和可持续发展贡献一缕绵薄之力。

在本书出版的时候，我要感谢陕西省果业管理局王振兴局长的支持，并在百忙中为本书作序；感谢著名果树植病专家、中国农业科学院陈策研究员审阅书稿、提出宝贵修改意见并作序。我还要感谢陕西省果业管理局副局长周志孝、总农艺师陈陵江、生产处处长黄长科，以及郭民主、肖宝祥、高建国、潘亚勤、王朝琪、王仁梓、千军、赵富泰、王耀、许晓卫等先生的支持和帮助。感谢中国农科院果树研究所仇贵生研究员、中国农科院郑州果树研究所陈汉杰研究员提供最新的环渤海、黄河故道地区苹果、梨病虫害综合防治历。我也要感谢许多基层园艺、植保界的同行们和果农，是他们向我反馈或咨询生产中病虫害的新问题，让我有机会接触新情况，研究新问题，成为本书许多新内容的来源。我还要感谢陕西科学技术出版社责任编辑杨波同志的努力，由于他的精益求精，使本书文字更严谨、结构更合理、编排更精致、形式更新颖；我还要感谢我的合作者梁耀琦、孙秀芹同志的配合和支持。最后我要感谢我的家人的支持、理解和协助。

总之，众人拾柴火焰高，这本书的出版汇集了各方面的力量、凝聚了众多同志的心血，作者再次向有关领导及各位朋友表示衷心的谢意！

由于时间或自身因素的原因，不足之处甚至谬误在所难免，敬请指正。

谌有光
2011年岁首

联系电话：029-88218286
E-mail:cyg8044@163.com

JG–1 型碰撞式太阳能杀虫灯（节能型）

产品型号：JG–1

太阳能电池板：单晶硅 20W

蓄 电 池：12V12Ah 太阳能专用免维护蓄电池

光　　源：5~10W 紫外波长 365nm 紫光灯

灯　　杆：钢材热镀锌、喷塑

控制系统：微电脑智能控制器

适用温度：–20℃~50℃

工作时间：6h/d，连续 3 个阴雨天

控制范围：半径 80m

特点：本产品是利用飞虫的趋光性对其进行诱杀的一项生态、环保的物理新技术，晚上发出的特殊波长的光波吸引害虫扑向灯光时碰撞到碰撞板后跌落至集虫桶内，达到杀虫的目的。

能诱杀果树、蔬菜、花卉、园林树木等的食心虫、卷虫蛾、多种毛虫、地老虎、吸果夜蛾、金龟子、天牛、吉丁虫、象鼻虫、蟑象、叶蝉等数百种害虫的成虫，降低着卵率 70% 左右，从而减轻受害。

陕西精工科技有限公司

SHAANXI PRECISION TECHNOLOGY CO., LTD.

诱虫带

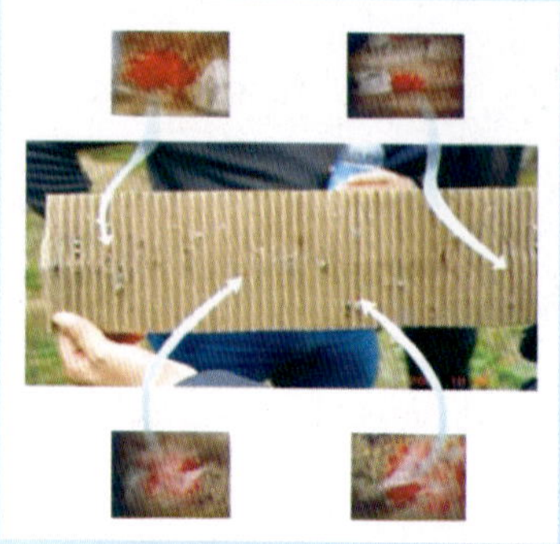

秋季，天气转凉的时候，许多害虫和红蜘蛛就会沿着树干往下爬，寻找过冬的地方，我们就投其所好，提前在树干上给它们建一个“安乐窝”，让它们在这里安家过冬，这就是果树诱虫带。

果树诱虫带看上去是普普通通的瓦楞纸，其实很有讲究，它能够将害虫诱引到里面，等害虫在这里冬眠尚未睡醒的时候，我们就把诱虫带取下来，给它来个一锅端。

制袋机

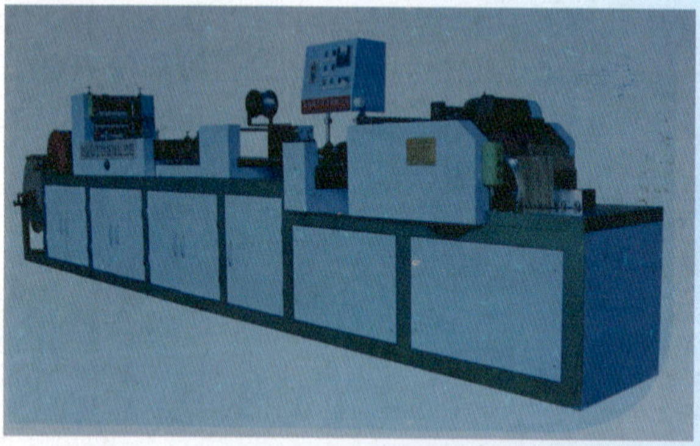

ZD-L-3 型变频全自动双层高速制袋机

育果袋

陕西永泰生物工程有限责任公司

腐烂病疤刮除涂抹拂蓝克五个月后的生长状态，愈伤组织已经形成。

腐烂病疤刮除涂抹拂蓝克六个月后的生长状态，愈伤组织显著形成。

剪口涂抹拂蓝克三个月后的生长状态，愈伤组织显著形成。

锯口涂抹拂蓝克四个月后的生长状态，愈伤组织显著形成。

哪里有果树

那里就有拂蓝克

地址：西安市经济技术开发区198号
邮箱：shxiytwangy@163.com
电话：13991775225　15991551988
邮编：710025